中国轻工业"十四五"规划立项教材

普通高等教育家具设计与工程专业"家居智能制造"系列教材

U0297123

家居智能制造概论

熊先青　编著　　吴智慧　主审

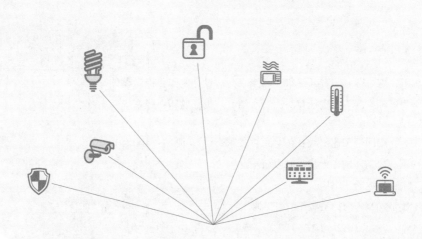

中国轻工业出版社

图书在版编目（CIP）数据

家居智能制造概论 / 熊先青编著. -- 北京：中国
轻工业出版社，2024.8. --ISBN 978-7-5184-4819-7

Ⅰ．TU241

中国国家版本馆 CIP 数据核字第 2024VQ3343 号

责任编辑：陈　萍　　责任终审：高惠京　　设计制作：锋尚设计
策划编辑：陈　萍　　责任校对：晋　洁　　责任监印：张京华

出版发行：中国轻工业出版社（北京鲁谷东街5号，邮编：100040）

印　　　刷：艺堂印刷（天津）有限公司

经　　　销：各地新华书店

版　　　次：2024年8月第1版第1次印刷

开　　　本：787×1092　1/16　印张：15.75

字　　　数：350千字

书　　　号：ISBN 978-7-5184-4819-7　定价：59.00元

邮购电话：010-85119873

发行电话：010-85119832　010-85119912

网　　　址：http://www.chlip.com.cn

Email：club@chlip.com.cn

序

21世纪以来，互联网、云计算、大数据等新一代信息技术飞速发展，新一代人工智能已成为新一轮科技革命的核心技术。党的二十大报告明确指出，构建新一代信息技术、人工智能等一批新的增长引擎，通过新一代信息技术对传统产业进行深度赋能，促进和加快我国制造行业智能制造的转型步伐、由制造大国向制造强国的转变，从而推动我国经济高质量发展。作为国民经济重要组成部分的家居产业应抓住历史新机遇，促进新一代信息技术为家居产业智能制造转型升级赋能，从而引领行业全面发展，加快家居高质量发展的目标，这不仅关系到家居制造业能否实现由大到强的跨越，更关系到家居产业能否为中国经济高质量发展提供动能的问题。

多年来，我国家居行业通过不断推行工业化和信息化的深度融合，使得信息技术广泛应用于家居制造业的各个环节，在发展家居智能制造方面取得了长足的进步和技术优势。同时，随着大数据、人工智能、工业互联网和工业4.0的推广，家居产业也将开始重塑新的设计与制造技术体系、生产模式、产业形态，突出的体现是智能制造技术在家居企业的应用日益广泛。随着家居智能制造的快速发展，家居智能制造的人才缺口缺越来越大、家居智能制造技术缺陷也越来越明显，急需能依据家居行业特色的智能制造技术指导行业发展和专业人才培养，但至今为止，国内还没有适合于专业教学、自学与培训的系统性介绍家居智能制造技术的正式教材和教学参考书。因此，有必要编写能反映新一代信息技术环境下的家居智能制造系列教材，这不仅是家具设计与工程专业建设和人才培养的需要，更应是家居企业智能制造转型升级过程技术指导的需要。

基于此背景，南京林业大学家居智能制造研究团队从2018年开始筹划，结合家具设计与工程专业学科的交叉特色，组织编写了这套较为系统的家居智能制造系列教材，目前主要包括《家居智能制造概论》《家居数字化设计技术》《家居数字化制造技术》《家居智能装备与机器人技术》《家居3D打印技术》5本教材，后期将依据家具设计与工程专业学科人才培养和家居行业发展的需要，不断进行补充和完善。该系列教材集专业性、知识性、技术性、实用性、科学性和系统性于一体，注重理论和实践相结合。希望借此既能构建具有中国家居智能制造特色的理论体系，又能真正为中国家居产业智能制造转型和家具设计与工程专业高质量发展提供切实有效的技术支撑。

国际木材科学院（IAWS）院士

家具设计与工程学科带头人

南京林业大学教授

吴智慧

前　言

　　家具作为人们生活中不可或缺的器具，不仅是生活中的基本需求，也是人们追求品质的象征。人们对家具的需求不仅停留在实用性，更体现在追求个性化、智能化的产品上，而且要求越来越高。中国家居工业经历了近几十年的发展，已经从传统的手工业逐步转变为现代工业化产业。随着全球木材供应日益紧张、科技飞速发展以及家具市场的激烈竞争，为提高生产效率、降低成本、优化产品质量，传统的家居制造方式已经难以满足市场对于个性化、高品质、高效率的需求，家具企业已经从制造商向满足客户需要解决方案的服务商转变。随着科技的不断发展，信息化和智能化时代到来，家具制造业也紧跟时代背景，不断探索和引入新的技术力量和科技手段，以适应市场的快速变化和制造模式的转变。

　　中国的家具设计与工程、工业设计（家具设计）、产品设计等相关专业已为中国家居行业输送了一大批专业人才。但迄今为止，在家居智能制造方面，国内还没有适合于教学、自学和培训的系统性书籍。为此，南京林业大学自2018年起从中国家居智能制造行业情况和教学要求出发，在吸收国内外最新技术成果的基础上，通过立项国家林业和草原局高等教育"十四五"规划教材、中国轻工业"十四五"规划教材，积极准备，相继编写包括《家居智能制造概论》《家居数字化设计技术》《家居数字化制造技术》《家居智能装备与机器人技术》《家居3D打印技术》等家居智能制造系列教材，旨在引领读者深入了解家具制造业中智能制造所需的理论知识和前沿技术，以满足现代社会对家居智能制造的迫切需求。

　　本书从制造技术及其发展特征入手，致力于深入分析智能制造在家具制造业中的应用情况，通过对国内外的家居智能制造整体概况、基础理论、基础技术（自动数据采集与识别技术、建模与仿真技术、信息集成技术）、前沿和赋能技术（大数据/云计算/边缘计算、工业机器人、数字孪生、智能调度/智能控制、虚拟现实、人工智能）、家居智能工厂和智能生产、家居智能制造标准体系、家居企业智能制造演进等方面进行全面系统的阐述，引入智能制造技术理论，使其成为提升家居产业竞争力和产品附加值的关键因素。为了更好地服务读者，本书不仅注重理论知识的介绍，更加强调实践操作和技术设备的详细解析。通过大量案例分析、图表资料的呈现，让读者能够更全面地了解家居智能制造的核心概念、关键技术和具体应用实践，也可为家居企业智能制造转型升级、信息化管控平台搭建、数字化和智能化工厂建设等提供一定的思考和借鉴。然而，由于智能制造领域的迅速发展，本书难免存在一些不足之处。在此，我们真诚希望广大读者能够提出宝贵意见和建议，共同促进家具制造业朝着更智能、创新的方向发展。希望本书能为读者提供深度思考和实践指导，促使家居行业朝着智能、可持续的未来迈进。

本书适合于家具设计与工程、家居智能制造、木材科学与工程、室内设计、工业设计、产品设计等相关专业使用，同时也可供家具企业和设计公司的专业工程技术与管理人员参考。全书共7章，具体为：绪论、家居智能制造基础、家居智能制造基础技术、家居智能制造新型与前沿赋能技术、家居智能制造标准体系、家居智能工厂与智能生产、家居企业智能制造演进。

本书由南京林业大学熊先青编著，由南京林业大学吴智慧教授审定；南京林业大学刘祎、李荣荣、朱兆龙参与编写；南京林业大学符思捷、宛瑞莹、陈家璇、王国坤、岳心怡、许修桐、张美参与资料收集与编写。笔者参考了国内外智能制造概论、数字化设计与制造、家具材料及机械制造工艺等方面图书及文献资料，并参考了部分企业的产品目录和工厂实景图片。在编写过程中，本书得到了南京林业大学家居与工业设计学院和中国轻工业出版社的大力支持；同时，本书还得到了"十四五"国家重点研发计划项目"基于数字化协同的林木产品智能制造关键技术"（2023YFD2201500）和2022年度高等教育科学研究规划课题"基于'四维四融合'的家具制造类课程群建设与实践"（22NL0403）等项目支持。在此，向所有关心、支持和帮助本书出版的单位和个人表示最诚挚的感谢！

熊先青

2024年4月

目 录

第 1 章

● 绪 论

第 2 章

● 家居智能制造基础

第 3 章
● 家居智能制造基础技术

第 4 章
●家居智能制造新型与前沿赋能技术

第 5 章
家居智能制造标准体系

第 6 章
家居智能工厂与智能生产

第 7 章
●家居企业智能制造演进

第1章　绪　论

　　了解制造技术的发展过程及不同时代制造技术的主要特征；掌握现代制造和智能制造的基本理念；了解世界主要工业发达国家的智能制造战略，以及在"智能制造"背景下，智能制造技术在我国家居行业中发展的基本情况。

1.1 制造技术的内涵及发展特征

1.1.1 制造技术及分类

制造技术是使原材料成为人们所需产品而使用的一系列技术和装备的总称，是涵盖整个生产制造过程的各种技术的集成。从广义来讲，它包括设计技术、加工制造技术、管理技术三大类。其中，设计技术是指开发、设计产品的方法；加工制造技术是指将原材料加工成所设计产品而采用的生产设备及方法；管理技术是指如何将产品生产制造所需的物料、设备、人力、资金、能源、信息等资源有效地组织起来，达到生产目的的方法。

家具作为人类维持正常生活、从事工作学习和开展社会活动必不可少的供人们坐、卧、躺或支承与贮存物品的一类产品，在其生产制造过程中，也同样需要采用上述三类制造技术。

1.1.2 不同经济时代制造技术的主要特征

从社会发展的角度来看，人类社会已经经历了农业经济时代和工业经济时代，正在进入信息经济时代（也称后工业经济社会或工业信息化时代）。在农业经济时代，产品的制造主要是家庭作坊式的手工技艺，依靠人类本身的器官和力气来完成；蒸汽机的出现和应用使人类进入了工业经济时代，机器开始代替人做各种工作，把人类从繁重的重复性劳动中解放出来，而且机械化和自动化技术使社会生产力得到了迅速发展，现代化大工业也迅速成长起来，实现了产品的专业化和大批量生产；随着人类社会进入信息经济时代，信息日益成为最重要的战略资源和决定生产力、竞争力及经济增长的关键因素，产品的价值主要来源于产品中科学技术知识的信息含量，以计算机和信息技术为基础的现代先进制造技术已逐步发展起来。上述三个不同经济时代的制造过程和制造技术的主要特征可归纳为表1-1。

从不同经济时代制造技术特征看家居生产制造，农业经济时代家居制造主要采用手工作坊式的生产方式，产品种类少，设计风格单一，生产效率低，质量参差不齐，无法满足大规模的市场需求。进入工业化时代，家居制造开始引入机械化、流水线化的生产方式，产品种类多，设计风格多样，生产效率高，质量有所提升，能够满足大众化的市场需求。到了信息化时代，家居制造进一步引入信息化、数字化、智能化的生产方式，产品种类更多，设计风格更个性化，生产效率更高，质量更优，能够满足定制化的市场需求。这些变化反映了家居制造业从以产品为中心，到以用户为中心，从生产型制造，到服务型制造的转变。

表1-1　不同经济时代制造过程和制造技术的主要特征

项目	经济时代		
	农业经济时代	工业经济时代	信息经济时代
企业模式	家庭作坊、手工场	专业化车间、工厂	柔性集成、协同制造系统
制造特征	功能集中、作业一体化	功能分解、作业分工	功能集成、作业一体化

续表

项目	经济时代		
	农业经济时代	工业经济时代	信息经济时代
管理模式	家族式管理、一人管理	分级管理、分部门管理	矩阵式管理、网络管理
技术装备水平	手工工具、手工技艺体系	机器技术体系	机器-信息技术体系
	手工体力劳动	机械化、刚性自动化系统	集成智能化、柔性自动化系统
产品规模	少量、定制、无规格	少品种、大批量、规格化	多品种、小批量、大规模定制
输出内容	产品+服务	产品	产品+服务
市场特征	自产自给、按需定制	卖方主宰	买方主宰
	地区性、封闭性	地域性、局部开放性	全球性、一体化开放性

1.1.3 先进制造技术的内涵与理念

制造业是立国之本、兴国之器、强国之基，是实体经济的重要基础，也是大国博弈、国际产业竞争的焦点。随着市场竞争的日益加剧以及全球化市场的形成，先进制造技术（Advanced Manufacturing Technology，AMT）已成为一个国家在市场竞争中获胜的支柱。如果说机械化和自动化技术代替了人的四肢和体力，那么以计算机辅助制造技术和信息技术为中心的先进技术，则在某种程度和某些部分代替了人的大脑而进行有效的思维与判断，它对传统制造业所引起的是一场新的技术变革。家具行业作为典型的制造行业，已不再是传统经济时代的大批量生产模式，而是结合了互联网、大数据、智能制造等技术，实现企业制造与科技的结合，逐渐转变为以制造为基础的解决家居系统方案的服务模式。

1.1.3.1 先进制造技术的内涵

与传统或现有制造技术相比，先进制造技术是一种利用新技术、新设备、新材料、新工艺、新流程、新生产组织方式，对劳动对象进行安全、高效、清洁的加工制造，从而形成社会所需要的高质量、高性能的工业产品技术体系。要看到产业中的先进技术不是一成不变的，一个时期的先进技术会随着时间推移被更新、更先进的技术所替代，前一个时期的先进制造业会变为当前的传统产业，因此，先进制造业具有它所处时代的典型特征。21世纪以来，新材料、生命科学、新能源等硬科技持续突破，催生新的先进制造业门类，以大数据、云计算、物联网、移动互联网、量子通信、人工智能等为代表的数智技术快速迭代，不断成熟，与制造业的融合日益加深，催生智能制造、虚拟制造、增材制造等新型制造模式，智能化、服务化、绿色化成为当前先进制造业的典型特征。广义的先进制造技术包括：

❶ 计算机辅助产品开发与设计技术。如计算机辅助设计（CAD）、计算机辅助工程（CAE）、计算机辅助工艺设计（CAPP）、并行工程（CE）等。

❷ 计算机辅助制造与各种计算机集成制造系统。如计算机辅助制造（CAM）、计算机辅

助检测（CAI）、计算机集成制造系统（CIMS）、数控技术（NC/CNC）、直接数控技术（DNC）、柔性制造系统（FMS）、成组技术（CT）、准时化生产（JIT）、精益生产（IP）、敏捷制造（AM）、虚拟制造（VM）、绿色制造（CM）等。

❸ 利用计算机进行生产任务和各种制造资源合理组织与调配的各种管理技术。如管理信息系统（MIS）、物料需求计划（MRP）、制造资源计划（MRP Ⅱ）、企业资源计划（ERP）、工业工程（IE）、办公自动化（OA）、条形码技术（BCT）、产品数据管理（PDM）、产品全生命周期管理（PLM）、全面质量管理（TQM）、电子商务（EC）、客户关系管理（CRM）、供应链管理（SCM）等。

中国家具行业已进入信息化发展新阶段，随着模块化设计理念的普及，家具产品款式、种类、规格大大增加，家具企业的生产运作、物流水平、管理系统等各方面都面临新的挑战。因此，亟须通过加快关键核心技术的突破和应用，提升家具行业资源配置能力，优化设计与生产管理服务，通过物联网、云计算、大数据等新一代信息技术与先进制造技术的深度融合，建构适合家具行业制造范式的工业操作系统、云制造应用支撑系统、产品服务体系，提供面向用户的整体解决方案，促进家具行业实现智能化生产。

1.1.3.2　先进制造技术的基本理念

先进制造既然融合了人类智慧与机器智能，其技术必然能够适用于各种制造模式。换言之，先进制造技术也应该融合不同时期制造技术的理念。同时，与传统制造技术相比，先进制造技术的理念又展现出新的特点。这里仅介绍其核心、基本的理念。

（1）"优质、高效、低耗、绿色、安全"的永恒主题

自从有了现代意义上的制造业以来，制造技术发展的主题可以用"优质、高效、低耗、绿色、安全"来概括，这十个字也可以说是制造业发展过程中一直追求的不变目标。在不同的发展时期，"优质、高效、低耗、绿色、安全"这5个方面都有具体的内涵和意义。从普遍意义来说，它们具有如下含义：

优质——制造的产品具有符合设计要求的优良质量或提供优良的制造服务。"优质"体现的是产品的精度、质量、可靠性，只有优质的产品，才能真正树立品牌，才能长远占有市场。优质是制造产品和提供制造服务的首要要求。近年来，公众的健康意识逐渐加强，"健康""环保"和"无菌"成为家居生活离不开的关键词，如何更好地为消费者提供健康舒适的生活，以及优质的家居服务，成为家居行业正在探索的问题。

高效——在保证质量的前提下，在尽可能短的时间内，以高的工作效率和快的工作节奏完成生产，向用户提供产品和制造服务，快速响应市场需求。"高效"体现的是制造和服务的时间最短和效率最优。

低耗——以尽可能低的经济成本和资源消耗，制造产品或提供制造服务。其目标是综合制造成本最低或制造能效比最优。对家具企业来说，"低耗"体现了制造过程的精益化管理和对制造过程综合成本的控制，生产过程能效最佳，产品性价比最高，最终提高了产品的竞争力。

绿色——面对国家提出的"双碳"目标，企业应综合考虑环境影响和资源效益的制造。其目标是使产品从设计、制造、包装、运输、使用到报废处理的整个产品全生命周期中，对环境的影响最小，资源利用率最高，并使企业经济效益和社会效益协调优化。"绿色"体现了制造与环境、生态的友好和谐，通过降能节材、清洁生产、减少排放等，实现人类社会的可持续发展。

安全——在生产过程中，通过"人、机、物（料）、环（境）、（方）法"等方面的协同运作，保证生产者、技术装备和生产设施（包括软硬件资源）以及生产活动的安全性。"安全"体现了对生产者人身安全和身体健康、各种资源和财产安全的根本要求，是正常进行各种生产活动的最基本保障。

（2）可持续发展和绿色制造

可持续发展是一个社会综合问题，它需要政府、教育、科技、工业、法律、社会等各方面的共同努力。与人民生活和社会发展紧密相关的制造业，在可持续发展中的作用自然举足轻重。作为制造业的重要构成部分，家居行业与人们生活息息相关，其可持续发展水平也取得了长足的进步，并在制造业绿色升级转型中发挥着积极的作用。现代制造的可持续发展基本理念包含以下主要内容：

❶ 节约资源。通过科技创新和高效生产方式，降低生产过程中的能源、原材料和水的消耗。

❷ 建立绿色供应链。整合供应链上游，促进绿色、环保的原材料和生产工艺的应用，从源头上降低环境污染风险。

❸ 降低碳排放。采用先进的清洁生产技术和节能措施，以减少对环境的污染和减少碳排放。

❹ 精益生产。通过一系列技术手段和管理方法，实现生产过程中的最优化和最小化，降低浪费和排放。

❺ 环境保护。注重环保、安全和健康，推进可持续的环保管理和监控。

❻ 社会责任。承担社会责任，遵守相关法律法规和行业规范，使企业的生产与发展不仅要满足市场和企业自身的需求，同时也要保护人类健康和生态环境，实现可持续发展。

绿色制造，也称为环境意识制造（Environmentally Conscious Manufacturing，ECM）、面向环境的制造（Manufacturing for Environment，MFE）等，是一个综合考虑环境影响和资源效益的现代化制造模式。

当前，世界上掀起一股"绿色浪潮"，环境问题已经成为世界各国关注的热点，并列入世界议事日程，制造业将改变传统制造模式，推行绿色制造技术，发展相关的绿色材料、绿色能源和绿色设计数据库、知识库等基础技术，生产出保护环境、提高资源效率的绿色产品，并用法律、法规规范企业行为。随着人们环保意识的增强，那些不推行绿色制造技术和不生产绿色产品的企业，将会在市场竞争中被淘汰，使发展绿色制造技术势在必行。

先进制造技术是推动经济绿色低碳发展的重要支撑。绿色低碳的经济发展，已经成为世界各国的共识。无论是发达国家还是发展中国家，只有不断改善生态环境，才能更好地发展生产力，激发出蕴含其中的经济价值，源源不断地创造综合效益，实现经济社会的可持续发展。家居经常面临着高耗能、高排放、高污染的严峻挑战，迫切需要高效、绿色的生产工艺技术装备，改造升级传统制造流程。以新材料、新技术等为主的先进制造技术，恰恰可以提供绿色、生态、环保的先进技术、工艺和设备，为制造业整体的节能、降耗、减碳提供重要支撑，开辟新的发展空间。

国家越来越重视家居行业的绿色制造，促进家居消费的措施进程正在持续推进。通过家居消费政策的出台，可以看出绿色、智能、适老产品将会成为主流。

绿色制造体系的构建正带动产业链、供应链协同转型，为我国经济高质量发展增添新动力。而作为制造业的重要组成部分，家具行业的绿色制造也取得了长足的进步，并在制造业绿色升级转型中发挥着积极的作用。在工业和信息化部公布的2023年度绿色制造名单中，南京我乐家居、浙江云峰莫干山家居、恒林家居、亚丹生态家居、湖南星港家居、广州迪森家居、广东皇派定制家居、广西三威家居、黎明国际智能家具、特雷通家具、天坛（唐山）木业等多家家居企业入列，组成了绿色制造中重要的家居板块，标志着绿色、低碳已经成为家居企业的普遍共识，并且开始了大规模的绿色制造转型，进入绿色、低碳发展新阶段。

（3）以客户为中心

以客户为中心，已成为广大制造企业的核心理念。以客户为中心的理念，既是企业赢得市场的需要，也是企业面向人和社会的表现。以客户为中心的制造理念，首先应反映在产品开发上。现代产品开发的理念强调"设计—制造—使用"一体化考虑，即在设计的早期阶段就要充分考虑制造和产品运行过程中的问题。不能说传统的产品开发方式中设计者完全没考虑，但其考虑是建立在自己的以传统方式（书本、经验、调查研究等）获取的认知基础之上。传统的产品开发模式是串行的，即概念设计、设计（包括初步设计和详细设计）、生产、销售、产品运行和报废；现代产品开发模式是并行的，即设计者在其设计过程中可以及时充分地获取产品生命周期其他环节的现场数据和专家（人或智能工具）知识，其中最重要的是使用现场的数据和使用者（客户）的经验、需求和想法。要做到及时全面地获取相关信息，传统方式完全无能为力。因为获得现场数据需要传感、物联网，获得的数据需要大数据分析手段，专家的知识或信息可能是非结构化的数据，需要相应的智能分析手段，为了更好地呈现某些初步设计或想法，可利用虚拟现实（VR）、增强现实（AR）和混合现实（MR）技术，也便于不同环节专家之间的交流协同。

家居消费涉及领域多、上下游链条长、规模体量大，家居行业作为带动居民消费增长和经济恢复的排头兵，在扩大内需、提振经济的过程中扮演重要角色。家居行业正逐步迈入比拼品牌形象、服务理念的转型升级新时期，开启更为激烈的"下半场"竞争。家居企业唯有将客户放在第一位，抢先洞察用户需求，打破服务桎梏，才能在未来白热化的行业竞争中取胜。

1.2 智能制造发展的国家战略

制造业在世界工业化进程中始终发挥着主导作用。在经济全球化和信息技术革命的推动下，国际制造业的生产方式正在发生重大变革。近年来，主要工业国家纷纷制订各种发展计划，促进传统制造业向先进制造业转变。加快发展先进制造业，已经成为世界制造业发展的新潮流。

在先进制造技术领域，美国、德国、日本等国家在全球一直处于领先地位，这些国家科技实力强，工业基础好，技术积累多，市场占有率高，而且在国家层面上，近些年出台多项引导和支持先进制造技术发展的计划，均以数字化、网络化和智能化为主要方向，为各国制造技术领域的科技发展和产业振兴，起到了极其重要的引领、鼓励和支持作用。

1.2.1 智能制造的内涵与特征

（1）智能制造的内涵

智能制造（Intelligent Manufacturing，IM）是基于先进制造技术与新一代信息技术深度融合，贯穿于设计、生产、管理、服务等产品全生命周期，具有自感知、自决策、自执行、自适应、自学习等特征，旨在提高制造业质量、效率效益和柔性的先进生产方式。智能制造源于人工智能的研究，是一种由智能机器和人类专家共同组成的人机一体化智能系统，它在制造过程中能进行智能活动，诸如分析、推理、判断、构思和决策等。通过人与智能机器的合作共事，去扩大、延伸和部分地取代人类专家在制造过程中的脑力劳动。它把制造自动化的概念更新扩展到柔性化、智能化和高度集成化。智能制造是制造业的一次历史性变革，将重塑全球产业竞争格局，世界主要国家和地区纷纷加紧布局，加快发展智能制造。

（2）智能制造的特征

赛迪智库在对2015—2016年工业和信息化部持续组织实施的109个智能制造试点示范专项行动项目进行总结和梳理的基础上，归纳出8种智能制造典型模式。这些典型模式反映了现阶段我国尚处于推进实施智能制造的初始阶段，但仍然可作为推进家居企业智能制造应用模式的参考。当前8种智能制造典型模式有：

❶大规模个性化定制。以满足用户个性化需求为目标，实现产品模块化设计，构建产品个性化定制服务平台和产品数据库，实现定制服务平台与企业研发计划、计划排程、供应链管理和售后服务等信息系统的协同与集成。

❷产品全生命周期数字一体化。以缩短产品研制周期为目标，形成以产品全生命周期数字一体化模式，主要以基于模型定义（MBD）技术支持产品设计研发，建设和应用企业PLM，以优化产品全生命周期的管理活动和业务。

❸柔性制造。以快速响应多样化市场需求为目标，实现生产线的柔性化，可同时加工多种产品、零部件，车间物流系统实现自动配料，构建和应用高级排程系统，并实现底层设备控制、制造执行系统和企业资源计划系统之间的高效协同与集成。

❹互联工厂。通过打通企业运营的"信息孤岛"，构建网络互联的工厂，应用IoT技术实现产品、物料等统一标识，实现生产和物流过程的数据采集，通过网络进行连接，构建SCADA、MES和ERP，并实现协同和集成。

❺产品全生命周期可追溯。以提升产品质量管理能力为核心，应用传感器、智能仪器仪表、工控系统等自动采集质量数据，通过MES进行质量判异、过程判稳等，实现在线质量检

测、分析预警，实现产品全生命周期可追溯。

❻ 全生产过程能源优化管理。以提高能源资源利用率为核心，建立全过程能源优化管理模式，通过MES采集关键装备、生产过程、能源供给等环节的能效数据，构建能源管理功能模块或系统，基于实时能源数据对生产过程、设备、能源供给及人员进行管控和优化。

❼ 网络协同制造。以供应链优化为核心，建设跨企业制造资源协同平台，实现企业间研发、管理和服务系统的对接和集成，为接入企业提供研发设计、运营管理、数据分析、知识管理、信息安全等服务，开展制造服务、资源动态分析和柔性配置等。

❽ 远程运维服务。基于智能装备、产品的数据采集和通信等功能，建设智能装备、产品远程运维服务平台、专家库和专家系统，实现运维服务平台与产品全生命周期管理系统、客户关系管理系统、产品研发管理系统的协同与集成。

1.2.2 世界主要国家智能制造发展战略

（1）中国制造

2012—2021年，我国制造业增长从16.98万亿元增加到31.4万亿元，占全球比重由22.5%提高到近30%。制造业规模进一步壮大，夯实了经济发展的根基。2023年，我国制造业增加值达到33万亿元，占世界比重稳定在30%左右，规模连续14年居世界首位。然而，与世界先进水平相比，我国制造业仍然大而不强，在自主创新能力、资源利用效率、产业结构水平、信息化程度、质量效益等方面差距明显，转型升级和跨越发展的任务紧迫而艰巨。

2015年3月，由工信部和中国工程院共同规划的《中国制造2025》正式发布，是我国实施制造强国战略第一个10年的行动纲领。"中国制造"提出了推动家居产业高质量发展的目标和措施，要加快推进家居产业创新发展，提高产品质量和品牌影响力，满足人民群众对美好生活的新期待，有以下几点重点任务：一是加强家居产品设计创新，培育一批具有国际影响力的原创设计师和设计团队，打造一批具有中国特色的原创设计品牌。二是推动家居产品智能化、定制化、服务化发展，提高产品附加值和用户体验，满足个性化、多样化的消费需求。三是加强家居产品质量安全监管，完善质量标准体系，加强质量检测和认证，提高产品质量和安全水平。四是推进家居产业绿色发展，加强节能环保技术和材料的研发和应用，推广清洁生产和循环经济，降低资源消耗和环境污染。五是促进家居产业集群发展，打造一批具有国际竞争力的家居产业基地，形成一批具有特色和优势的家居产业集群，提升产业集聚效应和创新能力。

（2）德国工业4.0和《国家工业战略2030》

在2013年4月的汉诺威工业博览会上，德国政府宣布启动"工业4.0（Industry 4.0）"国家级战略规划，意图在新一轮工业革命中抢占先机，奠定德国工业在国际上的领先地位。工业4.0在国际上，尤其在中国，引起极大关注。一般的理解，工业1.0对应蒸汽机时代，主要是小规模作坊式生产，通过人力操作机器进行机械化生产。工业2.0对应电气化时代，工厂生产主要采用大规模批量流水线的模式，通过机器代替一部分人类工作，解决数量问题。工业3.0对应信息化时代，人类可以远程控制器进行自动化生产，数量和质量问题都得到有效解决。工业4.0则是利用

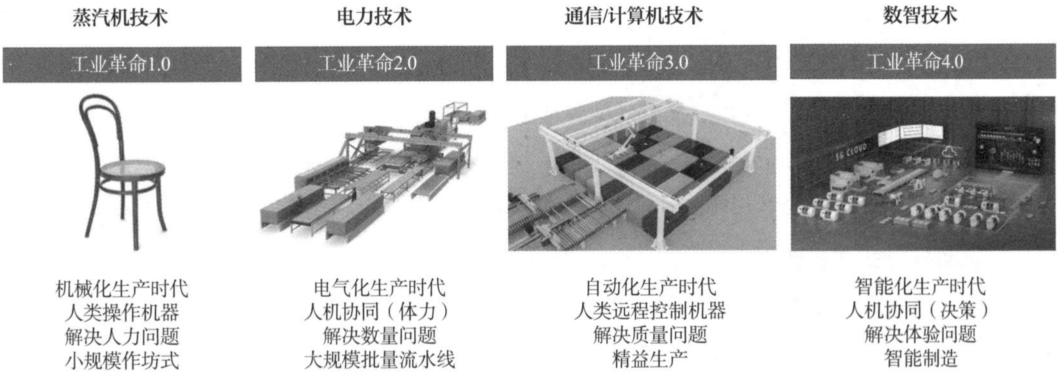

蒸汽机技术
工业革命1.0
机械化生产时代
人类操作机器
解决人力问题
小规模作坊式
电力技术
工业革命2.0
电气化生产时代
人机协同（体力）
解决数量问题
大规模批量流水线
通信/计算机技术
工业革命3.0
自动化生产时代
人类远程控制机器
解决质量问题
精益生产
数智技术
工业革命4.0
智能化生产时代
人机协同（决策）
解决体验问题
智能制造

图1-1 家居工业4.0发展历程

信息化、智能化技术促进产业变革的时代，也就是对应智能化时代，如图1-1所示。

工业4.0的基本思想是数字和物理世界的融合，主要特征是互联。利用信息物理系统（CPS，也称“赛博物理系统”）的理念，把企业的各种信息与自动化设备等整合在一起，打造智能工厂。智能工厂中，通过数据的无缝对接，实现设备与设备、设备与人、设备与工厂、各工厂之间的连接，实时监测分散在各地的生产系统，使其实行分布自治的控制。工业4.0需要很多前沿技术的支撑，如物联网、大数据、增强现实、增材制造、仿真、云计算、人工智能等，如图1-2所示。德国于2019年又提出《国家工业战略2030》，旨在保护和发展德国和欧洲的工业实力和竞争力，应对全球化和创新的挑战，特别是来自美国和中国的竞争压力。

家居产业是德国工业的重要组成部分，也是德国创新能力的体现。德国家居产业拥有高质量的产品、多样化的设计、强大的品牌和优秀的服务，为德国经济和社会贡献了大量的就业和收入。德国政府将家居产业纳入《国家工业战略2030》的重点领域之一，制定了一系列的目标和措施，包括加强家居产品设计创新，推动家居产品智能化、定制化、服务化发展，加强家居产品质量安全监管，推进家居产业绿色发展，以及促进家居产业集群发展等。

（3）美国工业互联网和先进制造业领导力战略

2012年，美国提出“先进制造业国家战略计划”，提出中小企业、劳动力、伙伴关系、联邦投资以及研发投资五大发展目标和具体实施建议；2019年提出未来工业发展规划，将人工智能、先进的制造业技术、量子信息科学和5G技术列为“推动美国繁荣和保护国家安全”的4项关键技术；另外，美国通用电气（GE）公司于2012年提出“工业互联网”计划，其基本思想是“打破智慧与机器的边界”，旨在通过提高机器设备的利用率

人工智能
信息安全
系统集成
大数据
工业4.0
物联网
增强现实
仿真
云计算
增材制造

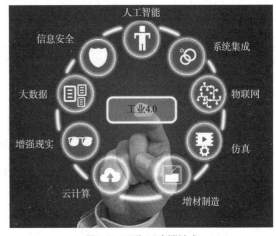

图1-2 工业4.0支撑技术

并降低成本，取得经济效益，引发新的革命。GE为此投入巨额资金，并进行了有益的实践。其后，GE又联合了IBV、思科（Cisco）、英特尔（Intel）、AT&T等，成立了世界上推广工业互联网的最大组织工业互联网联盟（IIC），以期打破技术壁垒。目前，该联盟的成员已经超过200个。

美国先进制造业领导力战略（下称战略）是美国国家科学技术委员会下属的先进制造技术委员会于2018年发布的一份报告，提出了三大目标，展示了未来四年内的任务和优先行动计划。三大目标分别是：开发和转化新的制造技术；教育、培训和集聚制造业劳动力；扩展国内制造供应链的能力。战略将智能和数字制造定为开发和转化新的制造技术的重点任务，提出通过发展先进工业机器人、AI基础设施、提高制造业网络安全捕捉智能制造系统的未来；开发世界领先的材料和加工技术，重点关注高性能材料、增材制造和关键材料。教育、培训和集聚制造业劳动力包括提高STEM教育的质量和数量、扩大学徒制和再培训计划、增加女性和少数族裔的参与等方面的任务，通过以制造业为重点的STEM教育、制造工程教育、工业界和学术界的伙伴关系吸引和发展未来制造业劳动力。战略重视扩展美国国内制造供应链的能力，通过供应链增长、网络安全扩展与教育、公私合作伙伴关系加强中小制造商在先进制造业的作用。

可以看出，美国工业互联网和先进制造业领导力战略对于家居等传统制造业的展望和规划主要有以下几点：一是利用工业互联网技术，如大数据分析、人工智能、云计算等，提高家居产品的设计、制造、检测、管理、服务等各个环节的智能化水平，提高产品质量和效率，降低成本和资源消耗，满足消费者的个性化需求；二是利用先进制造业的技术，如智能与数字制造、先进工业机器人、增材制造、高性能材料等，创造新的家居产品和服务，提高产品的性能和附加值，增强产品的竞争力和创新力；三是培养适应工业互联网和先进制造业的新型技术工人，提高他们的数字化素养和创新能力，增加他们的就业机会和收入水平；四是加强与其他行业和国家的合作，共享工业互联网和先进制造业的技术和数据，打造家居产业的生态系统和创新体系，提升家居产业在全球产业链、价值链中的地位和话语权。

（4）日本工业价值链和超智能社会5.0

2014年，日本发布制造业白皮书，提出重点发展机器人、3D打印等技术；2018年版制造业白皮书中指出，在生产一线的数字化方面，应充分利用人工智能发展成果，加快技术传承和节省劳动力。

在始终保持对先进制造业关注的背景下，2015年6月，日本机械工程学会生产系统部门启动了日本工业价值链战略（Industrial Value Chain Initiative，IVI），IVI已经获得日本经产省的支持，成为日本经产省和学会联合促进的计划。目前IVI已经有180多家机构参与，100多家企业，不过仍然是大企业为主，这表达了日本企业决定抱团打拼智能制造的决心。可以说日本工业价值链战略是一个由制造业企业、设备厂商、系统集成企业等发起的组织，旨在推动"智能工厂"的实现，它通过建立顶层框架体系，让不同的企业通过接口，能够在一种"松耦合"的情况下相互连接，以大企业为主，也包括中小企业，从而形成一个日本工厂的生态格局。

2016年1月，日本政府发布《第五期科学技术基本计划》，首次提出"社会5.0"概念，如图1-3所示，超智能社会5.0是一种新的社会理念，是继狩猎社会（社会1.0）、农耕社会（社会2.0）、工

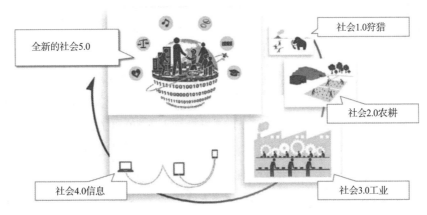

图1-3 日本"社会5.0"概念

业社会（社会3.0）、信息社会（社会4.0）之后的第五代社会，也是日本未来的发展目标。超智能社会5.0的特点是以人为中心，在少子老龄化负面影响正在突显的日本，实现人人都能快乐生活。

支撑超智能社会建设的技术领域主要涵盖虚拟空间和现实空间。虚拟空间技术主要是以物联网、大数据、人工智能、边缘计算等为主的网络技术，现实空间技术则包括机器人技术、传感器技术、处理器技术、生物技术和人机交互技术等。通过高度融合虚拟空间和现实空间的系统，达到以人为中心的根本目的，实现经济发展和社会问题的解决，满足人们的多样化和个性化需求，提高人们的幸福感和生活质量。

家居产品作为人们日常生活的重要组成部分，也受到了日本工业价值链和超智能社会5.0的影响和推动，通过运用智能设计、智能制造、智能检测等技术，可以实现家居产品的智能化、定制化、服务化发展，提高产品附加值和用户体验，满足个性化、多样化的消费需求。降低生产成本和资源消耗，推进绿色发展是日本工业价值链和超智能社会5.0对家居行业在新的发展形势下提出的目标。通过运用智能调度、智能控制、智能节能等技术，可以实现家居生产过程的高效率、低能耗、低排放，减少对环境的负面影响，实现经济效益和社会效益的统一。家居行业还要加强产业集聚和协作，形成家居产业生态和创新体系。通过运用智能平台、智能物流、智能服务等技术，可以实现家居产业的横向集成、纵向集成和端到端集成，打通家居产业链和价值链，提升家居产业的集聚效应和创新能力。

（5）法国未来工业战略

为保持法国在人工智能方面的活力，政府于2017年1月20日—3月14日发起了名为"FranceIA"的行动，提出《法国人工智能战略》，确认法国在人工智能领域的重要地位，促进相关先进技术向经济领域的转化和应用，同时对科技迅猛发展而引发的社会恐慌做出回应。

2018年3月，法国总统提出了"推动法国成为全球人工智能领先者"的目标，开启了法国《国家人工智能战略》第一阶段。该阶段以维护法国科学与技术潜力为核心目标，出台了一系列旨在推动人工智能发展的措施，重点聚焦提高研究能力，总投资达15亿欧元，主要措施包括：建设人工智能跨学科研究所网络，旨在推动研究机构与企业之间的跨学科合作研究；设立人工智能卓越席位，推进合作研究与人才培养；大力投资服务于人工智能研究的计算设施，主要体现为建立了超级计算机JeanZay；加强针对企业的人工智能创新补贴。

2021年11月，法国政府启动"国家人工智能战略"第二阶段，调动约22亿欧元公共与私人投资，重点推动人工智能相关人才培养吸引和科技成果转化。主要措施包括：加强跨学科与多学科教育；扩大高等教育各阶段人工智能人才培养规模；设立人工智能颠覆性技术研究计划；加大边缘与嵌入式人工智能应用；推动可信赖和节能型人工智能发展；提供更好的数据服务推动企业应用人工智能；构建人工智能初创企业生态系统。

在家居产业方面，法国未来工业战略的设想主要有以下几点：

一是利用物联网、人工智能、大数据、机器人等技术，实现家居产品的智能设计、智能制造、智能检测、智能控制等功能，提高产品的性能和质量，也可以根据消费者的个性化需求，提供定制化的产品和服务，提高用户体验和满意度。

二是利用云计算、无人机、自动驾驶等技术，实现家居生活的服务化和便利化。例如，可以通过云平台预约家居服务、通过无人机送货、通过自动驾驶出行等，减少人们的时间和成本，增加舒适度和安全感。

三是利用节能、环保、可再生等技术，实现家居环境的绿色化和可持续化。例如，可以通过智能节能系统，实现家居用电的优化和节约；可以通过智能垃圾分类系统，实现家居垃圾的减量和回收；可以通过智能太阳能系统，实现家居能源的多样化和本地消费等。降低家居生活对环境的负面影响，实现经济效益和社会效益的统一。

（6）韩国制造业革新3.0战略

韩国是资源匮乏的出口外向型国家，制造业占GDP比重高。但全球金融危机之后，韩国制造业面临一系列内忧外患，制造业软实力不足、生产结构高消耗的问题愈发突显，由于世界经济低迷，韩国出口骤减，制造业开始呈现停滞状态。为了提振制造业，韩国紧跟全球制造业智能化转型浪潮，于2014年发布了《制造业革新3.0战略》，2015年又发布了经过补充和完善的《制造业革新3.0战略实施方案》。该战略计划重点发挥韩国在信息技术产业的优势，促进制造业与信息技术相融合，从而创造出新产业，提升制造业的竞争力。

韩国制造业发展第一阶段以轻工业为主，面向国内市场采取"进口替代"策略；之后扩大出口，走上制造强国的"赶超"之路；制造业创新3.0期望以智能制造和培育融合型新产业为主，实现全球新一轮工业革命的"领跑"战略。为此，推出了大力推广智能制造、提升重点领域的产业核心力、夯实制造业创新基础三大战略。

❶ 大力推广智能制造。利用云计算、物联网、大数据等新一代信息技术，推动生产全过程的智能化，实现智能工厂。由社会组织（商协会）、大企业和中小企业组成"智能工厂推进联盟"；由政府与民间筹集1万亿韩元，组建制造创新基金；建立产业创新3.0推进标准体系，并在中小企业中普及推广。

❷ 提升重点领域的产业核心力，提升新材料、元器件的国际市场主导权。新材料方面，组织先进基础材料、关键战略材料、前沿新材料，以及新材料评价、表征、标准平台建设等课题

组，聚焦重点领域，制定面向2035的新材料强国发展战略；元器件方面，计划到2025年研发核心SoC（系统级芯片）等一百项未来领先关键元器件。打造元器件、新材料产业园，积极吸引国际原材料、元器件企业入驻，积极促进与国际新材料、元器件实力较强的企业进行合并重组。

❸ 夯实制造业创新基础。培养各领域专业人才，尤其是面向产业融合及不同行业的特殊需求，引导大学和职业教育机构培养复合型人才；成立东北亚研发中心，制定东北亚研发中心战略，构建东北亚技术合作网络，发掘未来经济增长新领域，共同研发气候应对以及能源等国际合作项目；与美国、德国、以色列等创新型国家联合举办高端技术交流会，进一步强化战略合作，推动国家间产业基金研发项目的合作。

1.2.3 各国智能制造发展特点比较

如前所述，作为名列全球制造业强国的德国、美国、日本、中国、法国和韩国，在面向未来高科技创新和制造业发展方面，都基于全球态势和本国国情，考虑战略态势、未来趋势、模式创新、关键技术等诸多因素，制定了各自的国家发展目标和发展战略，并已推进实施。

综合考虑各国制造业和制造技术方面的历史、现状和未来战略，表1-2从技术特点、竞争优势、模式创新和价值创造四个方面，比较了德国、美国、日本、中国、法国和韩国在智能制造方面的发展特点。

表1-2 不同国家智能制造发展特点比较

比较项目	德国	美国	日本	中国	法国	韩国
技术特点	FA/IT技术提供者	IT服务平台提供者	制造商和智能制造单元	两化深度融合	一个核心、九大方案	"中心企业—外围企业"布局
竞争优势	面向未来制造的长远标准	大数据人工智能	制造业从今天到明天的高效迁移	产业转型升级	企业信息化转型升级与从业者技能培训	长期规划与短期计划相结合
模式创新	规模定制化	工业物联网商业创新	开放与闭环相结合的策略	互联网+	工业生产工具的现代化	融合型新兴产业
价值创造	工厂创造价值	数据创造价值	人的知识创造价值	从成本、速度转向创新、质量创造价值	数字技术改造工业生产创造价值	中小企业工厂智能化改造创造价值

德国作为制造业基础雄厚的工业大国，技术上是工厂自动化（Factory Automation，FA）和信息技术（Information Technology，IT）的全球提供者，一直以先进的工厂自动化系统、高品质的机械产品和制造装备以及信息技术产品的提供者身份立于世界制造业，创新和质量是"德国制造"的精髓。德国面向未来制造的长远标准则是其制造业无形的强大基础支撑，未来将在大规模定制化生产方面实现模式创新，为全球用户提供更多更好的大规模定制化产品和服务，成批量地满足各种用户个性化需求。在价值创造方面，则以工厂大量生产出"德国制造"优质产品，并行销全球而创造价值。

美国具有强大的工业体系和工业技术基础，曾经多年保持全球制造业首位，近年来的"再工业化"和"工业互联网革命"，使美国制造业呈现出新的增长趋势。从技术特点角度，美国是全球IT服务平台提供者，将发展新一代IT技术和产业，尤其是促进工业互联网和物联网与制造技术的结合，推进和扩大在制造业的应用；在竞争优势方面，美国面向未来，紧紧抓住大数据和人工智能的发展契机，以期在新的战略制造高点上形成领先竞争优势；在模式创新方面，则在过去以互联网创新改变了人们互联通信、社交和消费模式之后，将以工业物联网、工业互联网为基础实现商业模式再创新，实现"人—机—物"互联，再创交通、工业生产的新场景和新模式；在价值创造方面，美国将由传统的以物质财富生产为主的价值创造，更多地转向以基于工业物联网、大数据、云计算和人工智能的数据作为新的财富，产生和创造价值。

日本在制造领域也有深厚的基础和积淀，在精密机械、高端机床、机器人、汽车、集成电路制造装备、电子产品等方面掌握了核心关键技术，具有明显的竞争优势。近年来，日本进一步强调制造商和智能制造单元的结合，从知识和工程、需求和供应链、递阶层级三个维度体现智能制造整体技术特点；日本制造业需要从今天积淀的技术、人才和基础实现到明天的高效迁移，才能保持其竞争优势；在模式创新方面，突出开放结构与闭环调节相结合的策略；在价值创造上，更加关注人的价值、知识的价值，以此为基础创造新的价值。

相对于其他工业强国，中国制造是以智能制造为主攻方向，推动制造业数字化、网络化、智能化的转型，实施智能制造工程，加快构建智能制造发展生态。其以提高制造业质量和效益为核心，而不是单纯追求规模和速度，强调了绿色制造、服务型制造和个性化定制的重要性，是在中国特色社会主义的指导下制定的，充分考虑了中国的国情、发展阶段和国际环境。

调整后的法国"再工业化"总体布局为"一个核心、九大工业解决方案"。其中，"未来工业"计划正是"新工业法国"第二阶段中的核心，明确提出通过数字技术改造实现工业生产的转型升级，和以工业生产工具的现代化帮助企业转变经营模式、组织模式、研发模式和商业模式，从而带动经济增长模式的变革，建立更具竞争力的法国工业。为推动"未来工业"计划，法国政府提出了五大支柱：一是大力提供技术支撑，促进企业结构化项目实施，为增材制造（3D打印）、物联网、增强现实等重点新技术新兴企业提供协助，在3～5年内打造欧洲乃至世界的领军企业；二是开展企业跟踪服务，通过提供税收优惠和贷款等财政资助，帮助中小企业实现信息化转型升级；三是加强工业从业者，尤其是年轻一代的技能培训，法国全国工业委员会为此推出两大计划——一方面设立未来工业领域的跨学科研究项目，培育研究人员，另一方面开展有针对性的在职教育和继续教育；四是加强欧洲和国际合作，在欧洲和国际层面建立战略伙伴关系，以德国为重点，全面对接法国"未来工业"计划与德国工业4.0，通过欧洲投资计划框架下的共同项目实现目标；五是宣传推广法国"未来工业"，动员所有利益关系人来宣传相关项目。

韩国是全球制造业较为发达的国家之一，其产业门类齐全、技术较为先进，尤其是造船、汽车、电子、化工、钢铁等部分产业在全球具有重要地位。韩国政府将智能制造推进政策的战略重点锁定于智能制造技术在中小企业中的推广应用（而非智能制造技术的深度开发），集中力量进行中小企业工厂智能化改造和智能工厂建设。20世纪60年代以来，少数财阀集团成为韩国制造业的主体，大量中小制造业企业多为财阀集团下属企业提供简单配套，形成了中小企业高度依附于财阀集团的"中心企业—外围企业"制造业组织格局。在此格局下，财阀集团在生产系统自动化、信息化集成解决方案、预测性维护、生产数据收集分析等方面积累了强大的技术实力，已经完全达到"工业4.0"水平（德国联邦教育与研究部分析结果）。中小企业则既缺乏发展智能制造系统和相关商业模式的内生需求，也缺少应用智能制造系统所必需的人力资源、技术能力和组织能力，根本不能满足智能制造对数据交换和数据分析的要求。鉴于此，韩国政府确立了利用财阀集团既有技术优势、多方合作弥补中小企业短板的智能制造推进战略，力争为占制造业企业总数90%以上的中小企业提供适用性的低成本智能工厂解决方案，整体提升制造业系统的智能化水平。

各国纷纷提出智能制造战略显示出占领先进制造业战略高地的紧迫和决心，家居行业发展至今，也不再是传统的制造模式，而是加快融合了信息化、数字化和智能化的生产。在这种背景下，家居行业势必面临新的挑战和机遇。对于家居行业而言，各国重视和发展先进制造技术的趋势将促进家居行业技术创新和产品升级，提高家居产品的品质、品牌和附加值，满足消费者的多样化和个性化需求。推动家居行业智能制造和工业4.0的发展，实现家居产品的柔性化、自动化、信息化和智能化生产，提高生产效率，降低成本，优化资源利用。并引导家居行业的服务型制造和全屋智能的转型，打造智慧家居生态体系，实现家居产品与用户的互动和场景化，提升用户的生活品质和体验。

1.3 家居智能制造发展的基本情况

1.3.1 家具行业总体情况

作为家居行业的重要组成部分，家具行业的发展基本能代表整个"大家居"产业的发展情况。受中国经济新常态的影响，家具行业的发展也进入了新常态，行业需要在产品结构、加工制造、创新服务等方面不断提升，以适应新的发展阶段。图1-4反映了从2016年到2022年家具

制造业主营业务收入的具体数值。中国家具产业经过近40年的发展，已经从传统手工业发展成为以机械自动化生产为主，技术装备较为先进、具有很大规模的产业，其品牌、技术水平、标准化、规模、市场流通等都全面提高。同时，新的产业互联网技术、大数据成为行业发展动力，这为"大家

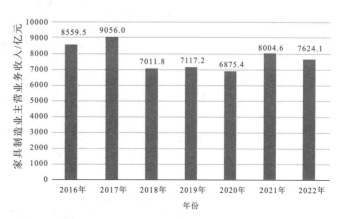

图1-4 2016—2022年家具制造业主营业务收入

居"行业实现新的制造模式提供了可借鉴的思路。

1.3.2　家居行业发展环境

（1）政策环境向好，推动行业发展

家居产业是与人民生活水平和品质密切相关的产业，具有规模体量大、消费带动强、产业覆盖广的特点。随着国民经济的发展和居民收入的增长，消费者对家居产品的需求越来越强，对家居产品的要求越来越高，家居产业的市场空间和潜力巨大。家具和家居产业是制造业的重要组成部分，也是制造业转型升级的重要领域。近年来，国家持续推进家居产业的产品高质量化、生产制造信息化、产业集群化，提出了一系列政策措施和行动方案，为家居产业的创新发展提供了有力支持和引导。2019年，工业和信息化部等13个部门发布《制造业设计能力提升专项行动计划（2019—2022年）》，强调要实现传统优势产业设计升级。在消费品领域，支持智能生态服装、家用纺织品、产业用纺织品、鞋类产品、玩具家电、家具等设计创新。《推进家居产业高质量发展行动方案》由工业和信息化部、住房和城乡建设部、商务部、市场监管总局联合发布，提出到2025年家居产业创新能力明显增强，高质量产品供给明显增加，同时明确在家居产业培育50个左右知名品牌，建立500家智能家居体验中心，以高质量供给促进家居品牌品质消费。此外，《进一步优化供给推动消费平稳增长促进形成强大国内市场的实施方案（2019年）》和《中华人民共和国国民经济和社会发展第十四个五年规划和2035年远景目标纲要》中也提出对家居行业未来发展的愿景，具体内容见表1-3。

随着人工智能、物联网、5G、云计算等新一代信息技术的加速发展，总体而言，家居产业出现了智能化、定制化、绿色化等新趋势，家居产品和服务的创新能力和竞争力不断提升，家居产业的发展水平和质量不断提高。

表1-3　家居行业发展相关政策

日期	政策名称	内容
2022年	《推进家居产业高质量发展行动方案》	大力推动家居产业协同联动、融合互通、智能互联，培育壮大新业态新模式。培育一批5G全连接工厂、智能制造示范工厂和优秀应用场景。反向定制、全屋定制、场景化集成定制等个性化定制比例稳步提高，绿色、智能、健康产品供给明显增加，智能家居等新业态加快发展
2021年	《中华人民共和国国民经济和社会发展第十四个五年规划和2035年远景目标纲要》	发展智慧家居，加快推动数字产业化。深入实施智能制造和绿色制造工程，发展服务型制造新模式，推动制造业高端化智能化绿色化。推动机器人、先进电力装备、工程机械、高端数控机床等在家居产业创新发展
2019年	《制造业设计能力提升专项行动计划（2019—2022年）》	实现传统优势产业设计升级。在消费品领域，支持智能生态服装、家用纺织品、产业用纺织品、鞋类产品、玩具家电、家具等设计创新
2019年	《进一步优化供给推动消费平稳增长促进形成强大国内市场的实施方案（2019年）》	加快推进老旧小区和老年家庭适老化改造。有条件的地方可对老旧小区加装电梯、无障碍通道、适老化家居环境、适老辅具等方面进行补贴，调动市场积极性。支持绿色、智能家电销售

（2）居民购买力持续提升，提供良好发展动力

随着宏观经济的发展，我国居民可支配收入持续增长。数据显示，2023年，全国居民人均可支配收入39218元，比上年增长6.3%，扣除价格因素，实际增长6.1%。我国居民购买力持续提升，为国内家具行业迅速发展奠定了良好的基础，并将带动家具行业的消费升级。

（3）智能家居进一步发展

智能家居可以利用物联网、大数据、人工智能等技术实现产品与用户的深入交互，通过获取和学习用户行为，给予用户更加舒适、便捷和个性化的使用体验；同时，提供如安保监测、健康管理等超越传统家具的功能，给予用户高品质的生活体验。近年来，智能家居开始兴起，随着物联网、人工智能等技术的不断发展，未来智能家居在人机深度交互、健康管理以及个性化生活服务方面将具备更大的想象空间。

1.3.3 家居智能制造的发展过程

（1）家居智能制造产业发展历程

20世纪90年代末期，以美国为首的发达国家，推出了多种新的制造模式，大规模定制生产应运而生，企业可以更加充分地利用此模式来提高生产效率和效益，提升客户满意度。中国的定制家具是由南京林业大学杨文嘉教授于2002年提出的"大规模定制家具"概念和理论。当前，伴随定制化率逐步提升，定制家具在整个"大家居"行业的快速发展过程中，渗透率快速提升。与成品家居产品相比，定制家具企业的平均营业收入水平显著高于成品家居企业。据广发证券发展研究中心统计，家居消费的新趋势已经逐渐转向定制家居、智能家居和环保用材，关注全屋定制的用户更倾向于首先考虑装修风格、收纳与环保等关键因素。通过上述发展情况可以看出，以智能制造主导、把传统制造技术与互联网技术相融合的第四次工业革命，对中国家居企业最为明显的变化就是定制家具的快速发展。

中国定制家具市场的发展历程总结如图1-5所示。中国定制家具的发展始于20世纪80年代末，经历了萌芽期、成长期、发展初期、高速增长期等一系列阶段，至今发展已经较为成熟。

图1-5 中国定制家居市场发展历程

早期定制家居的概念从欧美传入中国，最早出现在香港、广东、浙江、上海等地，主要以定制橱柜为主。并于1990—1999年最早出现了"欧派""德宝西克曼"等一大批橱柜定制企业。同期，国家建设部也提出了民用厨房整体化的研究等相关课题，又推动了行业的发展。随着改革开放的深化、人民群众经济收入和生活水平的提高、生活方式和装修需求的改变，20世纪90年代末，一些专门从事入墙衣柜和移门制作的定制衣柜企业开始兴起，其中如"索菲亚""卡诺亚全屋定制"等后来发展成为行业的领军者。随着国内定制家居市场的开放，定制橱柜和定制衣柜企业不仅在自身领域内发展，还相互交融，形成了规模庞大的定制家居产业市场，成为家具行业的重要发展方向。名称也从最初的"定制橱柜""整体橱柜""定制衣柜""整体衣柜""入墙衣柜""步入式衣帽间""壁柜"等，演变成"定制家具"。2008年，"定制家具"和"全屋定制家具"概念由尚品宅配率先提出。2011—2018年是定制家具市场的高速增长期，全屋定制成为家具行业的热点。2019年，定制家居产业开始步入成熟发展期，出口规模不断扩大，中国定制逐渐走向全世界，并与不同技术和领域跨界融合。

（2）家居智能制造技术发展历程

中国家居产品制造技术已经从传统的手工制造技术、工业化制造技术向信息化和数字化制造技术迈出了坚实的一步，逐渐向智能制造技术快步推进。20世纪80—90年代初，家具产业从手工向工业化模式转变，该时期中国家具产业主要以作坊式为主，采用半机械化、机械化制造模式，填补了市场空白；20世纪90年代至21世纪初，开始出现小批量、多品种的家具产品，家具企业间开始品质竞争、规模竞争，此时家具产业工业化开始形成；2000—2004年，家具市场开始向个性化需求转变；2004—2014年，家具行业开始有了先进制造技术、信息化管控方法以及智能制造的萌芽，开始出现大规模定制、信息化管理、柔性生产以及服务性制造；2015年至今，家具产业开始以创新驱动、互联网+、智能制造为导向，提出全屋整木定制、集成家居、智能家居等新模式。其中，定制家具的快速发展，为家居智能制造技术升级起到了关键作用。定制家具制造模式自2002年前后被提出，经历了产品标准化技术、信息化管控技术、信息采集与处理技术、柔性制造技术、信息集成平台构建技术等研发过程。

2015年，中国在《政府工作报告》中要求通过信息化和工业化"两化"的深度融合，引领和带动整个制造业的发展，着力发展智能装备和智能产品，推进生产过程智能化，培育新型生产方式，全面提升企业研发、生产、管理和服务的智能化水平。形成了以创新驱动、智能转型、强化基础、绿色发展为特点的第一个智能制造10年行动纲领，加快实施从制造大国向制造强国的战略转变，也是我国制造业所要占据的一个制高点。对于家居行业而言，家具智能制造的发展最早可源自20世纪90年代末—2000年初的大规模定制家具提出；2000—2004年，家具行业开始进行家具模块化设计、设计软件开发等研究；2004—2010年，大量软件开发和信息化技术进一步探索，尚品宅配、索菲亚、金牌等家具企业开始进行信息实践探索；2010—2014年，家具行业开始展开信息化管控与数字化技术转型与实践，在板式定制家居中进行数字化设计、制造一体化技术，提出服务型制造，展开跨界合作，形成了如沙集镇、美乐乐的家居电子商务经营模式；2014—2020年，家具行业在"互联网+"与智能制造技术上有了进一步发展；2020

年至今，中国家居行业进入了高质量发展阶段，如图1-6所示。至此，中国家居行业才真正逐渐进入智能制造时代，形成了具有中国家居行业特色的数字化和智能制造技术。

中国家居行业智能制造技术的发展，是从大规模定制家具模式的转变开始的，依据大规模定制模式的特征，将制造技术上的形成分为信息化变革期、数字化转型期、"互联网+制造"发展期、高质量发展期四个阶段，如图1-7所示。

第一阶段，信息化变革期的家居制造技术。早在20世纪90年代末，信息化引发了一场深远的社会结构和产业革命的大变革。2003年，以南京林业大学为首的科研团队，开始了信息时代的家具制造技术研究，形成了以大规模定制家具为主的技术体系，提出了信息时代家具制造技术主要是指以

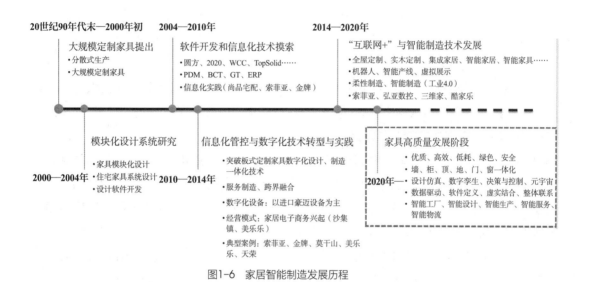

图1-6　家居智能制造发展历程

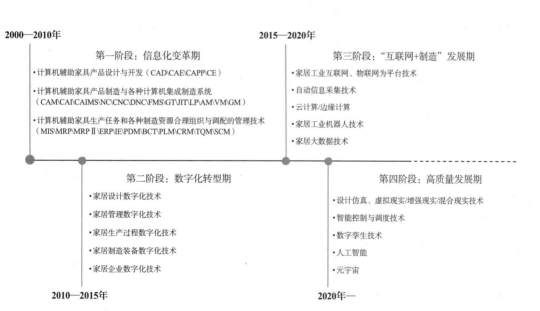

图1-7　中国家居智能制造技术的发展过程

计算机和信息技术为基础的先进技术，包括计算机辅助家具产品设计与开发、计算机辅助家具制造与各种计算机集成制造系统、利用计算机进行家具生产任务和各种制造资源合理组织与调配的管理技术三大方面。至此，信息时代的家居制造技术主要围绕上述内容展开了系列研究和应用。

第二阶段，数字化转型期的家居制造技术。随着信息技术高速发展，云计算、5G、大数据、人工智能等新一代信息技术的快速突破，让传统制造业产生了重大变化，数据成为新的动力、新的经济。作为数字经济的基础底座，信息技术服务与创新应用的边界也随着技术的进步不断延伸。同时，随着中国家居生产模式的变化，大规模定制、全屋定制、智能制造等新的模式蜂拥而至，新模式的出现加快了家居产业的数字化转型，更加注重将数字技术融入家居产品设计、生产流程和服务过程中，形成了客户参与的家居制造过程、核心业务流程重组、供应链重构等方式的变革，数字化转型已成为家居产业转型升级和发展的新动力。此阶段依据大家居定制的特征，也逐渐形成了基于数字化的设计、管理、生产过程、制造装备、企业五大方面的家居制造技术体系。

第三阶段，"互联网+制造"发展期的家居制造技术。随着互联网技术的快速发展，2016年政府工作报告更加明确了壮大网络信息、智能家居、个性时尚等新兴消费，鼓励线上线下（O2O）互动，推动实体商业创新转型，深入推进"中国制造+互联网"。在经历了数字化设计、信息化管理和柔性制造过程的技术理论研究及产业化实践后，中国家居智能制造初步形成了制造过程的数字化动态管控技术平台。家居制造技术开始向着智能家居、智能生产、智能物流、智能工厂、智能服务的方向转变，形成了以物联网平台为中心的家居工业互联网、自动信息采集技术、家居大数据技术、家居工业机器人、云计算/边缘计算等技术体系。

第四阶段，高质量发展期的家居制造技术。随着二十大报告更加明确指出促进我国制造行业智能制造的转型步伐，即利用智能、科学的技术手段，实现制造业全流程、全生命周期的智能化、网络化、绿色化，以完成家居高质量发展期"优质、高效、低耗、绿色、安全"的总目标。因此，在完成信息化、数字化、数字化转型等技术和家居物联网平台搭建的基础上，形成了设计仿真、虚拟现实/增强现实/混合现实技术（VR/AR/MR）、智能控制与调度、数字孪生技术、人工智能、元宇宙等前沿技术。

1.3.4 家居智能制造的研究与应用现状

（1）定制家居快速发展

随着大数据、互联网平台等技术的发展，企业更容易与用户深度交互、广泛征集需求。在生产端，柔性自动化、智能调度排产、传感互联、大数据等技术的成熟应用，使企业在保持规模生产的同时针对客户个性化需求而进行敏捷柔性生产。

未来，个性化定制将成为常态，尤其在消费类产品行业。当前，服装、家居、家电等领域已开启个性化定制。在时尚行业，在《2015中国时尚消费人群调查报告》显示，"80后""90后"人群中90.3%的人对定制消费感兴趣。在家具行业，定制家具制造业增长明显快于传统成品家具制造业。近3年，5家成品家具上市公司的营收增速分别为9%、8%、25%，而同期8家定制家具企业营收增速分别为27%、26%、32%。未来，随着互联网技术和制造技术的发展成熟，柔性大规模个性化生产线将逐步普及，按需生产、大规模个性化定制将成为常态。

（2）家居产品数字化设计体系

依据大规模定制家具制造模式和信息化管理技术理论，家居智能制造的首要变化是家居产品的设计技术发生了根本改变。相对传统的家居产品设计，在智能制造模式下，产品设计技术由传统的手工绘制设计向着数字化设计转变。家居数字化设计是指运用具体的三维软件工具，通过设计数据采集、数据处理和数据显示，实现家具模型的虚拟创建、修改、完善、分析与展示等一系列数字化操作，目前已经初步形成面向家居智能制造的数字化设计技术体系。该体系包括数字化家居产品模型构建技术、家居产品数字化设计拆单和加工一体化技术、家居产品数字化设计信息交互与处理技术、家居产品数字化设计信息展示技术。

数字化家居产品模型构建技术，主要从产品族规划与标准模块数字化技术和产品成组分类与信息编码技术两个方面进行了突破，在构建结构标准零件库、材料及半成品型材库、型材截面图形库及其参数库、强度分析库等基础上，形成了完整的家居产品设计数据库；并依据产品族零部件和产品结构相似性、通用性，建立了产品族模型所需质量功能配置、相容决策支持、BOM表和实物特性表等信息内容，不仅为客户与设计人员提供数据化设计信息交流平台，更为网上数字化虚拟展示与协同定制设计提供便捷。

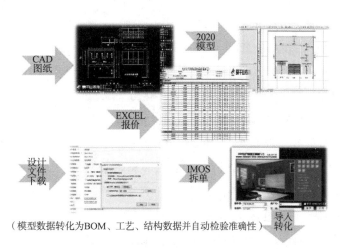

（模型数据转化为BOM、工艺、结构数据并自动检验准确性）

图1-8 板式家居数字化设计拆单、加工一体化过程

数字化设计拆单和加工一体化技术，是在定制家居产品订单流程分析的基础上，如何将设计信息与数字化加工设备需求信息共享，形成设计与制造一体化。依据前期大量调研分析结果，结合目前企业的实际应用情况，形成板式和实木家具的数字化设计拆单、加工一体化过程，如图1-8和图1-9所示。

数字化设计信息交互与处理技术，是通过插件技术和大数据分析，建立企业内各软件

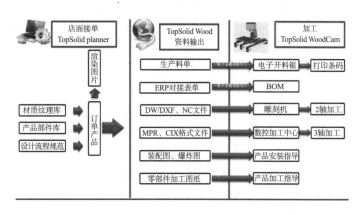

图1-9 实木家居数字化设计拆单、加工一体化过程

间共享系统接口技术，实现设计信息自适应、云端自存储、自设计等功能，并将数据与加工设备对接，解决传统图纸信息出错率高、设计信息孤岛、智能化程度低等难题。

家居产品数字化设计信息展示技术，是通过虚拟现实、3D渲染、一体化等技术手段，通过云渲染、云设计、BIM、VR、AR、AI等技术的研发，实现从设计到销售、生产、物流的整个家居产业链设计数据共享，达到3D云设计的要求，以数字化与智能化手段让家居产业的销售、设计、制造变得更简单、高效。该技术已逐渐发展为"家装智能3D设计+场景生态+智能制造+精细化管理"融为一体的虚拟现实技术。

（3）家居数字化制造模式逐渐形成

随着定制家居的快速发展，家居制造业也逐渐步入工业革命4.0时代，数据已经变成新的动力、新的经济。家居企业逐渐通过现代信息技术和通信手段（ICT），以数字化来改变企业为客户创造价值的方式。数字技术正逐渐融入家居产品、服务与流程当中。企业正在进行业务流程及服务交付、客户参与、供应商和合作伙伴交流等方式的变革，并将家居产品的设计技术、制造技术、计算机技术、网络技术与管理科学交叉、融合、发展与应用，逐渐实现数字化转型。初步形成了以欧派、尚品宅配&维意、索菲亚、好莱客、志邦、金牌、皮阿诺、我乐、玛格、顶固、莫干山等家居行业数字化制造的典型案例。同时，也逐渐形成了中国领先的家居电子商务企业——美乐乐公司、中国互联网家居市场第一品牌——林氏木业、中国家居电子商务产销第一镇——沙集镇东风村等。这些家居行业数字化典型企业的成功，明确了未来家居企业生存的基本出路和转型升级方向，向数字化转型升级的趋势愈发成为共识，已经成为企业的战略核心。

中国家居智能制造经过近20年的探索，最为突出的一点是实现了从订单式生产向揉单式生产的转变，即实现了揉单式生产，并形成了定制家居揉单生产技术体系。所谓揉单生产，是由柔性制造系统（Flexible Manufacturing System，FMS），即数控加工设备（数控设备和传统设备）、物料运储装置（工件输送系统）和计算机控制系统等组成的自动化制造系统。包括多个柔性制造单元（Flexible Manufacturing Cell，FMC），能根据制造任务或生产环境的变化迅速进行调整。通过柔性制造技术（Flexible Manufacturing Technology，FMT）和成组技术（Group Technology，GT）原理，即根据零部件的生产工艺特性进行零部件族规划，规划后的零部件毛坯通过数控机床（Computer Numbering Control，CNC）设备和普通设备构成的加工系统完成各工序加工。在加工过程中，自动识别工件、自动换取刀具、自动转换切削过程、设备不需停机的情况下更换新零部件、自动监控整个过程，从而实现多品种工件的加工。与传统的制造模式相比，柔性生产改变的是传统的"以产定销"模式，更加适合以消费者为导向，多品种、中小批量生产、"以需定产"的大规模定制生产方式。目前，揉单式生产技术体系主要包括：标准化的产品设计与工艺规范技术和模块化柔性生产技术。

标准化产品设计与工艺规范技术，开发和建立了定制家具产品的三维参数化零部件数据库，通过简化设计，建立家具产品族的规划与数字化标准模块，并依据成组分类与信息编码技术，制定家具编码的档案管理体系，形成产品和零部件的标准化管理，体现产品设计柔性；通过建立工艺术语与符号标准化，加工余量、公差、工艺规范等工艺要素标准化，刀具、机床夹具、机床辅具等工艺装备标准化，工艺规程、工艺守则、材料定额等工艺文件标准化，实现工艺过程快速变化，体现工艺柔性；通过管控过程规范化，将相同零件组的典型工艺、某工序的典型工艺、标准件和通用件典型工艺等，通过数字化处理，从而形成标准的数字化工艺过程；并将家具生产过程中的各环节及相关因素形成统一的标准，实时收集生产过程中数据并做出相应的分析和处理，为企业提供快速反应、有弹性、精细化的环境。

模块化柔性生产技术，对于定制家具产品，将结构、功能和工艺相似的产品进行分类，依据成组技术模型分析，形成成组技术方案，通过工艺路线匹配与分组，提取产品族或零部件族及其典型工艺特点的共有属性，形成参数化典型工艺和典型工艺模板，实现从订单式生产方式向揉单式生产方式的转变，从而完成自动揉单与零部件制造过程流转；并依据大规模定制家具产品结构特征和工艺特征，形成零部件族的典型工艺模块、工序的典型工艺模块及标准件和通用件的典型工艺模块。同时，通过生产过程重组技术，将功能和工艺相似的零件集中生产，将尺寸和形状相同的零件进行集中备料，采用通过式加工和工序分化的形式来实现生产过程的重组，如图1-10所示。

（4）家居信息化管控技术逐渐成熟

我国家居信息化建设是从20世纪90年代后期开始，提出发展方向——大规模定制生产。由于我国家居信息化基础较为薄弱，通过10多年的努力，从大规模定制柜类家具产品入手，逐渐形成一套比较成熟的信息化管控技术和方法，重点从产品及零部件的标准化、规格化和系列化进行设计优化，对信息采集与信息处理、信息流的组织等进行改进和研发，在重视国外先进管理思想、管理手段和管理工具的同时，有针对性地自主研发各类信息化管控软件，从而逐渐缩小了企业之间的管理水平和信息化水平。逐渐涌现出了一些明星企业，如借助《国家中长期科学与技术发展规划纲要（2006—2020年）》提出的"用高新技术改造和提升传统制造业"和"大力推进制造业信息化"。2006年，维尚工厂和圆方软件公司合作进行国内第一个家具信息化改造，是国内目前最为成功的家居信息化企业，2016年，其被授予家居行业的唯一智能制造示范基地。2010年，厦门金牌厨柜联合南京林业大学通过申报国家863计划，在木竹制造品规模化定制敏捷制造技术方面取得重大突破。同时，各类信息化管控软件在家具企业广泛实施，如ERP、2020、IMOS、TopSolid、Solidworks等；2015年，借助"互联网+"大背景，信息化技术逐渐在橱柜、衣柜、全屋定制等企业蔓延开来，如莫干山家居、索菲亚家居、飞美等。

中国家居智能制造在经历了数字化设计、信息化管理和柔性制造过程的技术理论研究和产业化实践之后，初步形成了制造过程的数字化动态管控技术平台，该平台的技术特征主要包括三方面：一是研发了基于自动识别技术的家居物料管理和信

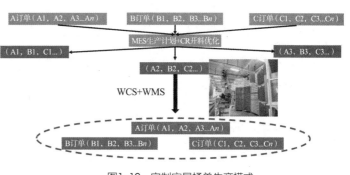

图1-10 定制家居揉单生产模式

息自动采集与处理方法；二是构建了可视化车间管控方法；三是集成了多软件共享数据平台。

零部件加工过程的信息自动采集与处理技术，主要利用条形码技术、二维码技术和RFID技术，形成了物料编码技术和物料流转过程的信息采集与处理技术，进行家居产品物料管理，实现物料和零部件加工和流转过程动态可控。

构建的可视化车间管控方法，是依托ERP系统、MES系统、数据采集设备等组成的实时动态监控技术，由现场数据采集、数据处理与分析、现场信息反馈等模块构成。通过车间各岗位标签扫描，实现加工时间、加工进度、设备产能的数据实时采集、车间的LED看板实时展示等车间实时管控过程。

集成了多软件共享数据平台，采用插件技术和大数据分析，突破脚本建模、插件、数据库重构等系统开发技术；采用基于业务流的标准系统设计方法、标准的B/S体系结构和C/S体系结构，在充分分析企业作业现状和预测未来发展的基础上，对MES系统和ERP系统信息进行升级优化；结合新开发的WMS和WCS系统，通过接口技术开发，构建以Web技术为基础的定制家居产品2020+ERP+MES+WCS+WMS信息集成与共享平台，如图1-11所示，实现了定制家居可视化动态管理。

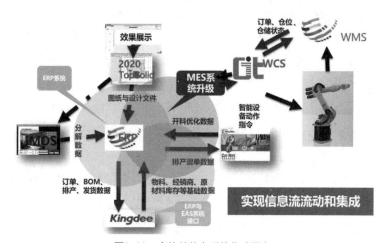

图1-11　多软件信息系统集成平台

思考题

1. 什么是制造技术？不同时期制造技术的特征？

2. 什么是先进制造技术？目前其主要包括哪些技术内容？

3. 现代制造的基本理念是什么？如何理解制造业"优质、高效、低耗、绿色、安全"的永恒主题？

4. 如何认识德国、美国、日本、韩国、法国和中国关于智能制造发展的不同特点？

5. 家居智能制造的发展过程如何？目前定制家具智能制造技术包括哪些？

第 2 章 家居智能制造基础

🎯 学习目标

了解家居智能制造所包含的内容；理解家居智能制造的内涵与特征；明确家居智能制造发展目标，转变思维模式；掌握家居智能制造的基本构成要素、基本生产模式以及技术体系架构。

2.1 家居智能制造的内涵与特征

2.1.1 家居智能制造的内涵

制造系统是指为达到预定制造目的而构建的物理组织系统，是由制造过程、硬件、软件和相关人员组成的具有特定功能的一个有机整体。制造过程包括产品的市场分析、设计开发、工艺规划、加工制造以及控制管理等过程；硬件包括厂房设施、生产设备、工具材料、能源以及各种辅助装置；软件包括各种制造技术和工艺方法、制造过程质量控制技术、检测测量技术、制造信息及其相关的工业软件等；相关人员是指从事物料准备、加工操作、质量检验、信息监控以及对制造过程决策和调度等作业的人员。

智能制造（Intelligent Manufacturing，IM）是指由智能机器和人类专家共同组成的人机物一体化智能系统，在制造过程中能进行智能活动，如分析、推理、判断、构思和决策等。智能制造是传统信息技术和新一代数字技术（大数据、物联网、云计算、虚拟现实、人工智能等）在制造全生命周期的应用，是新一轮科技革命的核心，也是制造业数字化、网络化、智能化的主攻方向。《"十四五"智能制造发展规划》指出，智能制造是制造强国建设的主攻方向，其发展程度直接关乎我国制造业质量水平。发展智能制造对于巩固实体经济根基、建成现代产业体系、实现新型工业化具有重要作用。

家居行业作为典型的制造行业，已不再是传统经济时代的大批量生产模式，而是结合了互联网、大数据、智能制造等技术，实现企业制造与科技的结合，逐渐转变为以制造为基础的解决家居系统方案的服务模式，如全屋定制、集成家居等成为家居企业的发展新方向。其中，家居智能制造是指利用物联网、云计算、大数据、人工智能等新一代信息技术，实现家居产品的智能化设计、生产、管理和服务，提高家居产品的品质、效率和个性化水平，满足消费者的多样化需求。

2.1.2 家居智能制造的基本理念

对家居智能制造基本理念的理解，首先需要明确家居智能制造的发展目标。面向高质量发展的中国经济，家居智能制造的总体发展目标可概括为：优质、高效、低耗、绿色和安全五个方面。

其次，在思维理念方面，家居行业智能制造的快速发展，离不开新颖、独特、有用、创新的思维和理念进行指导。家居智能制造思维和理念是指将家居产品的设计、生产、管理和服务与新一代信息技术相结合，实现家居产品的智能化、个性化、绿色化和服务化，满足消费者的多样化和高品质需求。其思维应包括以下5个方面。

❶ 互联网思维，即充分利用互联网、大数据、云计算、物联网等科技手段进行企业发展的目标和方向。

❷ 用户为中心，是指根据用户的个性化需求和场景化体验，提供定制化、反向定制、全

屋定制等多种模式的家居产品和服务。例如，通过三维建模和虚拟现实技术，让用户在虚拟环境中预览和体验自己定制的家居产品。

❸ 以创新为引领，是指利用物联网、云计算、大数据、人工智能等新一代信息技术，推动家居产品的技术创新、设计创新、模式创新和管理创新。例如，通过工业互联网平台，实现对生产过程中的设备状态、工艺参数、质量数据等信息的实时采集、分析和优化。

❹ 以智能为变革，是指利用智能装备、智能系统、智能服务等手段，实现家居产品的自动化、柔性化和网络化生产，提高生产效率和质量。例如，通过柔性生产线，实现各个生产环节的有效串联，并通过集成软件操控，实现全自动化生产。

❺ 以绿色为基础，是指注重环境保护和资源节约，采用新材料、新工艺、新技术，提高材料利用率和能源利用率，降低污染排放和碳排放。例如，通过新型环保涂料、低甲醛板材等材料，提高家居产品的环保性能。

这种思维和理念在大规模定制家居中已经得到了体现。其思维过程是在大规模生产的基础上，将每个消费者都视为一个单独的细分市场，根据消费者的设计要求或订单，制造个人专属家居。在智能制造的过程中，更应充分利用"家居制造业+互联网"这一智能制造关键技术，将生产过程、工厂规划、物流过程及服务形成等进行智能重组；以客户需求为中心，基于标准化和成组技术理论，通过模块化、标准化的设计思想，集精益生产、集成制造、并行工程、敏捷制造的制造思想，将生产由集中向分散转变、产品由趋同向个性转变、用户由部分参与向全程参与转变，充分运用全生命周期信息化管理思想；最终以柔性制造的方式，为客户提供低成本、高质量、短交货周期的定制家居产品。

在明确家居智能制造的发展目标以及转变思维理念后，要进一步实现家居智能制造，则需要理论突破与基础保障。家居智能制造理论体系应在原有家居智能制造基本内涵、术语定义、技术特征等基础上，对家居智能制造技术创新、架构模型和标准规范等工程技术上进一步进行理论研究与突破，特别是技术创新和标准规范直接涉及面向高质量发展的家居智能制造应用和实践过程，在家居智能制造过程中，技术体系的形成需要依赖软硬件的高度融合，但往往由于缺乏技术标准和标准接口，造成企业间的集成和协作出现数据共享不畅通现象，因此，该理论既是构建各类智能制造架构的基础，也是家居智能制造赋能技术的基础，尤其面向家居产业高质量发展，制定完善的智能制造标准体系已迫在眉睫。

而基础设施是实现家居高质量发展的基础保障，由于我国家居行业仍然面临智能制造支撑基础建设薄弱的问题，快速推进面向家居行业的工业"四基"建设，才能更好地为家居行业制造过程服务。因此，针对家居智能制造特征，应加大家居智能制造的数字化设施、网络通信设施、信息化安全设施、先进工艺过程设施、数字化设备和核心零部件（元件）、智能传感器、先进功能材料的研发等基础支撑的基础建设，特别是加快传感器与感知技术的研发，满足家居智能制造过程中信息的传输、处理、存储、显示、记录和控制等需求，通过"软硬并重"为家居智能制造发展和产业化应用提供坚实的支撑基础。

2.1.3　家居智能制造的特征

家居智能制造的特征可以总结为一个核心、两大主题、三项集成、四类功能、十字目标。

（1）一个核心——赛博物理系统CPS/CPPS

CPS是一种综合了计算、网络和物理环境的复杂系统。CPS平台未来可实现物联网、服务互联网和人类互联网三类网络互联互通，方便地把智能电网、智能工厂、智能建筑、智能家居、智能物件、商业网站、社交网站等接入，如图2-1所示。此外，CPS还拥有如下特征：

❶ 灵活、快捷和简便的服务和应用。

❷ 提供综合性强、安全可信的全商业进程支持。

❸ 保障所有环节的安全可靠系统。

❹ 支持移动端设备。

❺ 支持商业网络中互相协助的生产、服务、分析和预测。

家居智能制造是赛博物理系统在生产领域的一个应用。家居智能制造利用赛博物理系统的技术手段，如智能感知、分析预测、优化协同等，可以实现对家居产品的全生命周期管理，提高产品质量和效率，降低成本和资源消耗。同时，通过赛博物理系统构建实体生产系统的数字孪生，实现虚拟空间与实体空间的实时交互，相互耦合，及时更新。数字孪生还可以提供数字体验、辅助决策、一次做优等功能。

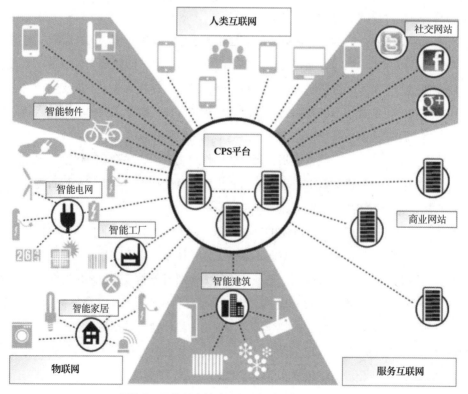

图2-1　工业4.0中基于服务和实时保障的CPS平台

德国工业4.0将CPS定位为核心技术。CPS应用于智能制造，即构成一种新的CPPS形式，它将智能机器、存储系统和生产设施相融合，使人、机、物等能够相互独立地自动交换信息、触发动作和自主控制，实现一种智能、高效、个性化、自组织的生产方式，构建出智能工厂，实现智能生产。

一个基于数字孪生的CPPS生产场景，如图2-2所示。未来智能制造过程中，物理系统中的智能化生产设备和智能化产品将成为CPS的物理基础，虚拟产品和虚拟生产设备等通过数学模型、仿真算法、优化规划和虚拟制造等构成赛博系统，物理系统、赛博系统通过工业互联网和物联网协同交互，构建出基于"数字孪生（或数字映射）"的CPPS，实现"人—机—物"之间、物理系统和赛博系统之间的网络互联、信息共享，从而可在赛博空间对生产过程进行实时仿真和优化决策，并从赛博系统实时操作和精确控制物理系统的生产设备和生产过程，支持在智能制造新模式下实现生产设施、生产系统及过程的智能化管理和智能化控制。

（2）两大主题——智能工厂和智能生产

智能工厂重点研究智能化生产系统及过程，以及网络化分布式生产设施的实现。智能工厂是德国工业4.0中的一个关键特征，在智能工厂里，人、机器和资源如同在一个社交网络里一样自然地相互沟通协作，能够管理复杂事物，不易受到干扰，能够更有效地制造产品，如图2-3所示。在智能工厂中，基于CPS平台，通过物联网（物品的互联网）和服务网（服务的互联网），将智能电网、智能移动、智能物流、智能建筑、智能产品等与智能工厂（智能车间、智能制造过程等）互相连接和集成，实现对供应链、制造资源、生产设施、生产系统及过程、营销及售后等的管控。智能服务也是智能工厂体系中一项重要内容，智能服务是指能自动辨别用户显性和隐性需求，并且主动、高效、安全、绿色地满足其需求的服务。在智能制造中，智能服务需要在集成现有多方面的信息技术及其应用基础上，以用户需求为中心，进行服务模式和商业模式的创新。因此，实现智能服务需要涉及跨平台、多元化的技术支撑。

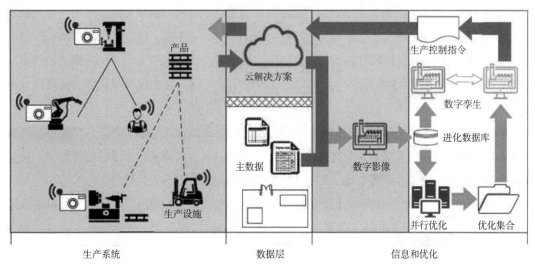

图2-2 基于数字孪生的CPPS生产场景

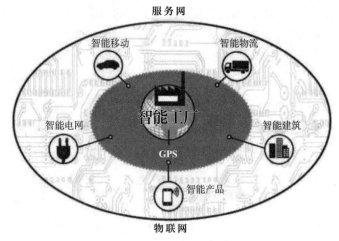

图2-3 智能工厂

基于赛博物理系统（CPS）平台，通过物联网（物品的互联网）和务联网（服务的互联网），将智能电网、智能移动、智能物流、智能建筑、智能产品等与智能工厂（智能车间、智能制造过程等）互相连接和集成，能够实现对供应链、制造资源、生产设施、生产系统及过程、营销及售后等的管控。智能工厂是利用信息技术、网络技术、人工智能技术等，实现家居产品的智能化设计、生产、管理和服务的新型生产方式。智能工厂可以提高家居产品的质量和效率，降低成本和资源消耗，增强市场竞争力和创新能力。

智能生产是指在智能工厂中，通过生产管理系统、计算机辅助工具和智能装备的集成与操作，实现产品仿真设计、生产自动排程、信息上传下达、生产过程监控、质量在线监测、物料自动配送等智能化生产过程。而"智能物流"是智能生产中物流管理的一个重要方面，主要通过互联网、物联网、物流网，整合物流资源，充分发挥现有物流资源供应方的效率，而需求方则能够快速获得服务匹配和物流支持。

总的来说，智能工厂和智能生产是智能制造的重要组成部分和表现形式，对于家居智能制造的作用主要有以下几面：

❶ 设计方面。通过计算机辅助设计（CAD）、计算机辅助工程（CAE）、计算机辅助工艺设计（CAPP）等工具，实现家居产品的三维建模、仿真分析、优化设计等功能，提高设计质量和效率，降低设计成本。

❷ 生产方面。通过多轴数控机床与机器人、增材制造装备（3D打印机）、智能传感与控制装备、智能检测与装配装备、智能物流与仓储装备等设备，实现家居产品的精密加工、快速制造、自动控制、在线检测等功能，提高生产精度和稳定性，降低人力依赖。

❸ 管理方面。通过企业资源计划（ERP）、制造执行系统（MES）、产品全生命周期管理（PLM）、产品数据管理（PDM）等系统，实现家居产品的订单管理、库存管理、质量管理、设备管理等功能，提高管理水平和效益，降低管理风险。

❹ 服务方面。通过物联网、云计算、大数据等技术，实现家居产品的远程监测、诊断、

维修等功能，提高服务质量和满意度，降低服务成本。

智能工厂和智能生产对于家居智能制造的作用是显著的，有助于推动家居行业的转型升级和可持续发展。

（3）三项集成——横向集成、垂直集成、端到端集成

❶ 价值网络的横向集成。跨越企业边界的一体化网络，分享产品设计、数字模型以及工艺细节。横向集成是将各种使用不同制造阶段和商业计划的IT系统集成在一起，其中包括一个公司内部的材料、能源和信息的配置（如入厂物流、生产过程、产品外出物流、市场营销等），也包括不同公司间的配置（价值网络）。集成的目标是提供端到端的解决方案，横向集成的本质是横向打通企业与企业之间的网络化协同及合作。不同企业（工厂）的价值网络集成，使外部设计人员、管理和计划、客户之间也通过价值网络实现集成。

❷ 纵向集成和网络化制造系统。可根据产品特点不同，自动进行调整的、有弹性的、可随时重新编程构建的生产场景，如图2-4所示。其实质是将企业中从底层的物理设备或装置到顶层的计划管理等不同层面的IT系统（如执行器与传感器、控制器、生产管理系统、制造执行系统和企业资源计划等）进行高度集成，纵向打通企业内部的管控。具体实现三方面的集成及应用：

a. 从信息流的角度，实现企业内部的企业资源计划（ERP）、产品生命周期管理（PLM）、制造执行系统（MES）和数据采集与监视控制系统（SCADA）等信息化系统之间的深度集成和应用；

b. 从物件对象的角度，基于工业互联网（i-Internet）和工业物联网（IIoT），实现物理设备（主要是底层数字化设备）的集成管控、互联互通和信息共享；

c. 信息化系统与物理设备的融合与集成，双向打通IT系统与物理设备之间数据和信息通道，实现指令下达、信息感知、状态反馈、动态调整等功能。

❸ 贯穿全价值链的端到端工程。首先需要明确两个概念，产品的生命周期（Product Life Cycle，PLC）是指一种新产品从开始进入市场到被市场淘汰的整个过程。产品全生命周期管理

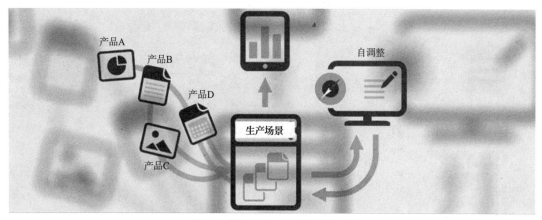

图2-4 纵向集成和网络化制造系统

指对产品从需求分析、规划设计（概念设计、详细设计）、产品制造、产品交付、使用维护和回收处理等阶段的全生命周期信息与过程进行管理，如图2-5所示。贯穿全价值链的端到端工程是指实现从价值链上游的生产系统规划到最终产品消费的整个价值链的、端到端的数字化工业设计开发，其核心是实现产品全生命周期的数字化管理和集成。未来的智能制造系统中，数字化设计制造、数字孪生等技术提供基于模型的开发方法和工具，定义和描述客户需求、产品结构设计、加工制造、产品装配、成品完成和使用服务等不同阶段（即不同的"端"）及其相互关系，完成从端到端的数字化虚拟仿真，实现"打包"开发的模式，从而为个性化定制产品提供了可行的技术途径，如图2-6所示。端到端的数字系统工程和由此产生的价值链优化，意味着客户可以不需从供应商已有的产品系列目录中挑选产品，而是通过个性化功能和组件的混合及匹配，满足自己的特定需求。

（4）四类功能——状态感知、实时分析、自主决策、精准执行

❶ 状态感知。状态感知是智能系统的起点，也是实现智能制造的基础。它是指采用各种传感器或传感器网络，对制造过程、制造装备和制造对象的有关变量、参数和状态进行采集、转换、传输和处理，获取反映智能制造系统运行工作状态、产品或服务质量等数据。由于物联

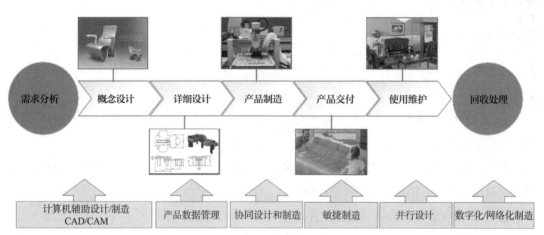

图2-5　产品全生命周期管理数字化工程

图2-6　贯穿全价值链的端到端工程

网的快速发展，未来通过状态感知获取的智能制造数据将会急剧增加，从而形成制造大数据或工业大数据。

❷ 实时分析。实时分析是处理智能制造数据的方法和手段。它是指采用工业软件或分析工具平台，对智能制造系统状态感知的数据（特别是形成的制造大数据或工业大数据），进行在线实时统计分析、数据挖掘、特征提取、建模仿真、预测预报等处理，为趋势分析、风险预测、监测预警、优化决策等提供数据支持，为从大数据中获得洞察和进行自主决策奠定基础。

❸ 自主决策。自主决策是智能制造的核心，它要求针对智能制造系统的不同层级（如设备层、控制层、制造执行层、企业资源计划层）的子系统，按照设定的规则，根据状态感知和实时分析的结果，自主做出判断和决策，并具有自学习和提升进化的能力（即还具有学者提出的"学习提升"功能）。由于智能制造系统的多层次结构和复杂性，自主决策既涉及底层设备的运行操控、实时调节、监督控制和自适应控制，也包括制造车间的制造执行和运行管控，还包括整个企业的各种资源、业务的管理和服务中的决策。

❹ 精准执行。精准执行是智能制造的关键，它要求智能制造系统在状态感知、实时分析和自主决策基础上，对外部需求、企业运行状态、研发和生产等做出快速反应，对各层级的自主决策指令准确响应和敏捷执行，使不同层级子系统和整体系统在最优状态下运行，并对系统内部本身或来自外部的各种扰动变化具有自适应性。

对于家居智能制造而言，这四大功能具有重要的意义。它们可以提高家居产品的质量和性能，满足消费者的个性化需求和高品质体验；提高家居制造的效率和灵活性，降低生产成本和资源消耗；增强家居制造的创新能力和竞争力，适应市场变化和技术发展。

（5）十字目标——优质、高效、低耗、绿色、安全

在工业4.0时代，智能制造的总体目标，可以归纳为优质、高效、低耗、绿色、安全五个方面，它们是在前文给出的优质、高效、低耗、绿色、安全的一般含义基础上，结合智能制造的新特点，赋予了新的含义。

❶ 优质。智能制造将实现以CPS为核心进行智能生产，在工业生产过程中应用智能物流管理、人机互动以及3D技术等，实现生产系统及过程的网络化和智能化，确保产品的精度、质量和可靠性，或提供高质量的制造服务。在家居智能制造中，优质强调的是从家居产品制造和服务两个方面，从技术方面进行创新和突破，满足客户需要。

❷ 高效。智能制造将通过工业互联网和物联网协同交互，实现"人、机、物"互联和信息共享，构建多层级、多方面、多颗粒度的数字孪生体，支持和实现赛博物理融合生产系统，提升生产效率，以最优的时间和节拍完成产品生产和提供制造服务，快捷响应市场需求。

❸ 低耗。以CPS为核心进行智能生产，在工业综合应用先进传感、仪器、监测、控制和过程优化的技术，实现制造过程能量、生产率和成本的实时管理与优化，达到生产过程能效最佳，有效地控制和降低综合成本，提高产品和企业的竞争力。在家居智能制造中，低耗是通过家居制造过程的精益化管理，以最低的资源浪费和消耗，为顾客提供低成本的产品和服务。

❹ 绿色。智能制造将关注在产品全生命周期中绿色理念和绿色设计制造技术的应用，实现

降能节材、清洁生产、减少排放和可持续发展。在家居智能制造中，绿色是面向国家提出的"双碳"目标，综合考虑家居产品全生命周期过程，通过资源利用率的提升，最大程度改善家居制造过程对环境的影响。

❺ 安全。智能制造中的安全，不仅包括传统"安全"意义下注重的人身和财产安全，还进一步强调数据、信息和网络等资源的安全。由于智能制造与新一代信息技术和新一代人工智能制造高度融合，网络和信息安全问题成为有别于传统制造的一个新的重要问题，它是指制造系统和制造过程中涉及的网络安全、信息安全问题，即要通过综合性的安全防护措施和技术，保障设备、网络、控制、数据和应用的安全。在家居智能制造中，安全是面向家居智能制造过程中涉及的信息和网络安全问题，通过基础设施的改善，确保智能制造系统的高效运行。

2.2 家居智能制造的基本构成要素

智能制造的基本构成要素包括智能设计、智能产品、智能生产、智能管理和智能服务，如图2-7所示。作为典型的制造业，家居行业智能制造构成因素具有智能制造的基本特点。

2.2.1 智能设计

"设计"这一概念涉及的领域非常广泛，在不同应用领域有不同的定义和内涵。本书讨论的"设计"是指在工业产品全生命周期价值链中，设计师有目的、有计划地进行技术性的创作与创意活动，包括构建对象、系统或制订用于活动、过程实现的规范或计划等。本书讨论的智能设计仅涉及工业产品及其生产领域的设计活动，如各种工业产品设计、制造工艺设计、生产线设计等，它是指应用现代信息技术，采用计算机模拟或实现人类的思维和创作活动，提高设计的智能水平，从而使计算机能够更多、更好地承担设计过程中各种复杂任务，成为设计人员的重要辅助工具。

智能设计是随着设计自动化、专家系统、计算机集成制造、人工智能等理论和技术的发展而产生并发展起来的，初期形态是一种设计型专家系统，自20世纪80年代开始，计算机集成制造的快速发展催生了智能设计的高级阶段——人机智能化设计系统。当前智能设计具有如下特点：

❶ 以现代设计方法学为指导。

❷ 借助人工智能技术实现知识学习和处理等功能。

❸ 采用CAD技术作为数值计算、图形处理、分析和优化的工具。

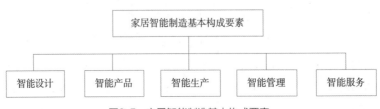

图2-7　家居智能制造基本构成要素

❹ 面向集成智能化，具有统一数据模型和数据交换接口。

❺ 具有强大的人机交互功能。

家居智能制造中的智能设计，是指利用计算机辅助设计、计算机辅助工程、计算机辅助制造等软件工具，实现家居产品的快速设计、仿真、优化和验证，提高设计的精确性和创新性。例如，通过三维建模和虚拟现实技术，可以让用户在虚拟环境中预览和体验自己定制的家居产品。利用信息技术和人工智能技术，对家居产品的设计过程进行数字化、模块化、个性化和自动化处理，实现从消费者需求到产品方案的快速生成和优化。智能设计可以根据消费者的喜好、生活习惯、家庭结构、装修风格等因素，提供多种家居方案供消费者选择或修改，实现个性化定制；利用大数据分析、云计算、机器学习等技术，对家居产品的风格、元素、花色、配饰等进行组合和优化，提高设计效率和质量；利用三维建模、虚拟现实、增强现实等技术，对家居产品进行可视化展示和体验，增强消费者的参与感和满意度；利用标准化、规范化、参数化等技术，对家居产品进行工艺数字化转换，生成生产数据和加工文件，实现与智能制造的无缝对接。

从一般意义考虑，以产品设计为例，设计过程可分为产品规划、方案设计、结构设计和施工设计四个阶段，并进一步细分为七个步骤，如图2-8所示。

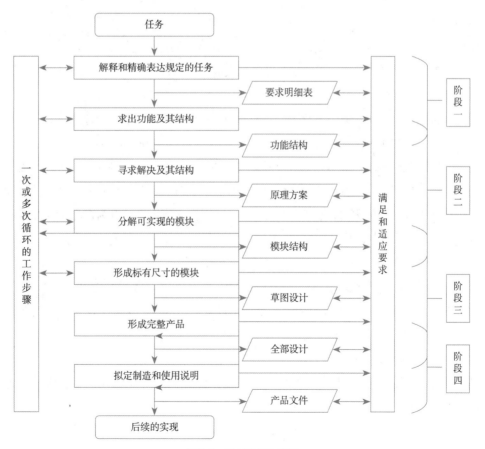

图2-8　设计阶段与步骤

在设计过程的四个不同阶段以及各个步骤中，可应用多种数字化、网络化和智能化的先进设计技术和方法，以实现智能设计过程。

（1）产品规划阶段

在市场分析的基础上进行产品规划，可通过多种途径（如市场需求问卷、互联网等）收集与客户产品需求有关的数据信息，采用智能化数据分析手段和工具识别、分析客户需求，设定产品目标和规格，获取设计要求。该阶段主要包括两个步骤：

❶ 解释和精确表达规定的任务。该步骤的输出是要求明细表，给出产品对象性能技术需求。

❷ 求出功能及其结构。该步骤的输出是功能结构，可以用图样或文字表达。

（2）方案设计阶段

在分析功能结构基础上，确定产品原理方案和概念设计，可通过智能创新设计方法进行概念抽取和筛选，确定具体任务需求；采用智能映射、智能决策、产品设计综合评价等进行优选比较，确定设计方案，并以草图或粗略的三维实体模型实现功能结构的概念设计等。该阶段包括两个主要步骤：

❶ 寻求解决原理及其结构。该步骤的输出是原理方案，描述如何实现产品的性能指标和功能结构要求。

❷ 分解可实现的模块。该步骤的输出是模块结构，即将功能结构分解成为单个的子结构模块。

（3）结构设计阶段

依据任务要求、功能结构和原理方案设计，利用各种专业设计原理、方法和规则，对设计对象的结构进行详细设计，并经过反复循环迭代和多学科优化，得到优化设计的结果，并以工程上通用的表达形式（如工程图样、3D实体建模）进行描述表达。经过几十年的发展，数字化的计算机辅助设计和分析软件工具（CAD/CAE）已经广泛应用于各种产品的三维建模和设计。智能化和虚拟化方法和技术，如设计知识表示/获取/处理/推理、多专家系统协同、智能特征技术、智能装配技术、虚拟仿真和试验、快速原型RP和虚拟现实VR等，将大大提高建模与设计的效率，且保证最终设计的科学性与可操作性。另外，结构设计过程中涉及产品性能指标、历史产品设计和客户需求，企业的CAD、CAE、CAPP等系统可以为产品设计提供有价值的数据支持。该阶段包括三个主要步骤：

❶ 与上一阶段的步骤❷ 一致。

❷ 形成标有尺寸的模块。该步骤的输出是草图，以草图形式给出全部设计和要求。

❸ 形成完整产品设计。该步骤的输出是全部设计，一般以二维的装配图、零件图和三维的实体模型以及相应的文本信息表达全部详细设计。

（4）施工设计阶段

基于全部设计，拟定实现设计对象的制造工艺或制造过程，给出相关工艺或施工指导文件。该阶段包括一个主要步骤：

拟定制造和使用说明。该步骤的输出是完整的产品文件，如产品安装说明书或施工说明书、产品使用说明书以及工艺要求说明书等。

2.2.2　智能产品

从功能角度看，智能产品可以定义为一类具有感知、计算、数据存储、通信和交互等智能化特征（部分或全部）的产品和装备。从构成角度看，智能产品可以定义为一类由产品（物）、传感器、通信单元、微处理器和控制器等组成的嵌入式系统。智能产品实例有智能手机、智能手表、智能机床、无人机和自动驾驶汽车等，图2-9为智能家居产品示例。

智能家居产品指具有自主学习、自适应调节、自主交互等功能的家居产品，成为物联网的连接终端，实现产品的可追溯、可识别、可定位、可配置等功能。例如，智能家电、智能灯具、智能锁等。智能产品可以通过各种传感器和信息技术，对制造过程中的设备、产品、环境等进行实时监测和数据采集，可以根据用户的习惯和喜好，自动调节高度、角度、温度等参数，提供舒适的使用体验，同时，其还能获取制造活动的状态信息。此外，智能产品可以通过人工智能技术，使家电具备自动化、智能化、远程控制等功能，如智能冰箱、智能洗衣机、智能空调等。智能产品可以通过网络通信、机器人、物联网等技术，将决策和指令传递给执行层，实现对设备、产品、生产线等的精确控制和管理，并及时进行自我调整和优化。同时，在经历了产品联网与操控自动化构建之后，未来在对家居性能仿真的同时，更应依据CPS系统，通过智能家居控制系统、无线网络技术等研发与突破，将构建智能家居管控平台作为新的技术研发重点。

与传统的非智能产品相比，智能产品在产品制造、物流、使用和服务过程中，能够实现自感知、自诊断、自适应和自决策等功能。

（1）自感知功能

智能产品嵌入有各种传感器，通过对工作环境中温度、压力、振动、噪声等物理量的检测，能够实现对产品自身工作状态、所处环境等的自感知。

（2）自诊断功能

智能产品能够对工作过程中感知的信号和数据进行存储、计算等处理，实时监测工作环境和工作状态，对故障进行判别、诊断和报警。

（3）自适应功能

智能产品能够在辨识自身和环境状态参数基础上，自适应调整内部算法和参数等，从而适应产品自身和外部环境的变化。

（a）智能床垫　　　　（b）智能家电　　　　（c）智能办公家具　　　（d）智能适老家具

图2-9　智能家居产品示例

（4）自决策功能

智能产品可在使用和服务过程中，根据自感知的信息和工作状态自诊断的结果，自主做出优化操作、协调控制的决策，进行自动控制或给操作者提供决策支持。

在智能产品的开发方面，近年来智能产品开发的理论和方法不断发展，技术进步和市场需求是其主要驱动力。此外，关注环境影响、可持续性、健康和安全问题等也对智能产品设计开发过程产生了重要的影响。智能产品开发过程对产品的整个价值链以及质量、成本和时间等有着至关重要的影响，并最终影响到产品的竞争优势。产品开发的目的是通过结构化的设计过程，实现产品在工程和工业设计要求的集成，同时获得更低的成本、更高的质量和更短的开发时间。新产品的开发是一个复杂而动态的过程，其关键要素包括：

❶ 使用各种方法来识别客户的需求。

❷ 采用合适的产品描述，以支持在早期产品评估过程中进行交流，如虚拟样机、数字孪生。智能技术的发展，使得采用虚拟现实（VR）、增强现实（AR）和混合现实（MR）、3D打印等技术来描述展示产品成为可能。

❸ 迭代。智能产品开发是一个高度迭代过程，包括从多方面对市场要求和产品特性进行分析的多次循环，迭代过程可以有多个IT工具支持，如智能数字化工具、VR、AR或MR支持的原型技术等。

❹ 集成。集成是智能产品开发的一个关键因素。一方面，模块化、可重构技术为智能产品提供了集成开发理念和工具方法；另一方面，ICT、IoT、CPS等智能技术为产品物理对象和信息之间的深度集成提供了技术途径。

❺ 创新。智能产品复杂性、集成度日益增加，产品功能越来越多，性能指标不断提高，必须依靠新材料、新结构和新工艺等方面的创新发展，才能开发出越来越多新颖的智能产品。

❻ 精益。根据精益生产思想，应采用组织化管理方式，在达到产品高质量标准和满足交付时间要求的同时，生产过程还应具有更高的柔性。精益生产是以更少和精益的工具实现资源优化和消除浪费，并完成更多的工作。在智能产品开发过程中，开发新产品或改进现有产品都应遵循精益原则。

智能产品是制造业向新兴产业转型的关键方面之一，对产品自身和制造工艺（流程）都产生了很大的影响。一方面，智能产品具备感知、计算、数据存储、通信和交互等特征，使得产品在使用和服务过程中，可以提供整个生命周期的状态信息，能够在不受任何人为干预的情况下感知物理环境和与其进行交互，从而提高产品的适用性和竞争力。另一方面，智能产品的自感知、自诊断、自适应和自主决策等功能，使得制造产品的过程从"被生产"变为"主动"配合制造过程，智能产品将为智能生产系统提供材料、设计、工艺、质量等方面的数据信息，通过整个价值链进行实时管理，优化智能工厂的物流、生产、维护和业务管理流程。

智能产品在家居行业的应用是一个热门话题，也是一个不断创新和发展的领域。智能产品可以为用户提供更加便捷、舒适、安全和高效的家居生活体验，满足用户的个性化和定制化需求。目前，智能产品在家居行业的应用主要包括以下几个方面：

（1）智能家电

通过人工智能技术，使家电具备自动化、智能化、远程控制等功能，如智能冰箱、智能洗衣机、智能空调等。

（2）家用安防

通过人工智能技术，使安防设备具备异常感知、危险判断、快速告警等功能，如智能摄像机、智能门锁、智能猫眼等。

（3）照明系统

通过人工智能技术，使照明设备具备自动调节、语音控制、情景模式等功能，如智能灯泡、智能灯带、智能台灯等。

（4）连接控制设备

通过人工智能技术，使控制设备具备语音识别、自然语言处理、多设备协同等功能，如智能音箱、智能遥控器、智能网关等。

2.2.3　智能生产

智能生产是指利用信息技术和人工智能技术，对家居产品的生产过程进行数字化、网络化、自动化和柔性化改造，实现从原材料到成品的高效率和高质量生产。对于家居智能生产而言，生产智能化是指利用数控机床、机器人、传感器等智能装备，实现家居产品的自动化、柔性化和网络化生产，提高生产效率和质量。例如，通过工业互联网平台，可以实现对生产过程中的设备状态、工艺参数、质量数据等信息的实时采集、分析和优化。

将CPS应用于智能制造中，是一种新的赛博物理融合的CPPS形式，将智能机器、存储系统和生产设施相融合，使人、机、物等能够相互独立地自动交换信息、触发动作和自主控制，实现一种智能、高效、个性化、自组织的生产方式，构建出智能工厂，实现智能生产。因此，未来面向高质量发展的家居智能制造，其主题应主要围绕赛博物理系统（CPS）和赛博物理生产系统（CPPS）进行的产品制造过程，在这个过程中实现"人、机、物"互联和信息共享，通过赛博空间进行产品全生命周期生产过程行为的决策是关键。依据家居产品智能制造的特征，在家居智能生产中又包含家居智能工厂、家居智能装备、家居智能物流。

家居智能工厂是指随着物联网技术的应用，家居智能工厂技术体系应考虑通过数据采集（SCADA）、车间联网、MES、APS研发，将数字互联应用到包括供应链、客户和生产过程的各个环节，真正实现数据驱动生产；同时，还应利用人工智能技术解决家居产品研发、制造工艺、物流服务等环节的感知、学习、分析、预测等能力，使得家居工厂既具备自主性又能动态地适应制造环境的变化。

家居智能装备即为木工设备的技术发展、数控CNC等数字化设备的研发，在解决了柔性生产问题的基础，更应通过CAM系统、增材制造支撑软件、智能传感技术、自动控制技术、机器人技术的研发，对加工过程具备动态感知、过程精准执行和实时分析的能力。

家居智能物流，是指通过AGV、SLAM、自动化立库、WMS、TMS、DPS（数字拣货系统）的研发应用，满足车间物流的需要。同时，应从基于3G技术的物流配送过程的基础，重点考虑客户个性化需求的服务匹配，通过物流资源整合、物流效率的提升和物流技术的支撑，搭建基于互联网、物联网和物流网的物流配送技术体系平台。

智能生产的主要活动如图2-10所示。车间（生产线）由多台（条）智能装备（产线）构成，除了基本的加工或装配活动外，还涉及计划调度、物流配送、质量控制、生产跟踪、设备维护等业务活动。智能生产管控能力体现为形成"优化计划—智能感知—动态调度—协调控制"的大闭环生产流程，提升生产线的可配置性、自主化和适应性，从而对异常变化具有快速响应能力。

智能生产可以通过大数据、云计算、人工智能等技术，对感知到的数据进行快速有效的处理和分析，提取有价值的信息和知识，通过智能算法、优化模型、知识图谱等技术，根据分析结果和预设规则，自动做出合理有效的决策和指令，通过反向定制、全屋定制、场景化集成定制等个性化定制方式，满足消费者的多样化需求，通过绿色环保、节约资源、减少污染等方式，实现可持续发展。

未来智能制造过程中，实体物理系统中的智能化生产设备和智能化产品将成为CPS的物理基础，虚拟产品和虚拟生产设备等通过数学模型、仿真算法、优化规划和虚拟制造等构成赛博系统，物理系统和赛博系统通过工业互联网和物联网协同交互，构建出基于"数字孪生"（数字映射、数字双胞胎）的CPPS，如图2-11所示。

在家居行业中，家居智能生产技术体系构建应在集成并合理配置家居制造过程中的生产设备（普通机床、数控机床、机器人）、传送装置、车间物流系统等资源的基础上，通过FMS的控制软件系统、协作机器人的管控系统开发，视觉检测、设备健康管理、工艺仿真等技术研发和不断优化，基于现场动态数据的决策与执行，使家居生产过程具有自适应、自重组、快速响应和动态调整等能力。

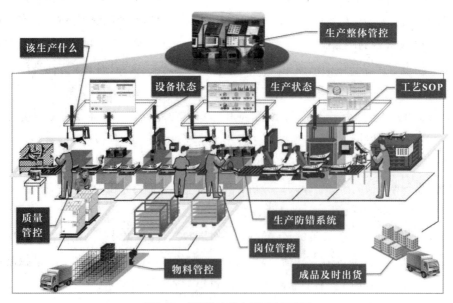

图2-10　智能生产的主要活动示意图

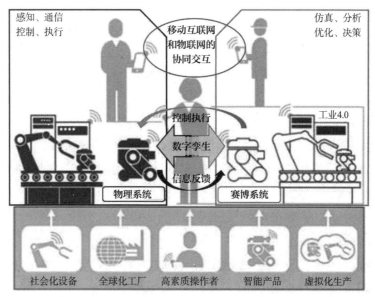

图2-11　基于数字孪生的智能生产系统示意图

例如，可以构建针对大规模定制家具柔性制造系统（FMS），其关键技术架构如图2-12所示，主要包括：标准化产品设计与工艺规范技术、模块化柔性生产技术和信息化动态管控技术。该系统总体思路是从产品设计过程的标准化入手，从不同设备的加工基础入手，形成多个产品族，并结合工艺规范技术和管控过程标准化流程，形成FMS的标准化技术。以零部件加工过程为中心，以产品族的形式建立相应的模块，采用灵活多变的加工模式，实现模块化的柔性化生产技术；依据信息技术和数字化技术对各类信息进行集成，实现FMS的动态管控技术。其中，标准化产品设计与工艺规范技术的主要内容如下：

（1）产品设计阶段

尽量使用通用零部件的规格，并通过新产品开发来继承和兼容标准零部件，体现产品设计柔性。同时，开发和建立定制家具产品的三维参数化零部件数据库，是实施大规模定制家具FMS的基础。产品标准化设计是通过简化设计，建立家具产品族的规划与数字化标准模块，并依据成组分类与信息编码技术，制定家具编码的档案管理体系，形成产品和零部件的标准化管理。

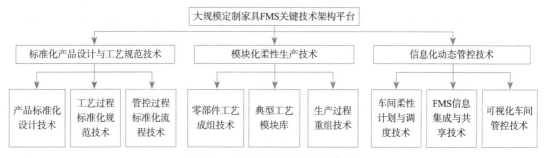

图2-12　大规模定制家具FMS关键技术

（2）制定标准的工艺过程规范

由面向单一产品和零件转为面向产品族，通过工艺过程快速变化体现工艺柔性，这是实施大规模定制家具FMS的重要保证。其中，工艺标准化主要包括：工艺术语与符号标准化；加工余量、公差、工艺规范等工艺要素标准化；刀具、机床夹具、机床辅具等工艺装备标准化；工艺规程、工艺守则、材料定额等工艺文件标准化。

（3）管控过程规范化技术

保证家具产品的质量、性能和技术要求。该过程是实施大规模定制家具FMS的手段，其关键是依据信息化管理，将相同零件组的典型工艺、某工序的典型工艺、标准件和通用件典型工艺等，通过数字化处理，从而形成标准的数字化工艺过程；并将家具生产过程中的各环节及相关因素形成统一的标准，实时收集生产过程中数据并做出相应的分析和处理，为企业提供快速反应、有弹性、精细化的生产环境。

另外，模块化生产工艺是依据大规模定制家具的内涵，提取产品族或零部件族及其典型工艺特点的共有属性，形成参数化典型工艺和典型工艺模板，并通过相应的参量驱动规则，使得新的工艺不断扩展构成典型工艺模板库，形成柔性生产的工艺模块，同时，可采用零件生产过程分析对产品族零件生产过程进行重组，这样既可减少换刀和调刀时间，又可缩短被加工零件的首件确认时间及零件流动距离。其中的关键技术包括：

（1）零部件工艺成组技术

对定制家具产品，将结构、功能和工艺相似的产品进行分类，依据成组技术模型分析，形成成组技术方案，通过工艺路线匹配与分组，实现从订单式生产方式向揉单式生产方式的转变，从而完成自动揉单与零部件制造过程流转。在分类流转过程中，应规范所有零部件的加工路线，将加工任务细化至具体的工序位置，才能提高零件的生产效率与出材率。

（2）典型工艺模块库构建

依据大规模定制家具产品结构特征和工艺特征，可将典型工艺模块分为三大部分：

❶ 零部件族的典型工艺模块。利用成组技术，对揉单的零件，按结构相似、尺寸相近且具有类似工艺特征进行分类归组。

❷ 工序的典型工艺模块。以工序为对象，将该工序中所有零件的相同工艺要素建立典型工艺模板，构成典型化的工艺模块。

❸ 标准件和通用件的典型工艺模块。无须分类分组，可直接编成供操作者使用的典型工艺过程卡，将上述典型工艺模块通过典型工艺规程，以数字化的形式进行建模，形成典型工艺模块库。

（3）生产过程重组技术

实际生产过程中，应通过生产过程重组技术，在减少辅助加工时间的同时，尽可能地将从订单式生产向揉单式生产转变过程中尺寸和形状相同的零件进行集中备料，将功能和工艺相似的零件集中生产，在加工方式上尽量采用通过式加工和工序分化的形式来实现。

信息化动态管控技术中关键技术包括：

（1）车间柔性计划与调度技术

实际生产过程中，当个性化订单计划完成后，FMS可对零部件、产品、工艺路线等信息进行分析，实现车间的柔性计划与调度。另外，FMS还可实现对车间产量、加工数据的实时收集，从而降低人工统计工作量，从根本上杜绝错件、漏件、补件问题。

（2）FMS信息集成与共享技术

FMS的数据来源往往由其他功能软件（ERP/MES）提供，并实现数据在功能软件和设备间的共享与传递。因此，大规模定制家具FMS信息集成与共享技术应分两个部分。

❶ 相关功能软件的集成。实际应用过程中，FMS与功能软件的集成主要是使用数据库技术，实现生产信息在ERP、MES、SCM等系统中共享。ERP为FMS提供物料采购、销售等基础数据，MES为FMS提供物料需求计划、成品产出计划、成本计划等。FMS生产过程中为ERP和ME提供的关键数据，对设备、质量等多模块具有很大的改进作用。同时，FMS与自动仓储系统间的集成，可实时统计生产订单的配套表、生产领料单和生产退料单的物料净出库量信息。FMS还可结合MES，以零部件标签扫描的方式记录工序加工情况，门店与客户通过电脑或手机等移动终端即可进行订单跟踪查询。

❷ 与外围设备间的集成。FMS与外围设备的集成，包括加工信息与数控设备的对接、工件在车间的流转和现场信息反馈等方面。其中，加工信息与数控设备的对接，主要是依据企业设计软件（如2020、TopSolid）、优化软件（如CUTRITE）、数控机床加工软件（如IMOS）等之间的数据对接；工件在车间的流转，是利用智能物流技术，通过自动导引车（AGV），进行加工过程中物件的自动定位转移，或配送到相应工序；现场信息反馈，是在柔性制造过程中，通过MES中的数据，实时显示加工数据、各工段的计划完成、订单下单等情况。

（3）可视化车间管控技术

柔性制造可视化车间管控技术，是依托ERP系统、MES、数据采集设备等组成的实时动态监控技术，由现场数据采集、数据处理与分析、现场信息反馈等模块构成。通过车间各岗位标签扫描，实现加工时间、加工进度、设备产能等数据的实时采集，LED屏实时显示车间管控过程。

2.2.4　智能管理

一般意义的智能管理（Intelligent Management，IM）涉及范围很广。在智能制造领域，智能管理是指新一代信息技术/人工智能、管理科学等与先进制造技术及制造工程相互结合、相互渗透而产生的新技术及其应用，旨在综合利用先进管理理论、方法、技术和系统，对企业的管理过程进行数字化、可视化、协同化的改进，实现从产品研发到市场营销的全方位和全周期的管理，提高企业生产质量和效率，拓展价值增值空间，保证生产运营系统安全，满足诸如大规模批量定制生产、个性化小批量生产等现代生产的需求。智能管理通过利用物联网、云计算、大数据等技术，能够实现对家居产品生命周期中的资源、流程、订单、库存等信息的智能化管理，提高管理的效率和水平。例如，通过物流追踪系统，可以实现对家居产品从出厂到送达用户手中的全程监控和跟踪。

在智能制造中的智能管理，是在管理信息系统（Management Information System，MIS）、办公自动化系统（Office Automation System，OAS）、决策支持系统（Decision Support System，DSS）等技术基础上，与专家系统、知识工程、模式识别、机器学习等方法和技术相结合，应用于企业商务运营（Enterprise/Business Operations，EBO）、制造运营管理（Manufacturing Operation Management，MOM）和工业自动化控制运行管理等，从而实现"人、机、物"的高效整合与协调运行。智能管理主要内容如图2-13所示。

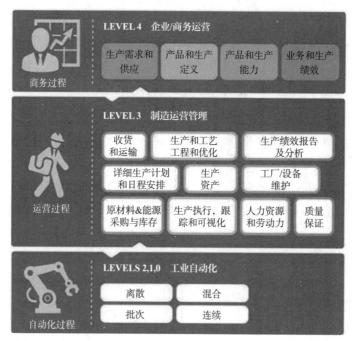

图2-13　智能管理涉及的各层级内容

其中，制造运营管理层为中间层，即制造运营管理的实施层级，涉及制造过程中从设备、仓储、能源、生产、跟踪、质量等各个方面，如：收货和运输、生产和工艺、工程和优化、生产绩效报告及分析、详细生产计划和日程安排、生产资产、工厂/设备维护、原材料及能源采购与库存、生产执行/跟踪和可视化、人力资源和劳动力、质量保证等制造运营管理，具体内容见表2-1。

表2-1　制造运营管理的具体内容

内容名称	英文翻译	英文简写
仓库管理	Ware House Management	WHM
文档管理	Document Management	—
管理计划/配送	Scheduling，Dispatching	—

续表

内容名称	英文翻译	英文简写
制造资源计划	Manufacturing Resource Planning	MRP
工业用电管理	Industrial Electricity Management	IEM
智能电网	Smart Grid	—
交通信息系统	Transportation Information System	TIS
配置	Configure	—
模型	Model	—
恢复时间目标	Recovery Time Objective	RTO
先进过程控制	Advanced Process Control	APC
资产跟踪	Asset Tracking	—
移动	Mobile	—
无线射频识别	Radio Frequency Identification	RFID
制造执行系统	Manufacturing Executive System	MES
电子化作业指导	Electronic Work Instruction	EWI
跟踪	Tracking	—
批量	Batch	—
设备管理指导	Equipment Management Instruction	EMI
作业指导	Operation Instruction	OI
运行报告	Reporting	—
总体设备效率	Overall Equipment Efficiency	OEE
工作指令	Work Order	W.O.
以可靠性为核心的管理	Reliability Centered Management	RCM
设备健康管理	Equipment Health	—
时间轨迹	Time Track	—
培训	Training	—
员工日常培训	Ordinary Train Staff	OTS
统计过程控制	Statistical Process Control	SPC
统计质量控制	Statistical Quality Control	SQC
危害分析与关键控制点	Hazard Analysis and Critical Control Points	HACCP
实验信息管理系统	Laboratory Information Management System	LIMS

在家居行业中，家居企业制造运营管理是指对家居产品的设计、生产、质量、物料、设备、工艺、工资、人力等各个环节进行有效规划、组织、协调、监控和改进，以提高产品质量和效率，降低成本和风险，满足客户需求和市场变化。家居企业制造运营管理主要涉及以下八大模块：

❶ 计划管理。指根据客户订单和市场需求，制订合理的生产计划和物料计划，保证生产任务的按时完成。

❷ 组织管理。指根据生产计划和物料计划，合理安排生产人员、设备、工具等资源，保证生产过程的顺畅进行。

❸ 物料管理。指根据物料计划，及时采购、验收、入库、发料、退料等物料活动，保证物料的质量和数量，避免物料短缺或浪费。

❹ 生产管理。指对生产过程中的各个环节进行监督和控制，保证产品的质量和数量，及时处理生产异常和问题，提高生产效率和利用率。

❺ 技术管理。指对产品的设计、开发、改进等技术活动进行管理，保证产品的技术水平和创新能力，满足客户的个性化和定制化需求。

❻ 设备管理。指对生产设备的选购、安装、调试、维护、保养等活动进行管理，保证设备的性能和寿命，降低设备故障和停机率。

❼ 质量管理。指对产品质量的标准、检测、控制、改进等活动进行管理，保证产品符合客户要求和法律法规，提高客户满意度和信任度。

❽ 成本管理。指对生产成本的核算、分析、控制、降低等活动进行管理，保证成本合理和透明，提高利润率和竞争力。

企业或商务运营管理层级主要处理企业管理和商务运营管理，包括：生产需求和供应、产品和生产定义、产品和生产能力、业务和生产绩效等企业计划及商务运营管理，具体内容见表2-2。

表2-2 企业/商务运营管理的具体内容

内容名称	英文翻译	英文简写
企业资源计划	Enterprise Resource Planning	ERP
高级计划和优化	Advanced Planner Optimizer	APO
高级计划和排程	Advanced Planning and Scheduling	APS
客户关系管理	Customer Relationship Management	CRM
产品全生命周期管理	Product Lifecycle Management	PLM
工厂/工艺设计	Plant/Process Design	—
环境健康与安全	Environmental Health and Safety	EH&S
计算机化维护管理系统	Computerized Maintenance Management System	CMMS
业务流程管理	Business Process Management	BPM
商业智能	Business Intelligence	BI
数据仓库	Data Warehouse	DW
供应链管理	Supply Chain Management	SCM
企业质量管理体系	Enterprise Quality Management System	EQMS

在家居行业中，家居企业商务运营管理是指对商务活动和运营过程的规划、组织、实施和控制的管理工作。商务活动包括与客户、供应商、合作伙伴等的沟通、协调、合同签订、订单处理等。运营过程包括产品设计、生产、物流、仓储、售后等。家居企业商务运营管理的目的是提高客户满意度，降低成本，提高效率，增强竞争力。家居企业应从以下内容进行商务运营管理：

❶ 优化商务流程，简化工作环节，提高工作效率，减少错误和风险。

❷ 利用信息技术，建立数据分析和决策支持系统，实现商务运营的智能化和自动化。

❸ 加强供应链管理，与上下游合作伙伴建立稳定、互利的关系，实现资源共享和协同创新。

❹ 注重产品质量和服务质量，建立质量管理体系，实施质量控制和改进，提高客户满意度和忠诚度。

❺ 关注市场变化和竞争态势，进行市场调研和分析，制订合理的市场策略和营销方案。

❻ 培养商务运营人才，提高员工的专业技能和综合素质，激发其创新能力和工作热情。

此外，在大规模定制家居生产管理过程中，可以通过ERP系统对家居企业进行智能化管理。实施ERP系统进行组织与管理，可以将围绕订单进行的销售、采购、仓储、计划、生产、财务等业务流程工作进行集成化管理，实现订单信息数据的准确、快速共享，缩短订单管理周期，提高生产管理效率。ERP系统实际运行中其特点主要体现在以下几个方面：

❶ 管理思想先进性与适应性。ERP系统不断吸收融合最先进的管理思想和模式，根据不同家居企业管理模式做出调整。

❷ 功能的可拓展性。ERP系统除了具备销售、采购、生产、财务等功能外，还不断吸纳新的功能，如客户关系管理（CRM）、制造执行系统（MES）、产品数据管理（PDM）、办公自动化（OA）等协同管理功能，从而构建出强大的综合性定制家具企业信息管理系统。

❸ 工作管理的集成性。ERP系统通过数据共享、连接协同管理系统，将家具企业决策层从庞大的数据中解脱出来，通过集成数据查询和报表生成功能构建出多位一体的决策信息管理系统。

❹ 生产计划与控制的及时性。通过与MES集成，ERP系统将增强"事前计划、事中控制、事后核算"的能力，提高对生产现场的管控水平。

❺ 系统实施的可定制性。ERP系统以市场为导向，以客户需求为核心，充分运用先进管理理念、计算机技术与网络通信技术，设计开发适合定制家具企业的信息管理系统。

2.2.5　智能服务

智能服务是指借助产品与服务的融合，完成分散化制造资源的有机整合、不同类竞争力的高度协同，实现综合利用企业内外部资源，并提供规范、可靠的新型服务。当传统产品发展到智能产品并与大数据相结合后，用户和制造商都希望能够充分利用大数据，从而催生了智能服务，如图2-14所示。如利用"产品+服务""互联网+服务""智能+服务"等，推动供给侧发展，企业从传统的"以产品为中心"向"以服务为中心"转变，将重心放在解决方案和产品服务中，实现全生命周期中的价值增值。在家居行业中，智能服务通过利用移动互联网、人工智能、社

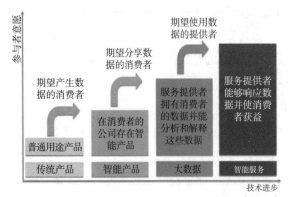

图2-14　产品和服务发展阶段

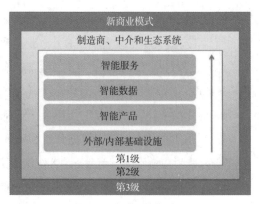

图2-15　智能服务的层级

交媒体等技术，能够实现对用户需求的精准识别和满足，提供个性化和差异化的服务。例如，通过智能客服系统，可以实现对用户的咨询、投诉、反馈等问题的及时响应和解决。此外，还能通过数字孪生、物联网、状态监控、虚拟现实（VR/AR/MA）等技术，对现有家居行业服务和商业模式创新、客户关系管理（CRM）、获取客户需求、营销及售后管控，以主动、高效、安全、绿色地满足客户要求。

　　智能服务的功能与特征，可以描述为"4+3"层级模型，如图2-15所示。该模型共有3级：第1级是模型的核心，第2级是制造商、中介和生态系统，第3级是新商业模式。

　　在第1级中共有4层，第1层是外部/内部技术基础设施，内部基础设施中的信息和通信技术（ICT）使实体产品和服务更容易与数字世界连接起来，而外部基础设施则需要有一个高速互联网络来处理大量的数据。第2层是智能产品，它连接物理平台，由所有与互联网关联的智能产品创建，每个连接的设备都可以理解为互联网中产生新数据的节点，所有节点建立了一个新的连接网络，拥有丰富的数据。这些连接的设备可以是移动电话、汽车，或是生产过程中使用的机器。第3层是智能数据，它是软件定义平台，在这一层应提取和分析现有数据，以便将基本信息与新知识（智能数据）联系起来，由传统的托管或使用云来完成。第4层是智能服务，即服务平台，该平台为每个客户连接数字和物理服务，例如汽车与加油站的连接，如果汽车给出油箱中油即将用完的信息，就指导驾驶人立即到达下一个加油站。为了完成这一工作，所有的信息应该连接在一个可以综合和传递知识的数字生态系统。

　　第2级是制造商、中介和生态系统。制造商是指提供智能产品或服务的企业或组织，如智能手机、智能家居、智能汽车、智能医疗等。制造商的核心竞争力在于创新能力、产品质量、用户体验等。中介是指连接制造商和用户的平台或机构，如电商平台、社交媒体、内容平台、咨询服务等。中介的核心竞争力在于流量获取、数据分析、用户运营等。生态系统是指由制造商、中介和其他相关方共同构成的协作网络，以实现价值创造和交付。生态系统的核心竞争力在于资源整合、协同创新、共赢共享等。智能服务的发展趋势是制造商、中介和生态系统之间的融合和协作，形成以用户为中心的智能服务闭环，提高用户满意度和忠诚度。

　　第3级是新商业模式，是指在新的市场环境和消费需求下，企业采用创新的经营理念、组织形式、价值创造和交付方式，以提高竞争力和盈利能力的商业活动模式。在家居行业中，新商业模式主要体现在以下几个方面：

（1）数字化转型

利用互联网、大数据、人工智能等技术，实现家居产品和服务的线上化、智能化、个性化，提升用户体验和效率，降低成本和风险。例如，"住小帮"平台通过内容消费、社区互动、设计师服务等方式，连接用户与商家、设计师及创作者，构建家居行业的一体化商业生态。

（2）绿色环保

注重家居产品和服务的环境友好性，采用可再生、可降解、低污染的材料和工艺，提高资源利用率和循环利用率，减少废弃物排放和碳排放，满足用户对健康、舒适、美观的居住需求。例如，泛家装行业通过绿色建材、绿色装修、绿色家居等方式打造绿色居住空间。

（3）共享经济

利用平台化、网络化的方式，实现家居产品和服务的共享、协作、互助，打破传统所有权和使用权的界限，提高空间利用率和资产周转率，降低用户的购买门槛和使用成本。例如，租房平台通过提供家居租赁、装修分期等方式，让用户享受高品质的居住体验。

智能产品的出现和应用，将为企业向全球一体化和以客户为中心的价值创造转变提供关键技术支持，使许多企业改变传统的制造模式，为产品增加更多的创新，向客户提供智能化的增值服务，从而保证企业和社会的可持续发展。图2-16所示为智能产品服务生态系统（Smart

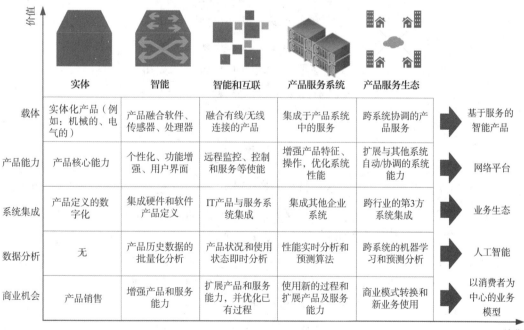

图2-16 智能产品服务生态系统

Product Service Ecosystem，SPSE）商业范式，它将价值创造网络、服务生态思维和信息通信技术整合在一起，可为转型和新兴产业提供可能的指导方针和路线。

智能服务在家居企业中主要表现在家居企业应该有服务观的意识，家居产业实现智能制造最大的转变是从单纯的制造型企业向着服务型制造和系统解决商的企业转变，即"在需要的时候，企业能以适宜的价格向顾客提供具有满意的质量和环境效能的产品与服务"。制造过程不仅要对顾客树立服务意识，同时还需要组织好内部部门间服务关系。

2.3 家居智能制造的基本模式

智能制造在产业或经济的层面使得市场竞争的资源基础、产业竞争范式以及国家间产业竞争格局发生了深刻变革。当今，中国家居制造业在世界范围内面临着技术进步日新月异、产品需求日趋多变、市场竞争日益激烈等竞争环境。一方面，自动化技术、计算机技术、信息技术、材料技术和管理技术等迅猛发展，形成制造"硬"技术与管理"软"技术的有效结合与综合应用，极大地改变了制造业的制造方式、经营管理模式，提高了制造业的制作能力、管理水平。另一方面，市场需求的变化与竞争的加剧，迫使企业不得不寻求能快速响应市场和适应当代环境的制造方式与生产经营方式。

上述两方面的因素促进了家居制造业的不断发展，并形成一些非常明显的发展趋势和特点：正在逐步对多种学科、多种技术进行综合吸收和消化应用；正在逐步使制造环节、加工过程融为一体，形成制造集成系统；正在逐步使产品的设计生产销售市场等趋向于衔接紧密化与一体化；正在逐步使企业的经营生产方式能够快速响应市场的需求变化。

随着家居与建筑室内装饰装修的密切结合，已经由家居产品延伸到包括家居、家装、家电、家纺、家饰、灯具、厨具、卫（洁）具八个方面组成的"大家居"环境范畴，出现了定制家居、全屋定制家居、集成家居（整体家居）、智能家居等制造模式和商业模式。

2.3.1 定制家居

定制家居是基于大规模定制，并以规模化、标准化和信息化为基础，满足用户个性化家居需求的一种商业模式。家居企业在大批量生产的基础上，将每个消费者都视为一个单独的细分市场，消费者根据自己想要的家居来设计或提出要求，企业根据消费者的设计要求或订单来制造个人专属的家居。它是目前库存家居生产企业和消费市场的潜在竞争。

在工业社会，消费者对产品只要求高质量、低价格，买得起且能够满足功能需求，随着收入水平的提高和物质产品的极大丰富，人们不再满足于使用大规模生产标准化、统一化的产品，而开始寻求崇尚自我、彰显个性的个性化商品。由于传统的大批量生产方式无法向用户快速提供符合多样化、个性化需求及短交货期和低成本的产品而遭遇到严峻的市场竞争压力与挑战，企业迫切需要一种新的生产模式，大规模定制由此产生，并迅速发展起来，成为信息时代制造业发展的主流模式。

大规模定制是一种集企业、客户、供应商、员工和环境于一体，在系统思想指导下，用整体优化的观点充分利用企业已有的各种资源，在标准技术、现代设计方法、信息技术和先进制造技术的支持下，根据客户的个性化需求，以大批量生产的低成本、高质量和高效率提供定制产品和服务的生产方式，涉及产品生命周期的所有环节，包括产品的设计与研发、物料采购、生产排程、生产、配送等。

要实现大规模个性化定制，一般需要做到以下几点：

❶ 产品采用模块化设计，通过差异化的定制参数，组合形成个性化产品。

❷ 建有工业互联网个性化定制服务平台，通过定制参数选择、三维数字建模、虚拟现实或增强现实等方式，实现与用户深度交互，快速生成产品定制方案。

❸ 建有个性化产品数据库，应用大数据技术对用户的个性化需求特征进行挖掘和分析。

❹ 工业互联网个性化定制平台与企业研发设计、计划排产、柔性制造、营销管理、供应链管理、物流配送和售后服务等数字化制造系统实现协同与集成。

在家用电器、家居领域，越来越多的企业开始利用工业云计算、工业大数据、工业互联网标识解析等技术，建设用户个性化需求信息平台和个性化定制服务平台，实现研发设计、计划排产、柔性制造、物流配送和售后服务的数据采集与分析，提高企业快速、低成本满足用户个性化需求的能力。

2.3.2 全屋定制家居

这是一项家居设计及定制、安装等服务为一体的家居定制解决方案。家居企业在大规模生产的基础上，根据消费者的要求来设计与制造消费者的专属家居。

在传统营销模式中，家居企业往往根据简单的市场调查，跟随家居潮流进行家居研发生产。而随着房地产蓬勃发展，各种户型、装修风格的居室也层出不穷，这使得大多数家居在设计时相对大众化，很难满足个性要求，不是尺寸与房屋空间不符，就是款式不符合整体装修风格，因此消费者就有了量身定做的要求。与此同时，一些家居企业借助互联网技术手段和平台，吸引消费者，通过网上预约、上门量尺、方案设计、到门店看方案、合同签订（下单）、定制生产、产品配送、上门安装售后等流程，为消费者提供个性化的家居定制服务。整体衣柜、整体橱柜、整体书柜、酒柜、鞋柜、电视柜、步入式衣帽间、入墙衣柜、整体家居等多种称谓的产品均属于全屋定制家居的范畴。

在传统营销模式下，家居企业为了追求利润最大化，通过大规模生产来降低产品成本，一旦市场遭遇不测，这种大规模生产的家居由于雷同必然导致滞销或积压，造成资源浪费。而全屋定制是根据消费者订单生产，几乎没有库存，加速了资金周转。

全屋定制家居是为了实现家居风格的统一，从设计、选材与规格、外观造型、色彩装饰，到功能、环保与配套升级、生产制造、销售服务等，对每一件家居产品都进行单独定制，使构成全屋定制体系的每个空间或每件家居产品都有不同的风格，以满足个性化的需要。全屋定制家居打破了"先装修后买家居产品"的传统装修理念，是主张"先定家居产品后装修"的模式，既可以合理利用房屋的各种空间，又能够与整个家居环境相匹配。其具有符合现代人生活追求、满足个性化需求、按订单生产、没有库存积压、加速资金周转、降低营销成本、简化装修流程、利于产品设计开发、注重品质与环保等优势。目前，全屋定制家居越来越受到消费者的认可，已成为众多家居厂商推广产品的重要手段之一，未来十年将是定制类整体家居发展的高峰。

2.3.3 集成家居/整体家居

这是把整个室内装修作为一种产品经营的服务模式，是以满足家居个性需求为前提，以工厂标准化生产为保障，以专业化服务为核心，集整体家装设计、施工和家居产品研发、生产及材料整合配套、供应成一体的全方位家居服务模式。

采用这种模式的企业专业从事家居、衣柜、橱柜、地板、木门、楼梯、木线条等装饰木制品整体系列产品的设计、研究、开发、生产与销售，通过规模化定制、工业化生产、信息化管控、网络化服务，为消费者提供专业化的整体集成家居解决方案，致力于构造舒适、安全、环保、时尚、人性化、个性化的室内家居环境。

集成家居作为家装产业化的产物，由家居产品生产企业独立承担和提供设计、生产制作和装修服务等一条龙服务，与传统家装公司的家装模式相比，它具有独特的优势。总之，集成家居就是对全屋家居产品进行全面配置，根据消费者的个性化要求，量身设计定制家居、衣柜、橱柜、书柜、壁柜、鞋柜、电视柜、地板、木门、楼梯、墙板、踢脚线、木线条等所有家居产品，能使全屋家居产品在产品、选材、装饰、装修和配饰等整体风格上协调统一，浑然一体；能满足客户对整体家居的产品需求和服务需求，具有整体性更强、品质更优、装修更少，更具个性化、更省心省时省钱的鲜明特征；同时，还能减少装修中出现的污染情况，解决了施工现场噪声、粉尘、有害物质的污染问题。

2.3.4 智能家居

该模式以住宅为平台，利用综合布线技术、网络通信技术、安全防范技术、自动控制技术、音视频技术，将家居生活有关的设施集成，构建高效的住宅设施与家庭日程事务管理系统，提升家居安全性、便利性、舒适性、艺术性，并实现节能环保的居住环境。

智能家居是以住宅为平台，安装智能家居系统的居住环境，是在物联网的影响下物联化的体现。该模式通过物联网技术，将家中各种各样的家电设备连接到一起，构成功能强大、高度智能化的现代智能家居系统，可以实现家电控制、照明控制、窗帘控制、电话远程控制、室内外遥控、防盗报警、环境监测、暖通控制、红外转发，以及可编程定时控制等多种功能和手段，使生活更加舒适、便利和安全。与普通家居相比，智能家居不仅具有传统居住功能，兼备建筑、网络通信、信息家电、设备自动化，集系统、结构、服务、管理为一体的高效、舒适、安全、便利、环保的居住环境，提供全方位的信息交互功能，帮助家庭与外部保持信息交流畅通，优化人们的生活方式，帮助人们有效安排时间，增强家居生活的安全性，并节约资源。

智能家居让用户以更方便的手段来管理家庭设备，比如，通过触摸屏、手持遥控器、手机、移动终端、互联网来控制家用设备，执行情景操作，使多个设备形成联动；另一方面，智能家居内的各种设备相互间可以通信，不需要用户指挥也能根据不同的状态互动运行，从而给用户带来最大程度的方便、高效、安全与舒适。

所谓智能家居时代就是物联网进入家庭的时代。它不只是手机、平板电脑、大小家电、计算机、私家车，甚至家居等家中几乎所有的物品，还应该包括生活中的安全、健康、交友等。其目的是让人们的家庭生活更舒适、简单、方便、快乐。

2.3.5 智能化生产

智能化生产是指利用先进制造工具和网络信息技术对生产流程进行智能化改造，实现数据的跨系统流动、采集、分析、优化，完成设备性能感知、过程优化、智能排产等智能化生产方式。现代化工业制造生产线安装有数以千计的小型传感器来探测生产线上的各种状态参数。每隔数秒就收集一次数据，利用这些数据可以实现很多形式的分析，包括设备诊断、用电量分析、能耗分析、质量事故分析（包括违反生产规定、零部件故障）等。首先，使用这些大数据，能分析整个生产流程，了解每个环节是如何执行的，一旦有某个流程偏离了标准工艺，就会产生一个报警信号，能更快速地发现错误或者瓶颈所在，也就更容易解决问题。其次，利用大数据技术，还可以对生产过程建立虚拟模型，仿真并优化生产流程，有助于制造商改进其生产流程。再如，在能耗分析方面，在设备生产过程中利用传感器集中监控所有生产流程，能够发现能耗的异常或峰值情形，通过大数据分析其原因，从而在生产过程中优化能源的消耗。

家居企业是离散型企业，要实现智能化生产，企业需要做到以下几点：

❶ 对车间或工厂总体设计、工艺流程及布局建立数字化模型，并进行模拟仿真，实现规划、生产、运营全流程数字化管理。

❷ 应用数字化三维设计与工艺进行产品、工艺的设计与仿真，并通过物理检测与试验进行验证与优化，建立产品数据管理系统，实现产品数据的集成管理。

❸ 实现高档数控机床与工业机器人、智能传感与控制装备、智能检测与装配装备、智能物流与仓储等关键技术在生产管控中的互联互通与高度集成。

❹ 建立生产过程数据采集和分析系统，能充分采集制造进度、现场操作、质量检验、设备状态等生产现场信息，并与车间制造执行系统实现数据集成和分析。

❺ 建立车间制造执行系统，实现计划、调度、质量、设备、生产能效的全过程闭环管理；建立企业资源计划系统，实现供应链、物流、成本等企业经营管理的优化。

❻ 建立工程内部互联互通网络架构，实现设计、工艺、制造、检验、物流等制造过程各环节之间，以及与制造执行系统和企业资源计划系统的高效协同与集成，建立全生命周期产品信息统一平台。

❼ 建立工业信息安全管理制度和技术防护体系，具备网络防护、应急响应等信息安全保障能力；建立功能安全保护系统，采用全生命周期方法有效避免系统失效。

2.3.6　网络化协同

制造业呈现出明显的业务分散化、精细化的趋势；而现代商品却越来越复杂，一件产品往往包含多个领域的知识和技术，需要多方不同的生产设备、技能与工艺，以致单凭一个企业很难出色地完成一项产品的研制、开发、制造、销售与售后服务等所有环节的全部工作。于是，在网络信息技术的支持下，出现了各种按照不同结合点，如市场机遇、技术等，进行协作，形成企业间协作方式，如供应链、资源外包、虚拟企业、战略联盟等，以实现规模效益和竞争资源的合理配置。这些合作的家居企业将家居产品生产过程中各个主体（如供应商、制造商、分销商、用户等）相互连接，实现信息共享和协同作业。这种模式需要利用物联网、云计算、大数据等技术，实现对家居产品生命周期中各个环节的数据采集、分析和优化，以及利用移动互联网、人工智能、社交媒体等技术，实现对用户需求的精准识别和满足。总之，网络化协同制造可定义为按照敏捷制造的思想，采用互联网技术，建立灵活有效、互惠互利的动态企业联盟，有效地实现研究、设计、生产和销售各种资源的重组，从而提高企业的市场快速反应和竞争能力的新模式。该模式实现了企业间的协同和各种社会资源的共享与集成，高速度、高质量、低成本地为市场提供所需产品和服务。

协同创新设计业务提供基于云服务模式的 PDM、CAD、CAE、CAPP、CAM以及虚拟设计制造等创新设计工具，并提供设计任务管理功能，为企业实现全球设计众包、协同设计、C2B个性化产品设计等提供"互联网+协同设计"功能服务。

协同生产制造业务致力于为企业提供云端的国际资源服务能力，提供基于云的ERP、排产、MES、虚拟工厂等生产相关系统，开展基于"互联网+协同制造"业务模式的个性化定制服务，开展企业智能工厂改造实施，推进制造企业的"物联网"改造。

协同营销售后业务一方面将开展协同营销服务，建立基于"互联网+协同营销"业务模式，构建与客户电子商务系统对接的网络化管理服务模式，为制造企业开展跨境市场营销，拓展国际市场渠道。另一方面是开展线上售后服务，推动制造企业利用工业互联网开展备品备件管理、在线监控诊断、远程故障诊断及维护等创新应用。

要实现网络协同制造模式，企业需要做到以下几点：

❶ 建有工业互联网网络化制造资源协同云平台，具有完善的体系框架和相应的运行规则。

❷ 通过企业间研发系统的协同，实现创新资源、设计能力的集成和对接。

❸ 通过企业间管理系统、服务支撑系统的协同，实现生产能力与服务能力的集成和对接，以及制造过程各环节和供应链的并行组织和协同优化。

❹ 利用工业云、工业大数据、工业互联网标识解析等技术，建有围绕全生产链协同共享的产品体系，实现企业间涵盖产品生产制造与运维服务等环节的信息服务。

❺ 针对制造需求和社会化制造资源，开展制造服务、资源的动态分析和柔性配置。

❻建有工业信息安全管理制度和技术防护体系，具备网络防护、应急响应等信息安全保障能力。

在家居领域，企业可以利用工业互联网技术，建设网络化制造资源协同平台，集成企业间研发系统、信息系统、运营管理系统，推动创新资源、生产能力、市场需求的跨企业集聚与对接，实现设计、供应、制造和服务等环节的并行组织和协同优化。

2.3.7　服务化延伸

服务化延伸是指企业从产业链的制造环节向"微笑曲线"两端延伸，通过提高服务在制造业价值链中所占比重，从而提升产业附加值和品牌效益的行为。制造业服务化并不是"去制造业"，而是制造企业根据企业实际和行业发展环境增强自身竞争力的理性选择，是企业从以生产物品为中心向以提供服务为中心的转变，从本质上讲，是基于制造的服务和面向服务的制造。

制造业服务化转型主要体现在远程在线服务、产品全生命周期管理与服务等方面，基于服务大数据及产品运维平台，一些企业已经从单纯的产品模式转型为"产品+服务"的混合模式，转型的关键是通过智能、可联网的实物产品生成数据，并据此提供数字化服务。

另外，在城市基础设施维保方面，可构建大数据服务平台，获取设施状态数据、运营维护数据以及管理数据等，实现数据存储、处理、挖掘和分析将提高在城市基础设施维保中的能力。

要实现服务化延伸，企业需要做到以下几点：

❶智能装备/产品配置开放的数据接口，具备数据采集、通信和远程控制等功能，利用支持IPv、IPv6等技术的工业互联网，采集并上传设备状态、作业操作、环境情况等数据，并根据远程指令灵活调整设备运行参数。

❷建立智能装备/产品远程运维服务平台，能够对装备/产品上传数据进行有效筛选、梳理、存储与管理，并通过数据挖掘、分析，提供在线监测、故障预警、故障诊断与修复、预测性维护、运行优化、远程升级等服务。

❸实现智能装备/产品远程运维服务平台与产品全生命周期管理系统、客户关系管理系统、产品研发管理系统的协同与集成。

❹建立相应的专家库和专家咨询系统，能够为智能装备/产品的远程诊断提供决策支持，并向用户提出运行维护解决方案。

❺建立信息安全管理制度，具备信息安全防护能力。

企业可以集成应用工业大数据分析、智能化软件、工业互联网联网、工业互联网IPv6地址等技术，建设产品全生命周期管理平台，开展智能装备（产品）远程操控、健康状况监测、虚拟设备维护方案制定与执行、最优使用方案推送、创新应用开放等试点服务。

总之，随着个性化需求的日渐旺盛和"互联网+"技术的不断推行，家居市场个性定制将会越来越流行。家居大规模定制与先进制造技术将会得到广泛的应用。目前，国内有许多成功的定制家居典型案例，如美乐乐、林氏木业、索菲亚、尚品宅配、欧派、顶固、玛格、维意、好莱客等；在概念上有整体衣柜、整体厨房（橱柜）、入墙衣柜、步入式衣帽间、定制衣柜、定制橱柜、定制家居、全屋家私数码定制等。因此，如何在"家居"大范畴中找到企业的经营定位、制造模式和商业模式，是家居企业转型升级和创新驱动发展的首要问题。

2.4 家居智能制造的技术体系

2.4.1 家居智能制造技术体系总体架构

中国家居智能制造技术体系的形成是一个不断发展、逐步深化的过程，从智能制造的理论内涵和特征、关键技术、制造模式、发展目标及实施途径，都经历了不断探索与实践检验的过程，也初步形成了具有中国大规模定制家居特色的智能制造理论体系架构。但面向中国经济的高质量发展，家居智能制造的发展需要更多的技术进行支撑，尤其是赋能技术体系开发和应用已势在必行。

基于此，本章提出面向高质量发展的家居智能制造技术体系，该体系面向"优质、高效、低耗、绿色、安全"的家居高质量总目标，围绕以赛博物理系统（CPS/CPPS）为核心的智能家居产品、智能生产、智能工厂、智能物流、智能装备和智能服务六个方面进行建设，从理论突破、基础保障、基础和过程技术创新、新型和前沿赋能技术、家居制造及商业模式和实施策略等方面进行体系构建，并提出家居高质量发展的新模式和实施路径。该体系具体内容如图2-17所示。

2.4.1.1 技术创新内容

家居智能制造技术的实践需要加快基础与过程技术创新。基础技术体系对家居智能制造

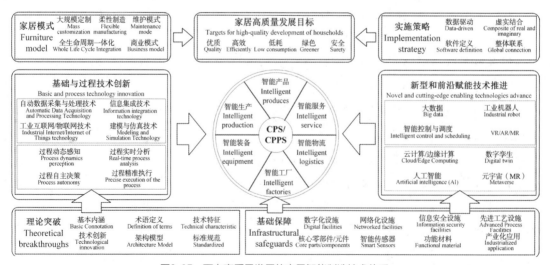

图2-17　面向高质量发展的家居智能制造技术体系

过程起到重要支撑作用，但在面向家居高质量发展的过程中，还应不断将该技术进行创新，从而满足家居智能制造过程中的动态感知、实时分析、自主决策、精准执行的目标。主要技术创新内容包括：自动数据采集与识别、建模与仿真、工业互联网和物联网、信息集成技术等技术。

（1）自动数据采集与识别技术

自动数据采集与识别技术在家居智能生产、智能装备、智能物流和智能服务等过程中的动态感知和实时分析发挥重要的作用，因此，在经历了条码技术之后，应加快射频识别技术（RFID）和机器视觉技术的研发和应用创新，从而满足CPS/CPPS系统平台的技术需要。

（2）建模与仿真技术

由于其本身具备可视化、可量化、可对照、可控性等特点，而且随着传统制造向着数字制造、网络化制造、智能化制造的转型升级，又表现出集成化、模块化、虚实结合化、数据驱动化等特征，因此，未来的建模和仿真技术将会在家居智能制造过程中发挥着更加重要的作用，其技术系统创新更应向着家居建模/仿真支撑环境、先进分布仿真、仿真资源库、图形图像综合显示技术等方向发展。

（3）工业互联网技术

该技术是通过工业互联网将木工设备、物流、信息系统和人连接起来，依靠智能木工设备、智能管控系统和智能决策技术的研发，实现家居制造过程的数据自动感知、自动挖掘、动态流转、实时分析。面向家居智能制造，未来更多地应将全面互联的工业系统信息感知和传输、数据分析平台、APP开发等方面作为工业互联网技术研发的重点。

（4）物联网技术

该技术是综合运用传感器、感知控制、信息处理、信号识别系统、定位和红外线等技术，随着5G技术快速发展，家居智能制造过程中更以互联网、传统电信网和移动通信网等信息载体将具有独立功能家居智能工厂、生产管理、设备管理、供应链管理等过程实现互联互通，满足家居智能化的信息采集、数据交互、定位、跟踪、管控等的需要。

（5）信息集成技术

信息集成技术是家居智能制造的基础，面对家居智能制造的快速发展，核心是通过企业与企业之间的网络化协同及合作、纵向打通企业内部管控（企业计划、制造系统与底层各种生产设施的全面集成）、贯穿全家居产品价值链的端到端工程（客户需求、产品设计、加工制造、物流、服务等）三个方面的系统集成技术不断创新，从而满足定制家居及时化管控的需要。

2.4.1.2　未来家居行业制造发展的赋能技术

发展家居智能制造技术则需要推进新型和前沿技术研发与应用。面向家居产业高质量发展，除了现有技术的创新外，更应通过新一代信息技术对家居产业进行深度赋能，才能适应传统制造业发展的新格局。结合信息一代智能制造理论体系和家居行业特征，未来家居行业制造发展的赋能技术包括：大数据技术、云计算/边缘计算技术、工业机器人技术、数字孪生技术、智能调度与控制技术、虚拟现实技术以及人工智能等前沿技术。

（1）大数据技术

大数据技术与制造技术深度融合，对传统制造业的变革产生深远的影响，从定制家居产品的客户需求到订单形成、产品研发、制造过程、工艺节点、原辅材料采购、物流过程等产品全生命周期，各个环节产生的海量数据资源在制造过程中的不断积累，造成数据在挖掘、应用难度上不断增大，从而形成了工业大数据技术。随着家居智能制造的快速转型升级，大数据技术对提升商业价值、提高生产效率、满足客户对产品质量和优质服务的需求发挥着重要的作用，因此，针对家居行业的大数据分布统计特征分析、大数据分类挖掘优化、大数据分类挖掘仿真实验等都需要进一步突破技术瓶颈。

（2）云计算/边缘计算技术

云计算是一种信息技术资源按使用量付费的模式，通过共享可配置的网络、服务器、存储、应用和服务等资源，用户在本地不用安装软件，即可获取软硬件资源和信息；边缘计算，在计算和数据存储更接近设备端或数据源头的网络边缘的位置，以提高响应时间和节省带宽。通过边缘计算的感知终端、异构设备互联和传输接口、边缘分布式服务器、分布式资源实时虚拟化、流数据实时处理等在技术研发，可解决智能制造实际应用场景中遇到的数据实时性、资源分散性、网络异构问题。随着家居智能制造技术的快速发展，云计算已经开始向着云制造发展，未来通过云计算、物联网、面向服务的技术和高性能计算等新兴技术相结合，形成新的云制造平台。同时，边缘计算在家居智能制造过程还处于起步阶段，但通过云计算和边缘计算技术为家居高质量发展赋能已近在咫尺。

（3）工业机器人技术

由于其具备柔性好、自动化程度高、可编程性好、通用性强等特点，得以在智能制造过程中广泛应用。目前，在家居行业应用的工业机器人主要有喷涂机器人、搬运机器人、加工机器人、智能机器人等。随着家居制造向着智能化和信息化发展，机器人技术将会越来越多地应用到打磨、抛光、钻削、铣削、钻孔等各个工序当中。作为面向家居高质量发展的赋能技术的重要部分，工业机器人技术的突破应向着一体化、智能信息化、柔性化、人机/多机协作化、大范围作业等方向发展。

（4）数字孪生技术

数字孪生是指借助物理模型、实时动态数据的感知更新、静态历史数据等，通过仿真技术进行多物理量、多尺度、多概率、多学科的集成，以虚拟与物理空间融合的方式，在虚拟空间中完成映射。面向家居智能制造，数字孪生技术刚刚起步，通过虚实结合可对家居产品设计、工艺设计、工艺流程、智能设备、柔性制造过程、车间物流和生产线布置、产品质量检测与控制、物流配送等方面进行仿真、分析、评估、优化，能更好地提升生产效率。因此，通过数字孪生技术对家居高质量发展进行赋能优势显著。

（5）智能调度技术

该技术是通过智能优化等方法，将家居制造过程中的资源在合理时间内分配给若干个任务，从而满足或优化一个或多个目标需求。面对家居智能制造工艺的复杂化程度越来越高、个性化产品的批量化生产需求、车间工艺耦合需要、生产环境的多样化、分布式生产模式等特征，对家居智能制造过程中的智能调度技术赋能是一个重要研究与应用方向。

（6）智能控制技术

一方面，随着家居智能制造系统的复杂程度越来越高，对控制的要求也日趋多样化和精确化，传统控制方法往往难以奏效，尤其在模型不确定、非线性程度高、任务要求极为复杂时；另一方面，CPU、GPU（图形处理器）、FPGA（现场可编程门阵列）等硬件平台的发展极大地提高了计算和数据处理能力。智能控制系统具有较强的容错能力和广泛的适应性，因此，面向家居智能制造，应能有效利用拟人控制策略和被控对象及环境信息，实现对依据家居辅助制造过程的有效全局控制。

（7）虚拟现实/增强现实/混合现实技术

虚拟现实技术（VR）是一项三维虚拟世界的仿真系统技术，通过数据交互方式创建出虚拟环境，让使用者得到沉浸式体验；增强现实（AR）是VR的扩展，是虚拟对象叠加于真实世界场景之上的技术，融合了虚拟信息与真实场景，用数字化图像、声音、视频或其他信息增强真实世界场景，通过现场感增强使用者对现实世界感知；混合现实（MR）核心在于介于虚拟与现实之间，结合真实世界和虚拟世界，创造了一种新的可视化环境，虚拟与真实之间自由切换与互动的混合现实，具有现场感、混合型和逼真性的特征。随着客户个性化和服务体验的不断增强，虚拟现实/增强现实/混合现实在家居智能制造中将会得到广泛应用。

（8）人工智能技术

人工智能是研究如何使一个计算机系统具有像人一样的学习、推理、思考、规划等智能特征，通过模拟、延伸、扩展人类智能，使计算机能够像人一样去思考和行动，完成人类能够完成的工作。人工智能技术研究目前主要还是在语言识别、图像识别、机器人、机器学习、自然语言处理和专家系统等方面。面向家居高质量发展，未来人工智能技术应用，将通过数字化系统采集、存储和筛选数据，数字化系统和工业软件融合贯穿于家居智能制造的全过程，为家居智能制造赋能技术、定制家居产品模型工艺知识库构建、柔性制造工艺知识自学习、智能车间环境、智能设备自执行、加工过程自适应控制等方面发挥重要作用。

2.4.2　家居信息化管控平台技术体系

家居信息化管控平台技术体系是指利用信息技术和智能技术，实现对家居设备和环境的智能化监测、管理和控制的一系列技术和方法。由于家居信息化建设具有涉及范围广、各类信息系统种类繁多、信息技术发展速度快、信息技术之间联系复杂等特征，解决"信息孤岛"问题，需要通过信息化管控平台进行技术集成。基于家居信息化管控平台的技术体系最为关键的是通过对家居企业业务流程重组和定制家居制造过程的核心要素进行分析，利用信息化技术对家居研发、生产、服务等过程的数据采集、处理、决策和反馈，从而满足家居产品业务价值链的需求。其目标是通过家居设计、制造过程的一体化信息共享，实现从家居自动化系统到制造执行系统的集成过程可实时管控，如图2-18所示。

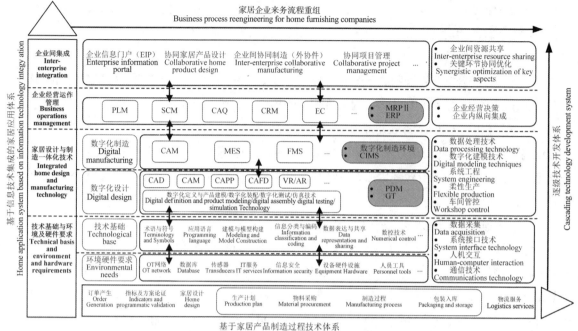

图2-18　基于家居信息化管控平台搭建的技术体系架构图

依据图2-18搭建的技术体系平台可看出，该技术体系体现在两个维度，一是基于家居产品制造过程的技术开发体系，二是基于信息技术集成的应用体系。从家居产品制造过程的技术体系开发维度上，主要是围绕定制家居产品订单的形成、制造和服务过程，从订单产生、指标及方案论证、设计、生产计划、物料采购、生产准备、生产过程、使用维护等进行技术体系构建；从信息技术集成应用体系维度上，主要是围绕定制家居产品信息集成技术的通用性，从跨家居行业的资源共享、企业经营运作管理、家居设计与制造一体化技术和基础与环境及硬件要求等方面基于家居产品全价值链的关键制造环节协同优化，并针对基于数字技术的设计、制造、经营运作与管理、系统集成、基础和支撑环境等进行技术体系搭建。其中，信息技术集成应用体系主要包括以下几个方面：信息采集技术、信息处理技术、信息反馈技术和信息展示技术。

（1）信息采集技术

该技术是指通过传感器、摄像头、智能门锁等设备，实时采集家居设备的运行状态和家居环境的温度、湿度、光照、空气质量等参数，并将数据通过有线或无线的方式传输到家居信息化管控平台。信息采集技术是实现家居信息化管控的基础，是获取家居设备和环境第一手信息的重要手段。

（2）信息处理技术

信息处理技术通过家居信息化管控平台，对采集到的数据进行存储、分析、处理和优化，实现对家居设备和环境的智能化识别、判断和决策。信息处理技术是实现家居信息化管控的核心，是提高家居设备和环境的智能化水平和效率的关键技术。

（3）信息反馈技术

信息反馈技术通过家居信息化管控平台，将处理后的数据或指令通过有线或无线的方式反馈给家居设备或用户，实现对家居设备和环境的智能化控制和调节。信息反馈技术是实现家居信息化管控的实施，是满足用户需求和提高用户体验的重要途径。

（4）信息展示技术

通过各种人机交互界面，如触摸屏、手机APP、语音助手等，将家居设备和环境的数据以图形、文字、语音等方式展示给用户，实现对家居设备和环境的可视化监测和管理。信息展示技术是实现家居信息化管控的延伸，是增强用户感知和参与度的重要方式。

2.4.3 家居产品生命周期管理的数字化技术体系

家居产品生命周期管理（PLM）的数字化技术体系是指利用产品生命周期管理系统和数字孪生技术，实现对家居产品从设计、生产、运输、安装、使用到回收等各个环节的数字化管理和优化的一系列技术和方法。

基于家居产品全生命周期的数字化技术体系，是通过数字化转型和数字化技术应用，依据家居产品全生命周期过程中的各类功能活动和流程，形成数字化设计过程、数字化制造过程和信息化管理过程三大块技术体系。同时，构建不同阶段的标准化规范和数字化技术要素，形成产品设计、工程设计、生产准备、产品制造和过程管理等方面的数字化技术体系，如图2-19所示。该技术体系主要依靠研发的家居产品数据管理（PDM）与所有设计相关系统的应用关系，通过CAD、CAPP和CAE等技术集成，形成基于家居全生命周期的设计、制造一体化的数

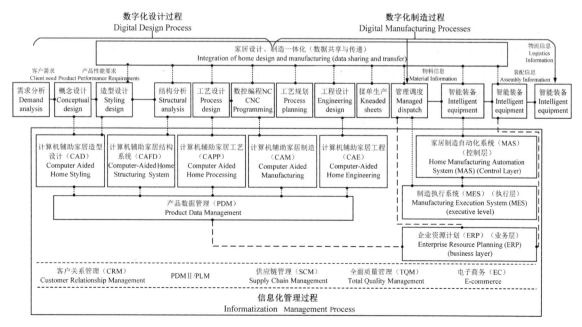

图2-19 基于家居全生命周期的技术体系

字化技术体系。同时，按照制造活动中涉及的业务运作，将客户关系管理（CRM）、产品生命周期管理（PLM）、供应链管理（SCM）、企业资源计划（ERP）四个核心信息系统和商务智能（Business Intelligence，BI）平台技术集成，实现家居制造过程中的物理层、制造层与业务层技术集成，形成家居全生命周期的产、供、销一体化技术体系。

基于家居产品生命周期管理的数字化技术体系主要包括以下几个方面：

（1）生命周期管理系统

生命周期管理技术是一种集中管理和协调产品生命周期各个阶段的解决方案，包括产品设计、制造、销售和售后服务等方面的管理。通过生命周期管理系统，企业可以实现产品数据的集中存储和共享，促进各个部门、团队之间的协作和沟通。生命周期管理系统可以帮助企业更好地管理产品信息、版本控制、变更和文档等，提高产品开发和运营的效率和质量。

（2）生命周期管理系统中的数字孪生技术

在家居产品生命周期管理的数字化技术体系中，数字孪生技术能够将实体产品与数字模型相结合，通过模拟仿真和数据分析，实现对产品的全生命周期管理和优化。数字孪生技术可以基于产品的实际运行数据和模型，进行预测分析和优化决策，帮助企业更好地理解产品性能、预测故障和优化设计。通过数字孪生技术，企业可以在产品开发阶段进行虚拟仿真和测试，降低开发成本和时间，提高产品质量和市场响应速度。

（3）智能制造技术

智能制造技术能够利用智能装备、智能系统、智能服务等手段，实现家居产品的自动化、柔性化和网络化生产，提高生产效率和质量。智能制造技术可以提供详细的产品数据和生产计划，使生产团队能够更好地理解产品要求和规格。此外，通过智能制造技术，企业可以实现生产过程的可视化，及时发现和解决问题，优化生产流程。

（4）智能服务技术

智能服务技术是指利用移动互联网、人工智能、社交媒体等技术，实现对用户需求的精准识别和满足，提供个性化和差异化的服务。智能服务技术可以帮助企业跟踪产品的使用情况，获取宝贵的数据，以便提供更加个性化的服务。例如，如果某个特定零件的使用寿命比其他类似零件短，智能服务技术可以自动提醒维修人员更换该零件，并记录相关维修数据，从而提供更好的售后服务。

2.4.4 家居可持续发展生态技术体系

家居可持续发展生态技术体系是指利用数字化、智能化、绿色化等技术，实现家居产品的低碳、环保、循环、高效设计、生产、管理和服务的一系列技术和方法。基于家居可持续发展生态技术体系，通过对家居高质量发展期客户重新定义，将企业群体及其社会和技术环境融为一体，从而向高质量发展总目标迈进。该技术体系包括对目标客户重新定义、生态技术体系基础、绿色制造技术以及技术应用趋势组成，如图2-20所示。由图2-20可知，该技术体系通过对家居高质量发展期客户来源分类，从而建立供应商和客户的数字联系，并依赖于物联网思

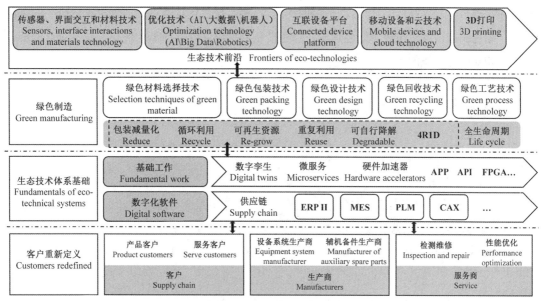

图2-20　基于家居可持续发展生态技术体系

维模式，通过大数据、5G、APP、API、数字孪生等基础工作与ERP、MES、PLM等数字化软件，围绕绿色制造（Green Manufacturing，GM）的先进技术，综合考虑资源消耗、环境影响以及产品生命周期等因素，并且结合绿色先进制造技术和"4F1D"原则及"Life Cycle"全生命周期进行绿色制造技术体系搭建。并将家居市场需求与前沿技术相关联，以使得家居智能制造具备敏捷性的自适应组织，提供定制化程度更高的产品或服务。基于家居可持续发展生态技术体系主要包括以下几个方面：数字化技术、智能化技术和绿色化技术。

（1）数字化技术

在家居可持续发展生态技术体系中，数字化技术是指利用物联网、云计算、大数据、人工智能等技术，实现对家居产品全生命周期的数字化管理和优化，提高产品质量和效率，降低资源消耗和环境污染。数字化技术可以实现对家居产品的可追溯、可识别、可定位、可配置等功能，以及利用数字孪生、虚拟现实（VR）、增强现实（AR）等技术，实现对家居产品的智能感知、通信、控制和交互等功能。

（2）智能化技术

在家居可持续发展生态技术体系中，智能化技术是指利用智能装备、智能系统、智能服务等手段，实现家居产品的自动化、柔性化和网络化生产，提高生产效率和质量，满足个性化和差异化的需求。智能化技术可以提供详细的产品数据和生产计划，使生产团队能够更好地理解产品要求和规格。此外，通过智能化技术，企业可以实现生产过程的可视化，及时发现和解决问题，优化生产流程。

（3）绿色化技术

绿色化技术是指利用新材料、新工艺、新设备等手段，实现家居产品的节能、减排、降耗、回收等目标，提高产品环境友好性和社会责任感。绿色化技术可以实现对家居产品的绿色设计、绿色制造、绿色包装、绿色运输、绿色使用和绿色回收等环节的优化，减少对自然资源的消耗和对生态环境的影响。

✍ 思考题

1. 什么是家居智能制造？其内涵和特征是什么？
2. 家居智能制造的基本构成要素包括哪些方面？
3. 智能设计、智能产品、智能生产、智能管理和智能服务的特征是什么？
4. 如何理解"大家居"发展趋势？在此趋势下，家居智能制造的基本模式是什么？
5. 家居智能制造的基础技术和新一代技术包括哪些？家居智能制造的技术体系包括哪些？

第 3 章　家居智能制造基础技术

🎯 学习目标

掌握信息采集与自动识别技术、建模与仿真技术、工业互联网、物联网和信息集成技术的内涵与特征，以及在家居行业中的应用现状；掌握在"工业4.0"背景下，智能制造基础技术在我国家居行业的发展趋势。

3.1 信息采集与自动识别技术

信息采集与自动识别在家居制造中实质上是信息采集、传输、处理及应用的过程。随着计算机技术、通信技术、微电子技术的发展，家居行业利用计算机进行信息处理，利用现代电子通信技术从事信息采集、存储、加工、利用以及相关产品制造、技术开发和信息服务，形成生产成本、速度、差异化等竞争优势已势在必行。

3.1.1 信息采集技术内涵与特征

3.1.1.1 信息采集技术的内涵

信息采集是指为生产在信息资源方面做准备的工作，包括对信息的收集和处理。信息采集技术是研究信息的获取、传输和处理的技术，是生产的直接基础和重要依据。

家居生产过程中的数据信息的采集经历了人工、半自动、自动、智能化等几个阶段。生产过程中的信息采集方法主要包括：传统的人工记录、计算机输入法、感应式数据传输录入法和智能型/自动传输的信息自动传输法等，各个阶段的方法和特征见表3-1所示。

表3-1　家居信息采集发展阶段

采集方法	采集过程	保存载体	信息采集情况
传统的人工记录	人工把生产中各个环节的数据统计、录入、核对、修正、上报	纸质材料，易导致数据丢失，查询不易	难以保证数据的准确性和传递及时性，导致管理者做出不正当决策，生产效率落后
计算机输入法	将生产中各类数据录入计算机并进行分析	计算机，数据不易丢失，易查询	错误率大大降低，通过网络能及时上传下达，生产成本下降，生产效率大大提高
感应式数据传输录入法	由专用的感应设备把生产过程中的信息自动录入到计算机中	计算机，数据不易丢失，易查询	数据采集的准确性大大提高，实现了对生产现场的远程监控
智能型/自动传输的信息自动传输法	通过无线电频率、卫星通信等技术，将生产中的各类信息捕捉形成"知识库"，由智能系统进行推理管理	计算机存储，快速查询和存取，并自动分析各类数据	比传统计算机程序更容易修改、更新和扩充，并能综合各类信息进行自动分析，进行决策推理，形成知识库，更为高效地完成工作

3.1.1.2 信息采集技术的特征

（1）信息采集原则

信息采集有以下5个方面的原则，这些原则是保证信息采集质量最基本的要求。

❶ 可靠性原则。信息采集可靠性原则是指采集的信息必须是真实对象或环境所产生的，必须保证信息来源是可靠的，能反映真实的状况。可靠性原则是信息采集的基础。

❷ 完整性原则。信息采集完整性原则是指采集的信息在内容上必须完整无缺，信息采集必须按照一定的标准要求，采集反映事物全貌的信息。完整性原则是信息利用的基础。

❸ 实时性原则。信息采集的实时性原则是指能及时获取所需的信息，一般有三层含义：一是指信息自发生到被采集的时间间隔，间隔越短就越及时，最快的是信息采集与信息发生同步；二是指在企业或组织执行某一任务急需某一信息时能够很快采集到该信息，谓之及时；三是指采集某一任务所需的全部信息所花的时间，花的时间越少谓之越快。实时性原则保证信息采集的时效。

❹ 准确性原则。准确性原则是指采集到的信息与应用目标和工作需求的关联程度比较高，采集到信息的表达是无误的，是属于采集目的范畴之内的，相对于企业或组织自身来说具有适用性，是有价值的。关联程度越高，适应性越强，就越准确。准确性原则保证信息采集的价值。

❺ 易用性原则。易用性原则是指采集到的信息按照一定的表示形式，便于使用。

（2）信息采集方法

一般信息采集的方法有互联网信息采集和人际网络信息采集。针对家居制造业的特殊情况，一般是利用自动识别技术在生产过程中进行信息采集。

互联网信息采集是将非结构化的信息从大量的网页中抽取出来保存到结构化的数据库中的过程。其信息采集系统以网络信息挖掘引擎为基础构建而成，它可以在最短的时间内把最新的信息从不同的互联网站点上采集下来，并在进行分类和统一格式后，第一时间把信息及时发布到自己的站点上去，从而提高信息及时性和节省或减少工作量。

互联网信息采集技术的关键环节包含四个子系统：一是对互联网网页的信息采集子系统；二是对已经下载的网页建立全文数据库；三是对全文数据库建立高效率的索引服务；四是搜索信息的人机交互界面。互联网信息采集技术系统关系如图3-1所示。

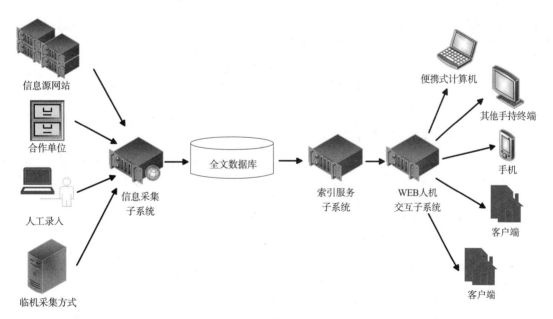

图3-1　互联网信息采集技术系统

人际网络又称社会网络，实质上就是人与人之间为达到特定目的而进行信息交流和资源利用的关系网。构建人际情报网络是信息采集工作的一项基础建设工程，它为信息采集提供了平台，并为信息收集结构和家具企业的发展提供了机会和人际资源，从而增强了组织的竞争优势，提高了企业的经济利益。构建人际情报网络的目的主要有以下几个方面：获取信息的需求；分析情报的需要；谋求发展的需要；挖掘人力资源的需求。构建人际情报网络的基本程序如图3-2所示。其中，需求分析是指明确想要从人际情报网络中获取什么样的信息，以及可以为网络中的其他人提供什么样的信息或帮助，这一步是选择合适的网络模式和成员的基础。确定网络模式是指选择一个适合目标和需求的网络结构和形式。不同的网络模式有不同的优缺点，例如，密集型网络可以提供更多的信息和支持，但也可能导致信息过载和冲突；松散型网络可以提供更多的多样性和创新，但也可能导致信息稀缺和孤立。确定网络成员和角色是为了找出已经认识或可以接触到的具有相关信息或影响力的人，以及他们所属的网络类型和结构。建立联系是为了通过合适的方式和渠道与目标人物建立信任及互动的关系，如电话、邮件、社交媒体、会议、培训等。

（3）信息采集管理系统

信息采集管理融合了现代微电子技术、计算技术、通信技术和显示技术。应用信息采集管理系统可实现系统信息的采集、处理、存储管理。信息采集管理系统的典型结构如图3-3所示。典型系统由信号调理电路、数据采集器、微机I/O接口、数模转换器、计算机硬件和软件系统几部分组成。

❶ 信号调理电路。被采集的量（物理、化学、生物量等）经传感器转换为方便处理的电量（一般为电压，电流、电阻和脉冲量）。信号一般为模拟信号，也有数字信号（以二进制编

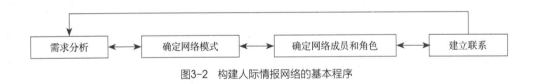

图3-2 构建人际情报网络的基本程序

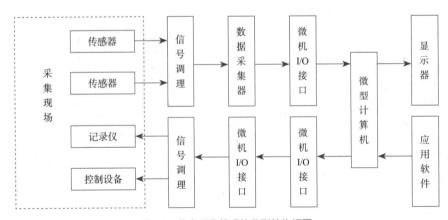

图3-3 信息采集管理的典型结构框图

码）或开关信号（信号只有两个状态"0"或"1"）。常用的传感器有热敏传感器、光敏传感器、湿敏传感器、压力传感器、位移传感器、电化学传感器和生物传感器等。理想的传感器要求内阻低、噪声小、线性好、输出电平高。近些年来研究生产了许多生物传感器和智能传感器，它们的特点是：体积小、精度高、识别能力强。它们的研究和应用有力地推动了数据采集处理系统的发展。系统采集的信号多为模拟信号，且很多是多元的弱信号，信号既受到系统自身干扰，也受到外界的干扰，所以数据采集处理系统的前端常常加信号调理电路（滤波器、变换器、前级放大器、隔离电路），实现阻抗变换、信号变换、滤波、放大、隔离保护等功能。

❷数据采集器。数据采集器是一种用于从不同的数据源获取数据的设备或软件，一般由多路开关MUX、测量放大器、采样保持器S/H、模数转换器ADC组成，主要作用是完成多路信息的采集、放大和数字化处理。数据采集器可以根据不同的目的和需求，采用不同的方式和方法，如条码、RFID、网络爬虫、问卷调查等，来采集文字、图片、文档、表格等各种类型的数据。数据采集器可以将采集到的数据进行存储、处理、分析、传输等操作，以实现数据的价值化和应用化。

❸微机I/O接口。微机接口是计算机与外界进行信息交换的通道和窗口。采集器输出的数字信号经总线送给微机接口，再经I/O通道送给微机处理。I/O接口是建立计算机数据采集处理系统的关键，计算机与外界的一切联系都由接口控制完成。I/O接口规定了与外界的通信方式是并行通信还是串行通信；设定了I/O控制方式是程序控制还是直接存储器存取DMA控制；同时规定了控制信号的使用方法，例如PC机就有两类控制信号线，连向内存储器的有MEMR和MEMW控制信号，完成内存的读或写；连向I/O设备的有IOR和IOW控制信号线，完成I/O设备的读和写。

❹数模转换器。数模转换器是一种用于将数字信号转换为模拟信号的电路或设备。可以根据不同的目的和需求，采用不同的方式和方法，如电阻阵列、电荷泵、电流镜等，产生连续变化的电压或电流信号。数模转换器可以将数字信息还原为模拟信号，以实现数据的显示、播放、控制等功能。

❺应用软件。应用软件是计算机数据采集管理系统的灵魂，有了应用软件才能充分发挥采集系统的功能。应用软件的设置增强了采集系统的通用性和可靠性。目前软件与硬件具有同样的功能，硬件能实现的功能，通过软件也能实现，所以系统硬件和软件的调配是系统设计的重要问题，要求系统设计人员不仅具有电子工程的设计能力，同时要有软件程序的设计能力。数据采集管理系统的性能在很大程度上取决于应用软件的开发与研究。

3.1.2　信息采集技术在家居行业中的发展趋势

（1）制造数据信息来自数字孪生

在家居智能制造中，数据信息起到了至关重要的作用。数据信息对于整个生产全生命周期的覆盖程度、数据信息的质量以及分析结果的好坏会直接影响最终的生产效率以及产品价值。目前现有的数据信息获取与处理都是基于现实中的真实数据信息进行的。随着数字孪生技术的发展，通过构建虚拟生产环境，进而获取虚拟数据信息，可以为产品生产信息的分析与利用提供更加广阔的思路和途径。通过虚构环境的模拟可以有效地提高信息的覆盖程度，并对数据信息的分析结果进行有效验证，从而更好地反馈实际生产。

（2）5G技术加速实时信息采集与应用

5G技术是第五代移动通信技术，它可以提供更高的数据速率、更低的延迟、更多的设备连接、更好的网络覆盖和更高的信令效率，这也就意味着在5G时代，大量的物品可以通过5G网络接入，从而构建真的万物互联。作为新一代移动通信技术，5G技术切合了传统制造企业智能制造转型对无线网络的应用需求，能满足工业环境下设备互联和远程交互应用需求。在物联网、工业自动化控制、物流追踪、工业AR、机器人等工业应用领域，5G技术起着支撑作用，同时为信息的传输、存储以及在线分析提供了全新的途径，让以前受限于通信速度和带宽的大规模数据分析技术有了用武之地。在家居方面，5G技术可以实现家居设备的互联互通，智能化控制和远程管理，提升家居安全性、便利性、舒适性和节能性。例如，支持高清视频监控、智能门锁、智能灯光、智能空调、智能音箱等设备的快速响应和稳定运行。5G技术可以为增强现实和虚拟现实提供高速、低延迟、高带宽的网络传输，创造新的生活娱乐应用场景。5G技术还可以助力家居行业数字化转型，与人工智能、物联网、云计算、大数据和边缘计算等技术相结合，构成新一代信息基础设施，推动传统行业的数字化转型和升级。例如，5G技术可以帮助家居行业实现智能化设计、生产、销售、服务、管理等环节，提高效率，降低成本，增加价值。

（3）更加重视信息安全

信息采集技术在给制造业带来巨大利益的同时，其自身的安全也让企业面临巨大的风险。数据中所包含的敏感信息和关键参数，如果遭到泄露，会直接给企业造成巨大的损失。同时，通过恶意篡改数据，影响正常生产，从而造成重大损失，甚至危及人员生命安全的案例也时有发生。数据的安全漏洞主要是由于工业控制系统的协议多采用明文形式、工业环境多采用通用操作系统且不及时更新、从业人员的网络安全意识不强，再加上工业数据的来源多样，具有不同的格式和标准所导致。所以，在工业应用环境中，对数据安全有着更高的要求，任何信息安全事件的发生都有可能威胁工业生产运行安全、人员生命安全，甚至国家安全等。因此，研究制造业数据的安全管理，加强对数据的安全保护变得尤为重要。

3.1.3　自动识别技术的内涵与分类

3.1.3.1　自动识别技术内涵

自动识别技术是指通过自动（非人工手段）获取项目标识信息，并且不使用键盘即可将数据实时输入计算机、程序逻辑控制器或其他微处理器控制设备的技术，具有自动信息获取和信息录入功能，是集计算机技术、光技术、通信技术等现代技术于一体的系统结构，可实现信息的自动采集、处理、存储管理。发展至今，自动识别技术主要形成了条形码技术、磁卡技术、射频识别技术、机器视觉技术等。自动识别技术在信息采集过程中的共同特点主要体现在三个方面：一是准确性，自动数据采集，彻底消除人为错误；二是高效性，信息交换实时进行，采集效率大大提高；三是兼容性，自动识别技术以计算机技术为基础，可与信息管理系统无缝对接。由于具有上述特点，在信息化制造的今天，自动识别技术已广泛应用于家居智能制造领域。

3.1.3.2 自动识别关键技术分类

（1）条形码技术

自动识别技术中最早被研究并投入使用的当数条形码技术。它是由一组宽度不同的平行线条和空线条按照一定规则编排组合成的数据编码，不同的编排组合带有不同的数据信息。这种用条、空组成的数据编码可以供机器识读，易译成二进制和十进制数。条形码识别系统的组成如图3-4所示。

条形码技术由于具有可靠性、准确、数据输入速度快、经济便宜、灵活、实用、自由度大、设备简单、易于制作等特点，目前在家具制造业中广泛应用在生产线上的产品跟踪、产品标签管理、产品出入库管理、仓库内部管理、货物配送、保修维护等产品的物流管理中。同时，由于条形码需要使用光学阅读器进行信息读取，对读取距离和环境要求苛刻，加之其信息承载量小等缺点，也限制了其应用范围。

（2）射频识别技术

射频识别（RFID）技术，又称电子标签、无线射频识别，是一种通信识别，可通过电信号识别特定目标并读写相关数据，而无须在识别系统与特定目标之间建立机械或光学接触。RFID系统一般由标签（Tag，即射频卡，由耦合元件及芯片组成，标签含有内置天线，用于和射频天线间进行通信）、阅读器（Reader，读取或在读写卡中还可以写入标签信息的设备）、天线（Antenna，在标签和读取器间传递射频信号）组成。

RFID技术具有快速扫描、体积小型化、形状多样化、抗污染能力和耐久性强、可重复使用、穿透性和屏障阅读强、数据的记忆容量大、安全性高等特点。同时，RFID具备其他技术不可比拟的诸多优势，如具备非接触的远距离识别和高速运动识别能力，且每个标签具备唯一的出厂识别码，杜绝数据伪造，只有获得授权才可以读写电子标签内数据，内建多标签防撞机制，可实现多标签的同时识别和批量处理，且对使用环境要求比较低，适合应用于各类场合。

（3）机器视觉识别技术

机器视觉即使用机器的自动化方法，实现类似人类视觉感知（眼睛+视觉神经中枢+视觉神经细胞）的功能。对于工厂自动化和过程自动化而言，机器视觉是实现真正意义上自动化的基础和一种重要的行为控制手段。机器视觉系统通常会根据应用场景的不同和检测目标的大小、内容等因素而更改变其内部结构，但大体系统组成可以分为照明系统、图像采集系统、图

图3-4　条形码识别系统组成

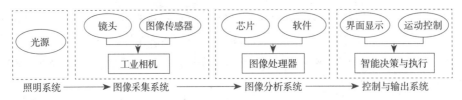

图3-5 机器视觉系统组成图

像分析系统三大部分，最后根据具体应用场景由控制与输出系统根据分析到的结果进行显示与控制，如图3-5所示。

机器视觉能够根据物体在一定环境下得到的画面进行尺寸、缺陷、种类、匹配和文字等各种参数的测量和判别，并最终将这些数据转换整合成用于指导生产和加工的信息。帮助企业提高生产效率，减少人工这一自动化领域的不确定因素对产品品质的影响。与传统光电传感器相比，机器视觉成像系统中所使用的视觉传感器赋予机器设计者更大的灵活性。以往需要多个光电传感器的应用，现在只需用一个视觉传感器就可以检验多项特征。视觉传感器能够检验更大的面积，并判断出最佳的目标位置和方向灵活性。

3.1.4 自动识别技术在家居行业中的应用

3.1.4.1 条形码技术的应用

（1）物料跟踪及跟踪管理

家具企业在信息化管理过程中，物料管理占据首要位置。企业最终形成的产品，从物料计划、采购、制造、库存、成本计算和销售等方面展开，物料贯穿于生产的各个环节。实际生产中，如何做到合理的物料库存准备，提高生产效率，缩短企业资金的占用时间，是企业首先要考虑的问题。对物料进行跟踪管理，最便捷的方法就是对物料的属性进行编码，然后打印成条形码，从而追踪流通于生产的各个环节的物料。物料从入库、出库、移库、盘点等流通环节，采用条形码技术管理更为方便。物料出入库时，只需用条形码扫描器或条形码感应器对条形码进行扫描或感应，物料流通的信息即可采集，同时，对所采集的数据信息进行处理，使得物料的数据等更加准确。物料在库时，可通过条形码技术，对企业的所有物料进行合理的分类放置和管理，也方便根据实际情况进行库房跟踪管理，提高物料产品出入库情况和在库信息的准确性。条形码技术在家具物料管理中的应用，采用感应式条形码技术更为便捷。采用无线感应，使操作人员与管理系统之间能更实时准确地传递信息和指令，并形成灵活互动，使物料管理工作更为流畅。

（2）生产过程中的管理

家具生产过程中，可将订单号、零件种类、产品数量、编号及工艺路线等信息形成条形码，打印或粘贴在产品零部件上，通过采集器可对原材料、半成品、在制品等物料进行跟踪并将产品加工信息传递给数控加工设备，提高加工准确性和及时性。同时，采用条形码技术，家具产品的生产工艺在生产线上得到及时、有效的反馈，为生产调度、排产提供依据，从而达到实时监控生产。为企业CIMS系统提供支撑，为企业应用CAPP技术、实施工艺信息化提供保证。

3.1.4.2 RFID技术的应用

RFID技术系统可以和企业现有的信息系统（如MES/ERP/CMS等）集成，建立强大的信息链，从而在准确的时间及时传递准确的数据，改进企业对库存、计划、进度的控制，提高企业资源利用率以及提升产品质量。RFID技术可在家居产品零部件加工、仓储管理、物流及营销等环节发挥重要作用。

（1）生产过程中的应用

在家具零部件加工过程中，RFID技术可以跟踪每个零部件在生产线上的位置，并采用数字方式存储信息，实现零部件批号的生成与管理，以及生产工艺、生产计划、生产状态、生产设备和品质分析等信息的在线查询、显示和录入，提升整个生产过程的可视化水平和信息采集的自动化水平，减少人为误差，提高生产效率。RFID技术为企业ERP系统提供实时、准确且有效的监控信息，让生产管理层能够及时跟踪订单的生产状况，有效降低各种人为原因给企业带来的不良影响，确保生产排程的合理可行，构建生产控制层和操作层之间的信息平台。

（2）仓储管理中的应用

RFID技术在家具仓储管理中，实时更新货物的出入库信息，自动监控库存量，省去大量而烦琐的检验、清点、扫描等工作，减少货物盘点时间。同时，零件加工完成后可直接上架，通过自动分拣环节，实现和包装线之间的无缝对接，从而达到零库存，降低家具企业的生产压力。

（3）物流和销售环节中的应用

RFID技术可以对家居产品的生产、仓储、运输、配送等环节进行监控和优化。通过将家居产品贴上RFID标签，实现对产品的全程追溯，提高物流效率和质量，降低物流成本和风险，增强物流的可视化和智能化。例如，宜家使用RFID技术来管理其全球的家居物流，实现了对产品的实时定位、库存控制、订单处理、出入库管理等功能。该技术还可以对家居产品的展示、销售、售后等环节进行改进和创新。通过将家居产品贴上RFID标签，可以实现对产品的快速识别、结算、防盗等功能，提高销售效率和顾客满意度，降低人力和资金的投入，增加销售额和利润。例如，欧洲的一些家居零售商使用RFID技术来实现自助结算、智能导购、智能货架等功能，为顾客提供更加便捷和舒适的购物体验。

3.1.4.3 机器视觉识别技术的应用

（1）表面检验应用

随着家居行业竞争越来越激烈，利润率逐渐变低，因瑕疵产品造成的高废品率一直是困扰企业的问题之一。因此，为了及时检测出问题，企业正在将品质检验工作融入整个制造过程。而利用机器视觉系统对生产过程中连续移动的板件表面进行检查，既能满足高的生产速度、利用数字化的图像处理功能，又能在高分辨率的条件下发现微小的缺陷。机器视觉表面检验原则上可以分为以下两种方法：通过缺陷描述（划痕、污点、细孔等）的方式，在组织结构相同的材料表面寻找缺陷；通过与存储在系统中的参考图样进行对比，在任意材料表面（包括多种色彩在内）寻找缺陷。一般的视觉系统都会同时使用以上两种方法来完成表面品质的检验，例如德国鲍默（Baumer）公司所生产的专门用于家居制造业的光学检验系统，该系统可用于光学检查涂层和非涂层板材、家具板材和封边、地板等。在多台摄像机和光学传感器的支持下，系统会根据预存的若干个样本来判断当前位置表面的"好"与"坏"，并且在此基础之上利用自带的分析软件分析比较整个生产链的质量数据，易于实现计算机集成制造（CIMS）。

（2）**制造工艺检测应用**

家具金属零部件的制造过程中大量使用焊接工艺，其中对焊缝进行抛磨是生成光滑焊接表面、消除内部应力的关键技术。目前焊缝质量检测应用较为广泛的是基于机器视觉系统的线结构光测量技术，将其与磨抛机器人相结合，有助于实现对抛磨焊缝的自主评价。在抛磨过程中，首先为磨抛机器人提供相关抛磨参数，与机器视觉系统协同运动，自动规划抛磨路径。与此同时，通过线结构光传感器采集焊后相应位置的焊接质量信息，图像分析系统通过三角测量法等算法高速处理图像信息，对焊宽和焊缝余高等进行评价，不断调整抛磨角度和深度，实现抛磨加工与检测过程的智能化和柔性化。但是由于抛磨过程中的飞溅、弧光以及高温等外部干扰因素易造成不确定性，对机器视觉系统的防护功能提出了更高的要求。

（3）**尺寸检测应用**

随着蓝光扫描测量、激光在线测量等技术的发展，可以实现更加快速、精细的测量，可对家居基本特征尺寸、装配效果等提供高效高精度的监控。测量过程中，当机器视觉系统接收到触发传感器发送的检测信号后，根据预先设定好的测量路径驱动，视觉传感器依次对测量点捕捉特征图像信息，并通过图像分析系统对数字图像信息进行相应处理，完成测量。将机器视觉系统与最新监控测量手段相结合，摆脱了传统测量的局限性，可以实现复杂结构的精细化测量，确保生产部件零缺陷、装配质量得到保障。并且在尺寸测量的同时，还可以自动对测量到的数据结果进行更加细致多样的分析，并产生报告，实现实时报警。

（4）**涂装检测应用**

在实际涂装过程中，由于涂装车间复杂环境的影响以及涂料质量和涂装工艺的不同，使得家具与木制品表面很容易产生如脱层、开裂、杂质和失光等典型表面瑕疵。目前，对于涂装表面质量检测主要通过人工肉眼观察，此方法效率低下、人为因素影响较大，实现涂装质量自主检测已成为提升质量监控效率的关键因素之一。由于家具表面存在大量复杂不规则曲面，实现高精度的表面质量检测还具有一定难度。在目前众多的表面质量检测技术中，基于反射式光电传感器的机器视觉系统具有结构简单、分辨率高、不受被检测物形状和颜色影响等优点，应用较为广泛。喷涂加工前，在反射式光电传感器相对位置放置一块反光板，通过照明系统对被测物的照射，光敏元件接收到反射图像，计算机利用相应算法对捕捉到的反射图像进行处理，即可实现对喷涂表面质量的自主测量。同时，采用机器视觉识别系统，即可实现全范围表面质量测量。与人工肉眼检测相比，其具有广阔的视野、良好的稳定性和极高的敏感度，可实现高效率、高精度的家具涂装表面质量检测，最大限度地避免返工。

3.2 建模与仿真技术

3.2.1 建模与仿真技术的内涵与特征

在当今高度信息化、集成化、网络化、智能化的时代，建模与仿真技术已被广泛应用于各行各业，包括智能制造、金融分析、气象预测、军事模拟、车间调度、能源管理等方面。

在智能制造全球化大背景下，随着家居制造业从数字化制造、数字化和网络化制造过渡到数字化、网络化、智能化制造的历史进程，建模与仿真技术也经历了不断的技术升级与演变，既保留了数字化制造的特点，也发展并结合了信息化和物联网时代的新元素。

3.2.1.1 建模与仿真技术的内涵

从严格意义上说，建模与仿真技术是两个技术的复合名词，即建模技术与仿真技术。建模是仿真的基础，建模是为了能够进行仿真。仿真是建模的延续，是进行研究和分析对象的技术手段。广义上说，建模技术是结合物理、化学、生物等基础学科知识，并利用计算机技术，结合数学的几何、逻辑与符号化语言，针对研究对象进行的一种行为表达与模拟，所建立的模型应该能够反映研究对象的特点和行为表现。一般而言，对于一些不感兴趣、不重要的成分，在建模过程中可以忽略，以简化模型。具体到家居智能制造中，建模技术是指针对制造中的载体（如数控加工机床、机器人等）、制造过程（如加工过程中的力、热、液等问题）和被加工对象（如被制造的板件、金属、实木家具等），甚至是智能车间、智能调度过程中一切需要研究的对象（实体对象或非实体化的生产过程等问题），应用机械、物理、力学、计算机和数学等学科知识，对研究对象的一种近似表达。

仿真技术是在建模完成后结合计算机图形学等计算机科学手段，对模型进行图像化、数值化、程序化等的表达。借助仿真，可以看到被建模对象的虚拟形态，例如，看到数控机床的加工过程、机器人的运动路径，甚至可以对加工过程中的热与力等看不见的物理过程进行虚拟再现。因此，仿真技术还让模型的分析过程变得可量化和可控化，即依托建模与仿真技术，可以得到可视化与可量化的模型，利用量化的模型数据进行分析，进行虚拟加载和虚拟模型调控，这对认识和改造家居智能制造中的研究对象是一种极为有效的科学手段。

3.2.1.2 建模与仿真特征及关键技术

（1）建模与仿真技术特征

产生建模与仿真技术需求的原因可分为两类，即根本性原因和非根本性原因。其中非根本性原因在于建模与仿真技术的可视化、可量化、可对照、可控性等特点都极有利于科学研究的发展。例如，在家居智能制造中，采用建模与仿真技术对智能车间进行调度优化和产线布置等。根本性原因有两点：

❶ 针对实际被研究对象，被研究的过程进行实物研究，成本较高。例如，飞机高空高速飞行试验等，进行一次实物试验花费和代价都很大，不利于研究本身。

❷ 实际被研究对象被研究过程往往极其复杂，表现出非线性、强耦合性和不确定性等特

点。由于需要研究的目标往往比较单一或目标比较明确。因此，会在建模过程中忽略一些次要因素或不感兴趣的因素。但也正因为这种忽略次要因素的建模过程，对建模人员的要求极高，考验建模人员对实际物理、化学过程的认知深度，关乎研究结果的可信度。

综上，从需求本身出发，建模与仿真技术表现出以下特点：

❶ 虚拟化。虚拟化是建模与仿真技术的最本质特点，利用建模与仿真技术可得到被研究对象的虚拟镜像。例如，对机器人进行运动学建模，可得到用齐次变换矩阵描述的机器人实体模型。这种齐次变换矩阵可刻画出机器人的运动形式，即可以说它是机器人运动过程的虚拟化。

❷ 数值化。数值化是建模与仿真技术的必要特点，是仿真、计算、优化的前提。仍以上述机器人运动学建模为例，这种代表机器人运动学特征的齐次变换矩阵本身就是一种数值的刻画形式。利用该数值化的矩阵，代入机器人的具体关节角度和DH参数，可得到机器人在笛卡儿空间中的正运动学坐标，也可以根据笛卡儿空间的坐标求解关节空间下逆运动学的关节角度。正是有了这种数值化特点，才可以方便地开展一切计算类的研究活动。

❸ 可视化。可视化是建模与仿真技术的直观特点，是建模与仿真技术人机交互、友好性的体现。在家居智能制造中，可视化几乎是一切建模与仿真技术所共有的特点和属性。可视化可以帮助设计人员直观分析所设计的家居对象，也可以帮助车间技术人员快速掌握加工过程的实时状态。例如，基于MATLAB软件的机器人仿真工具箱，可将用运动学的齐次变换矩阵所描述的虚拟化机器人可视化，实现对实体机器人的等效虚拟和可视化再现。

❹ 可控化。可控化是建模与仿真技术通往终极目标的必要手段。建模与仿真技术的目的是对被研究对象进行分析和优化。只有在建模与仿真技术中做到可控化，才可以进行科学化的对照实验、优化实验等。例如，基于智能优化算法对机器人动力学激励轨迹进行优化，以使回归知阵的条件数最优。

另外，随着制造业的转型升级，家居行业从传统制造到数字制造，从数字制造到数字化网络化制造，再到数字化网络化智能化制造，建模与仿真技术又表现出一些新的特点：

❶ 集成化。智能制造发展的初级阶段，即数字制造，制造对象或制造主体（机床或机器人等）主要表现出单元化的制造特点；到了第2阶段，即数字化网络化制造，制造对象或制造主体又表现出在互联网下的多边互联特点；再到数字化网络化智能化的第3阶段，依托5G、物联网、云计算、云存储等技术，实现各制造对象或制造主体之间的互联互通，人、机、物的有机融合，建模与仿真技术也从原来的单一化过渡到多机协同的集成化模式。例如，在家居智能制造中，通过对数控机床、工业机器人、传送带、物流无人车、工件和工具的联合建模与仿真，可实现对家居智能工厂的模拟。

❷ 模块化。模块化似乎是与集成化相悖的一个概念，但其实不然。数字化制造过程中，由于加工对象、加工过程单一，建模与仿真技术也表现出模型与实体对象一一对应的特点。但到了智能制造发展的第3阶段，由于加工过程更为复杂，加工对象更多，各个对象之间还有紧密联系，建模与仿真技术也变得更复杂，更有必要在复杂的条件下构建模块化的建模与仿真单元，以便不同人员跨地区、跨学科、跨专业、跨时段进行协同建模与仿真开发。

❸ 层次化。高层体系结构（High Level Architecture，HLA）是家居智能制造中一个代表性的开放式、面向对象的技术架构体系。在HLA架构体系下，智能车间、智能工厂、智能仓储、智能化嵌入式系统、智能化加工单元等作为家居智能制造网络化体系结构的下端级，云平台、云存储作为上端级，边缘计算、云计算作为沟通中间的连接驱动和计算资源。针对复杂网络体系下的家居智能制造，需要更加层次化的建模与仿真，有利于模型的管理、重用、优化升级与快速部署。

❹ 网络化。5G是家居智能制造时代的高速信息通道，家居智能制造与5G技术的结合，更有利于将人、机、物进行有机融合，各加工制造单元互联互通，模型交互与模型共享，仿真数据共享。

❺ 跨学科化。家居智能制造生产活动中，表现出了多学科和跨学科的特点。建模与仿真技术在集成式发展的过程中，也表现出集机械、电磁、化学、流体等多学科知识，表现出多专家系统模式。典型的如CAM软件，既能够进行机械三维实体建模，又能对模型进行有限元分析、流体分析与磁场分析等。

❻ 虚实结合化。虚实结合化是家居智能制造中建模与仿真技术的重要特点，也是前沿方向。典型的如VR（虚拟现实）、MR（混合现实）、AR（增强现实）等技术，其共同特征都是能让人参与虚拟化的建模与仿真技术，与实体对象进行交互，增强仿真过程中的真实体验。以VR技术为例，机器人操作用户戴上VR眼镜，就能通过建模仿真平台身临其境地走进智能工厂。

❼ 计算高速化。随着计算机技术和网络技术的快速发展，能够对制造活动中的对象进行越来越真实的建模与刻画，仿真过程也越来越丰富。虽然模型的计算复杂度大幅提升，但依托于高速计算机、大型服务器、高速总线技术、网络化技术和并行计算模式，建模与仿真也表现出计算高速化的特点。计算高速化的建模仿真，是虚拟化模型与实体制造加工过程进行实时协作的关键技术。高性能计算（High Performance Computing，HPC）利用并行处理和互联技术将多个计算节点连接起来，从而高效、可靠、快速运行高级应用程序。基于HPC环境的并行分布仿真是提高大规模仿真运行速度的重要方法。

❽ 人工智能化。传统的建模仿真主要是3类，即基于物理分析的机理模型、基于实验过程的经验推导模型、基于统计信息的统计模型。智能制造是一个高度复杂和强耦合的体系，传统的模型在一些要求较高的条件下，往往不能满足需求，而借助人工智能技术，如人工神经网络、核方法、深度学习、强化学习、迁移学习等对非线性强耦合的加工过程和加工对象进行建模，能够得到传统建模方法达不到的精准效果。

❾ 数据驱动化。工业大数据是数字智能时代工业的一个伴生名词，指智能制造活动中，加工实体（数控机床、工业机器人等）、加工过程（切削力与切削热等）等一切参与智能制造活动的对象所产生的数据资源。工业大数据背后往往隐藏着巨大的制造活动奥秘，而这些奥秘是传统建模与仿真凭借机理推导、单一数据实验和统计难以发现的。基于工业大数据和机器学习技术，能够为复杂制造对象与过程进行建模，并伴随数据量的逐渐累积，所建立的模型与仿真也更加贴合实际。

（2）建模与仿真关键技术

❶ 建模/仿真支撑环境技术。建模/仿真的支撑环境是进行建模与仿真的基础性问题，在计算机、网络、软件（管理较件、应用软件和通信软件）、数据库、图形图像可视化的基础上构建建模/仿真支撑环境。建模/仿真支撑环境是建模和进行仿真实验的硬软件环境，它的体系结构应根据仿真任务的需求和规模从资源、通信、应用3个方面来设计。建模/仿真支撑环境可划分为建模开发环境和仿真运行环境，两者有共享的资源。研究开发环境主要用于建模、仿真系统设计、仿真软件开发等，没有严格的时间管理要求，但要保证事件发生的前后顺序；而仿真运行环境用于仿真系统运行，必须有严格的时间管理，保证实时性。一般情况下，仿真系统运行时调用的资源是固定的、静态的，要实现调用动态资源则建模仿真环境体系结构更复杂。在家居智能制造的背景下，建模/仿真技术的支撑环境也越来越复杂，从单计算机平台过渡到多机协同建模与仿真平台，从个人电脑迁移到云端进行建模与仿真。然而，每一次建模与仿真技术的革新，往往伴随支撑环境底层技术的突破。

以锻造操作机设计与仿真支撑平台为例。锻造操作机设计与仿真平台的4层体系结构将数据、服务与应用分离开来，便于各种应用软件（包括商用建模、仿真软件）的集成，保证了整个系统的灵活性和开放性。

a. 系统支撑层：包括基础支撑环境和基础平台/运行支撑服务。基础支撑环境包括异构分布的计算机硬件环境、操作系统、网络与通信协议以及数据库/模型库/知识库，其中数据库/模型库/知识库用来存储与应用无关的数据、模型和知识。基础平台/运行支撑服务主要负责同基础支撑环境进行数据信息交换，为应用服务层提供各种基本的应用编程接口，同时整合了高层体系结构的运行支撑服务。

b. 服务层：由大量面向锻造操作机的基于产品设计、仿真分析、性能评估的软件构成。根据功能需求划分为产品设计建模、协同仿真、力学分析、性能评价与优化、工艺规划、虚拟演示与操作等模块，其中产品设计建模子系统和协同仿真子系统是整个平台的核心。

c. 系统应用层：主要集成了锻造操作机一体化平台运行中涉及的大量信息管理功能，包括产品信息管理、数据库管理、模型库管理、知识库管理以及用户管理，为建模、仿真运行及仿真后处理等提供统一的数据存储维护机制。

d. 界面层：根据不同的需求可以分为基于客户端的个人工作空间界面和基于Web的应用系统界面。界面层可以为家居领域的工程师提供工作空间视图，注册软件工具，并可以根据需要定制个性化的用户界面，从而保证不同工作人员可以在异构环境中协同工作。

❷ 先进分布仿真技术。从单元化制造到集成化、网络化制造，也呈现出分布式建模与仿真的新模式。基于仿真的设计、基于仿真的家居制造涉和多个专业和多个单位，它们可能分布在不同地区，应将分布在各处的仿真系统、模型、计算机、设备通过网络构成分布联网仿真系统。仿真运行时，仿真系统中的模型之间、计算机之间、仿真系统之间有大量数据和信息传送与交互。

❸ 仿真资源库技术。仿真资源库是仿真技术的依赖性技术，包括数据库、模型库、工具

软件库等。仿真系统的开发和运行要用到大量数据和模型。此外，仿真资源库越丰富，能开展的仿真活动也更为多样。例如，ROS机器人仿真环境集成了机器人运动学、动力学、机器视觉、运动规划等仿真资源，甚至包括实体硬件的接口定义和协议，能使仿真与实体互联，仿真结果迅速迁移到具体的控制对象中进行复现。在家居智能制造中，人是一项关键因素，将人纳入建模与仿真环境进行协同仿真，是对建模与仿真的又一大挑战。因此，建模与仿真技术不但需要有丰富的图形图像仿真资源库、数值计算与数值优化资源库，还要包含语料资源库、音频资源库，甚至是触觉资源库与多专家系统知识库。

❹ 图形图像综合显示技术。图形图像综合显示技术一直都是建模与仿真技术的关键核心技术，也是最根本的一项技术，是计算机图形学、数据处理等基础技术的综合应用。家居智能制造对建模与仿真的图形图像综合显示技术提出了更多新的要求，即不但能在单机上进行二维和三维图形显示，更需要满足嵌入式系统仿真过程中的快速在线实时三维显示。这种综合显示技术不再是单一加工对象或加工主体的图形图像化显示，更提出了新的要求，即融合人和家居加工环境等的仿真显示技术。

3.2.2　建模与仿真技术在家居智能制造中的应用

（1）在设计生产一体化中的应用

在智能制造背景下，定制化家居企业多采用设计生产一体化的模式，而建模与仿真技术则贯穿其中，满足各个环节的展示、检测等需求。

家居设计生产一体化首先是以家居生产工艺和知识库为基础，以市场需求为导向，对家居产品进行大数据采集和分析，提炼出建模要素，并依此进行语义转换，通过信息交互技术，形成系统的集成模块。通过开放图形库（Open Graphics Library，OGL）三维图形引擎，采用Visual Studio 2010环境开发，将标准模块在虚拟平台中进行对接与集成，进行模型组件间的形变关系约束与装配。最后，通过建模仿真的三维虚拟现实，以模型对接和散板对接两种方式展示家居及其整体环境。

在设计阶段，建模与仿真技术可以将家居产品设计可视化，实现产品结构和性能的优化，节约开发成本和时间。以大数据收集的家居案例为基础，通过建模与仿真技术构建出虚拟家居样板模块，同时开发多种设计样板供客户选择。如图3-6（a）所示，设计师可直接调用云端的"样板间库""公共库""方案岛"和"云素材"等仿真样本模块，直接将其拖至设计方案图中，无须多次绘图、建模和定义产品属性，即可形成定制家居设计方案和工程图、BOM表等生产所需要的信息。同时，可以通过渲染模型组合，将家居空间的虚拟现实仿真场景展现，进一步提升客户的体验真实感和便捷度，如图3-6（b）所示。

在生产阶段，主要任务是在设计的基础上提出对家居车间各个组成单元详尽而完整的描述，使设计结果能够达到进行实验和投产决策的程度。具体来说，即确定设备、刀具、夹具、托盘、物料处理系统、车间布局等。而仿真技术则主要用于方案的评价和选择，在生产初步阶段，可以在仿真程序中包含经济效益分析算法，运行根据初步设计方案所建立的仿真模型，对

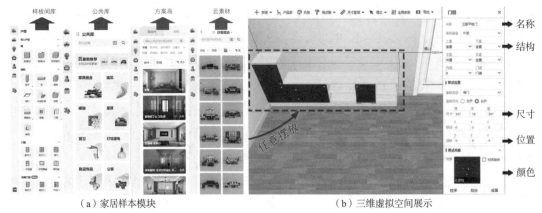

（a）家居样本模块　　　　　　　　　　　　　（b）三维虚拟空间展示

图3-6　家居设计虚拟展示

以下信息进行评价：生产的家居产品类型和数量能否满足用户要求，家居产品的质量和精度是否能够满足要求，车间的效率和投资回收率是否合理。在详细生产阶段，使用仿真技术可以对候选方案的以下方面做出评价：在制造主要家居零件时，车间中主要加工设备是否能够得到充分利用，负载是否比较平衡，物料处理系统是否能够和车间的柔性程度相适应，工厂的整体布局是否能够满足生产调度的要求、是否具有一定的可重构能力，在发生故障时，工厂生产系统是否能够维持一定程度的生产能力。

（2）在工业机器人中的应用

作为家居智能制造中的典型应用范例，建模和仿真技术对于工业机器人的理论研究、设计开发、数据分析、快速产线部署、程序编制、运动规划等都极为重要，更是实现家居智能制造中加工工艺优化、加工质量与产品性能提升、无人化工厂的关键核心技术。

工业机器人的建模包括运动学建模、动力学建模、力与环境的物理交互建模等，建模是控制和仿真的基础。典型运动学建模仿真平台有MATLAB、Gazebo、V-REP等。其中，MATLAB可为机器人进行理论计算研究，如图3-7所示。基于其强大的矩阵运算工具箱，研究人员能灵活、方便地进行运动学和动力学建模等。另外，基于Simulink工具箱，还可进行与机器人运动控制相关的实验设计和分析。

Gazebo是一款3D动态模拟器，能够在复杂的室内和室外环境中准确、有效地模拟机器人群。Gazebo可提供高保真度的物理模拟和一整套传感器模型，还能提供用户和程序非常友好的交互方式。基于Gazebo动态模拟器，可以对机器人算法进行测试，设计机器人和现实场景进行回归测试。一般情况下，Gazebo会运行在Ubuntu操作系统上的机器人操作系统（Robot Operating System，ROS）环境中进行集成使用，如图3-8所示。

V-REP（Virtual Robot Experiment Platform）是一款灵活、可拓展的通用机器人仿真器，可以支持多种控制方式和编程方式，被誉为机器人仿真器里的"瑞士军刀"。V-REP支持多种跨平台（Windows，Mac Os，Linux）方式，支持6种编程方法嵌入式脚本、插件、附加组件、ROS节点、远程客户端应用编程接口、自定义的解决方案和7种编程语言（CC/C++、Python、

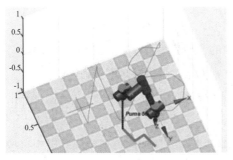

图3-7　MATLAB机器人运动仿真

图3-8　ROS系统下机械臂运动规划

Java、Lua、Matlab、Octave和U-bi），满足超过400种不同的应用编程接口函数、100项ROS服务、30个发布类型、25个ROS订户类型，可拓展4个物理引擎（ODE、Bullet、Vortex、Newton），拥有完整的运动学解算器（对于任何机构的逆运动学和正运动学）。

3.2.3　建模与仿真技术在家居行业中的发展趋势

家居智能制造从单元化过渡到集成化，再到网络化、智能化，家居建模与仿真技术将会更加紧密地与5G、云计算、大数据、人工智能相结合。其正呈现出实时化仿真、分布式和嵌入式仿真、云端建模与仿真、多端建模与仿真及模型资源共享、虚实结合的建模与仿真、人与加工过程参与建模与仿真互动、大数据驱动的混合建模、人工智能和群体智能优化技术结合的建模与仿真等趋势。随着家居制造业的发展，家居企业运用的建模仿真技术将发挥更加重要的作用。与此同时，智能制造系统对仿真技术提出了更高的要求。

（1）新一代家居数字模型

新一代家居数字模型是将传统建模仿真技术与新一代信息技术，如物理信息系统、物联网、大数据、云计算、虚拟现实/增强现实、人工智能等技术相结合，根据特定的需求而构建伴随被建模的家居实体全生命周期、可持续演化且高度可信的数字化家居设计生产模型。新一代数字模型不仅可以进行离线分析与预测，还能在线与物理系统进行实时互动。新一代数字模型技术将成为支持新一代家居智能制造的关键技术之一。

数字孪生技术是一种典型的新一代数字模型技术，它是传统虚拟样机技术的延伸和发展。虚拟现实（VR）、增强现实（AR）、混合现实（MR）技术也是新一代数字模型技术的重要内容。通过VR可以增加虚拟模型的沉浸感，而AR及MR技术可以实现人、信息系统和物理系统的融合仿真。AR可将计算机生成的虚拟景象叠加到现实景物上，实现人与虚拟物体的实时交互。家居制造过程是一个人、信息、机器、环境高度融合的系统，仿真技术除了建立家居产品模型以及制造所需要的资源、设备、环境等模型外，还可以建立人员的模型，通过人员模型与设备及环境模型的交互式仿真，实现更真实可信的仿真过程。

（2）面向家居制造全生命周期的模型工程

数字模型的建立与管理是家居企业实现制造系统数字化的重要基础。由于家居制造过程的复杂性，制造生命周期的数字模型拥有一些新的特点：

❶ 数字模型的组成更复杂。模型的组成元素越来越多，元素之间的关系更加复杂。

❷ 数字模型的生命周期更长。家居智能制造系统中的模型将参与产品的整个生命周期。

❸ 数字模型关系的复杂性。模型的演化过程将会非常复杂，且呈现高度不确定性。

❹ 数字模型具有高度异构性。大量的模型是由不同的机构采用不同的平台、结构、开发语言家居和数据库来构建。

❺ 数字模型的可信度极难评估。由于对模型的依赖性增强，模型的可信度问题也变得越来越重要。由于模型的复杂度增加，评估模型的可信度变得更加困难。

❻ 数字模型的可重用性。为了提高模型开发的效率与质量，模型重用的作用和价值变得更加重要。

（3）云环境下的家居智能仿真技术

随着云计算技术的发展，在家居制造领域应用云平台技术也逐渐成为一种趋势。在云平台上进行相关制造活动是家居企业进行升级和转型的重要手段。如何在云环境下通过仿真支持制造全生命周期的协同优化，成为仿真技术面临的新挑战。基于云的仿真技术与智能制造的结合将成为家居制造系统仿真发展的必然趋势。

（4）面向大数据的仿真技术

由于家居制造系统的复杂化，在制造的全生命周期内产生大量的数据。大数据的出现为仿真技术带来了新的机遇，同时仿真技术对制造大数据的获取、处理、管理和使用也将发挥重要作用。一方面，大数据可以对家居体系仿真建模提供新的途径和方法。由于家居制造系统的高度复杂性，导致采用传统方法对复杂系统建模非常困难。而利用系统运行产生的大量数据样本，通过机器学习的方式可以建立逼近真实系统的"近似模型"。大数据对于仿真分析方法也将产生重要影响，仿真将从对因果关系的分析转向对关联关系的分析，同时大数据也为仿真分析提供了新的资源和手段。另一方面，家居制造大数据将成为建模仿真的重要研究对象，借助仿真技术挖掘并发挥大数据在制造各环节中的价值。此外，仿真技术还可用于大数据的筛选和预处理以及大数据存储策略、迁移策略和传输策略的优化等方面。建模与仿真和大数据将相互促进、相互补充。两者的结合将有力促进家居智能制造的发展。

3.3 工业互联网与物联网技术

3.3.1 工业互联网技术的内涵与特征

工业互联网是新一代信息通信技术与工业经济深度融合的新型基础设施、应用模式和工业生态。下文将从其内涵与发展、特征及关键技术进行介绍。

3.3.1.1 工业互联网技术内涵及发展

工业互联网可为智能制造提供信息感知、传输、分析、反馈和控制等技术支撑，它是全球工业系统与高级计算、分析、传感技术及互联网的高度融合，它通过构建连接机器、物料、人、信息系统的基础网络，实现工业数据的全面感知、动态传输、实时分析和数据挖掘，形成优化决策与智能控制，从而优化制造资源配置、指导生产过程执行和优化控制设备运行，提高制造资源配置效率和生产过程综合能效。工业互联网是利用设备联网，通过网络实施监测设备数据、生产数据、物流数据，并对这些数据进行分析、挖掘，从而指导生产、优化设备运行、减少能耗、帮助决策。

智能设备、先进数据分析工具、人机交互接口是工业互联网的三大主要元素，机器、数据和人共同构成了工业互联网生态系统。工业互联网在制造企业中的应用，以底层智能装备为基础，以信息智能感知与交互为前提，以基于工业互联网平台的多系统集成为核心，以产品全生命周期的优化管理和控制为手段，构建一种可实现"人、机、物"全面互联、数据流动集成、模型化分析决策和最优化管控的综合体系及生产模式。

从家居智能制造视角看，工业互联网表现为从生产系统（物理系统）到商业系统的智能化，核心在于家居企业生产系统内部（机器与机器之间、机器与系统之间）、家居企业与企业（产业链上、下游）之间的实时互联与智能交互，实现家居企业内生产系统各层级的优化和智能化生产，并带动商业活动的网络化协同。

3.3.1.2　工业互联网特征及关键技术

工业互联网产业联盟给出了如图3-9所示工业互联网体系架构（V1.0），该体系架构从工业（产业）和互联网两个视角对工业互联网进行业务需求分析，以网络、数据、安全作为工业互联网共性基础的支撑，构建了工业互联网体系架构。

网络包括网络互联体系、标识解析体系和应用支撑体系三大部分。网络互联体系由工厂内部网络和外部网络构成，实现信息数据在生产系统各单元之间、生产系统与商业系统各主体之间的无缝连接和传递；标识解析体系相当于互联网的域名系统（DNS），由标识、标识服务和标识管理三要素组成，它通过给机器、物件等每一个对象赋予标识，并借助工业互联网标识解析系统，对机器和物品进行唯一性定位，实现跨地域、跨行业、跨企业的信息查询和共享；应用支撑体系包括工厂云平台、公共工业云服务平台、专用工业云服务平台、应用支撑协议，用以提供数据传送和数据集成的标准规范（如OPCUA为代表的数据集成协议），提供通用使能技术支撑，实现协同交互、信息共享和服务化协作。

数据包括数据采集交换、集成处理、建模分析、决策优化和反馈控制等功能模块，构成

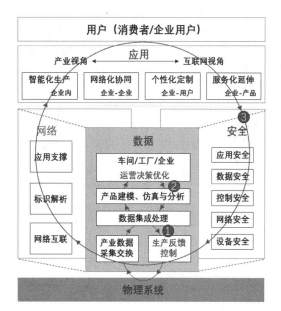

图3-9　工业互联网体系架构图（V1.0）

面向生产系统的动态感知、实时分析、自主决策及精准执行的闭环，形成企业运营管理和生产执行决策及机器运转的优化控制指令，驱动从底层设备、车间运营管理到企业商业活动的智能优化。

安全包括设备安全、网络安全、控制安全、数据安全、应用安全以及综合安全管理等，核心是提供网络与数据在工业应用中的安全保障。其中，设备安全保障工业智能装备和智能产品的安全；网络安全保障工厂内有线网络、无线网络的安全，以及工厂外与用户、协作企业等互联网络的安全；控制安全保障生产过程控制系统的安全，包括控制协议、控制平台和控制软件等安全；应用安全保障支撑互联网业务运行的应用软件及平台的安全；数据安全保障重要的产品数据、生产管理数据、生产操作数据、用户数据等各类数据的安全。

2018年，工业互联网产业联盟对工业互联网体系架构进行了升级，正式发布了《工业互联网体系架构（V2.0）》，如图3-10所示。新版本进一步融入了工业智能、工业APP、区块链、边缘计算、数字孪生等新技术，拓展了工业垂直应用领域的行业实施，增加了业务指南、功能架构、实施框架、技术体系等内容。

工业互联网平台涉及的关键技术主要涉及五个方面：一是工业边缘数据接入和数据处理技术，包括通用化软硬件架构与资源编排管理、通用化数据接入和协议解析方案、规则引擎与复杂分析等。二是工业数据管理与分析技术，包括面向工业需求的定制化数据管理工具、实时流计算框架、人工智能框架、直观易用的数据分析和呈现工具等。三是工业数据建模技术，包括工业生产过程机理与数据模型、信息模型、数字孪生等。四是工业PaaS与应用开发技术，包括新型微服务架构与资源编排管理、开放灵活的新型集成工具、敏捷高效的新型开发工具等。五是工业安全防护技术，包括设备、网络、控制、数据、应用等各种工业安全防护的实现和应用关键技术。

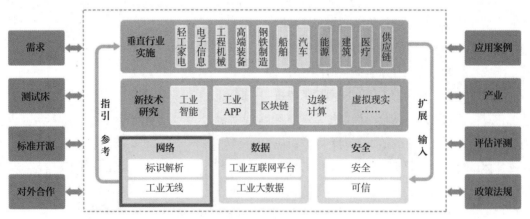

图3-10　工业互联网体系架构图（V2.0）

3.3.2　物联网技术的内涵与特征

3.3.2.1　物联网技术内涵

物联网是以互联网、传统电信网和移动通信网等为信息载体，将具有独立功能的普通物体实现互联互通的网络。在物联网上，可以应用电子标签将真实的物体上网连接，并对联网的物件进行定位，以及收集相关数据。物联网使物理对象能够看到、听到、思考和操作，让它们互相"交谈"、分享信息和协调决策。在物联网技术（普适计算技术、嵌入式设备、通信技术、传感器网络、互联网协议和应用等）支持下，这些对象可以从传统物件转变为智能物件。物联网将使现实世界中的"人、机、物"实现数字化，可应用于广泛的领域，主要包括：运输和物流、制造业、健康医疗、智能环境（如家庭、办公、工厂）、社会服务等，具有十分广阔的市场和应用前景。例如，在家居制造企业中，中央控制计算机可通过物联网对机器、设备、人员进行集中管理和控制，可以收集各种数据，聚集成大数据，可以用于重新设计生产路线、市场预测等。

在物联网时代，任何具有网络功能的设备都可以接入互联网。近20多年来，联网设备的数量呈指数级增长，2018年联网设备的数量接近300亿，到2023年达430亿。

3.3.2.2　物联网特征及关键技术

从功能结构角度来看，物联网是一种具有自配置功能的动态全局网络基础设施，它基于标准和可互操作的通信协议，使用智能接口将具有身份、物理属性和虚拟特性的"事物"（物理的或虚拟的）无缝地集成到信息网络中。物联网构成要素主要包括：身份标识、传感、通信、计算、服务和语义解析等。

（1）身份标识

身份标识对于IoT的名称和匹配至关重要，现有的多种标识方法都可用于IoT，如电子产品代码（Electronic Product Code，EPC）和U–代码（U Code）。此外，IoT对象ID寻址也十分重要，寻址IoT对象的方法包括IPv6和IPv4等。对象ID是指它的名称，例如，特定的"1"是指温度传感器以及它在通信网络内的ID地址。需要区分对象的标识和地址两者的不同，因为标识方法不是全局的、唯一的，而寻址有助于唯一地标识对象。此外，网络内的对象可能使用公共IP，而不是私人的，标识方法提供了网络内每个对象的明确标识。

（2）传感

物联网传感意味着从网络中的相关对象收集数据，并将其发送至数据仓库、数据库或云。对收集到的数据进行分析，以便根据所需服务采取具体行动。物联网传感器可以是智能传感器、执行器或可穿戴传感设备。例如，一些公司提供智能集线器和移动应用程序，使人们能够使用智能手机监视和控制建筑物内数以千计的智能设备和电器。集成了传感器、内置TCP/IP和安全功能的单板计算机通常用于物联网产品，这些设备通常连接到中央管理门户，以提供客户所需的数据。

（3）通信

物联网通信的目的是将异构对象连接在一起，提供特定的智能服务。常用的物联网通信协议有WiFi、蓝牙、IEEES02.15.4.Z–Wave OLTE – Advanced，一些特殊通信技术如射频标识（Radio Frequency Identification，RFID）、近场通信（Near Field Communication，NFC）和超宽带（Ultra–Wide Bandwidth，UWB）等也应用于物联网通信。此外，第五代移动通信技术5G也将成为支持物联网通信的一项重要新支撑技术。

（4）计算

处理单元（例如微控制器、微处理器、SoC、FPGA）和软件应用程序是物联网的"大脑"，决定了IoT的计算能力。已有多种硬件平台可用于运行IoT应用，例如Arduino、UDO0、Friendly ARM、Intel Galileo、Raspberry、Beagle-Bone、Cubie board、Z1、Wi Sense、Mulle和T-mote Sky。此外，许多软件平台用于提供IoT功能，其中，软件平台的操作系统尤为重要，实时操作系统（Real Time Operating System，RTOS）将很适合用于物联网的开发。例如，Contiki RTOS在物联网方案中得到了广泛的应用，它的cooka模拟器允许研究者和开发人员进行模拟、仿真物联网和无线传感器网络（WSN）应用；TinyOS、LiteOS和RiotOS也提供用于IoT环境的轻量化OS。另外，汽车工业与Google建立了开放式汽车联盟（OAA），并计划采用Android平台加快建设车联网（In-ternet of Vehicles，IoV）。云平台也为物联网提供了重要的计算能力，这些平台为智能对象提供设施，将其数据发送到云平台，以对大数据进行实时处理，最终用户则可获益于从大数据中提取的知识。

（5）服务

物联网服务可分为以下4类：

❶ 身份相关服务是最基本和最重要的服务，每个需要将物理世界的对象带到虚拟世界的应用程序都必须识别这些对象。

❷ 信息聚合服务收集和汇总原始感知测量的信息，进行处理并报送给物联网应用程序。

❸ 协作感知服务以信息聚合服务为基础，使用所获得的数据进行决策并做出相应的反应。

❹ 普适服务旨在向任何需要的人提供任何需要的协同感知服务，物联网应用的最终目标是获得无处不在的服务，但要实现这一目标，还存在许多困难和挑战。大多数现有的物联网应用程序提供与身份相关、信息聚合和协作感知的服务。例如，智能医疗和智能电网属于信息聚合范畴；智能家居、智能建筑、智能交通系统和工业自动化更接近协作感知服务范畴，智能家居物联网服务根据天气预报，可以自动关闭窗户、放下百叶窗，有助于提高个人生活品质，方便对家用电器和系统（如空调、供暖系统、能源消耗表等）进行远程监控和操作。

（6）语义解析

物联网中的语义解析是指通过不同的机器，智能化地提取知识，以提供所需服务的能力。知识抽取包括发现、利用资源和建模信息。此外，它还包括识别和分析数据，以理解提供准确服务的正确决定。因此，语义分析是物联网中将需求发送到正确的资源中枢。这种需求得到语义Web技术的支持，如资源描述框架（RDF）和Web本体语言（OWL）。2011年，万维网联盟（W3C）采用了高效的XML交换（EXI）格式作为建议。EXI在物联网环境中很重要，因为它是为资源受限环境优化XML应用程序而设计的。此外，它在不影响相关资源（如电池寿命、代码大小、处理所消耗的能量和内存大小）的情况下，减少了带宽需求。EXI将XML消息转换为二进制消息，以减少所需带宽和最小化所需存储大小。

3.3.3 物联网技术在家居智能制造中的应用

（1）加工过程中的应用

以物联网和工业互联网技术为基础的工业物联网平台能够实时感知家具加工过程中的设备运行数据和加工工艺参数，同时将其与原材料信息、人员配置、设备状态、质量检测数据等信息关联起来。因此，工业物联网平台可以实现工艺参数优化和提供设备维护决策支持。

工业物联网平台可以利用大数据分析技术，挖掘家居产品质量与加工工艺参数之间的关联关系，通过建立家居产品质量与工艺参数之间的映射，获取能提高家居产品质量的工艺参数。例如，美的集团基于工业互联网平台（M.IoT）对工艺参数进行优化，使产品品质一次合格率从94.1%提升到96.3%。同时，物联网平台可以基于设备历史运行数据和历史状态，分析监测参数与设备状态之间的关系，进而推理出设备状态的演化规律，为智能设备的预防性维护、远程寿命预测及状态监测提供决策支持。

（2）资源管理中的应用

物联网和工业互联网技术不仅可以感知家居企业设备级、车间级的数据，同时能将跨部门、跨层级的生产要素之间的信息关联互通，对生产过程的描述也不局限于加工过程，而是从更深的层次、更细的粒度、更全面的角度对家居生产制造的全过程进行描述，能从更全面的角度对资源配置进行优化。此外，用户的需求也能更直接地反馈到生产端，为更快适应柔性制造提供配置方案。

物联网和工业互联网技术能更全面准确地描述生产要素在加工过程中的状态，尤其是资源利用情况，如能耗、空间占用、运输成本等。受益于生产要素信息的全面互联，利用物联网技术能统筹考虑多方面要素，给出更接近于全局最优的资源配置方案。例如，福特汽车公司基于施耐德电气的Eco Struxure平台，收集福特公司在美国国内设施的电力数据并由云管理系统进行分析、管理，降低能耗30%，并节省了2%的能源开支。

工业互联网平台能感知生产要素在制造系统中流转的影响，面对新模式生产场景和个性化生产需求，能给出快速响应的柔性制造配置方案，从而满足定制化产品要求。例如，海尔集团基于COSMOPlat平台（如图3-11所示），实现了从用户需求到产品设计、生产、销售、服务的全流程数字化转型，打造了个性化的智能家居解决方案。用户可以与企业、其他用户、供应商等多方资源进行多维交互，多位用户围绕相同的个性化需求就会在COSMOPlat上形成一定的定制规模，下一步即可进入海尔互联工厂投入生产。这不仅实现了与企业间的"对话"，也实现了与其他用户和资源方的"对话"。另外，美的集团、格力电器等也利用工业互联网技术优化了家居产品的研发、制造、物流、售后等环节。

（3）市场决策中的应用

物联网和工业互联网技术将家居供应商、制造商、销售商及消费者联系起来。市场行为本质上是由需求驱动，商业行为与制造过程有着密不可分的复杂耦合关系。通过对历史消费数据进行分析，可以预测市场需求。同时，通过对短期市场行为的分析，可以预知可能发生的风险，做好风险管控。

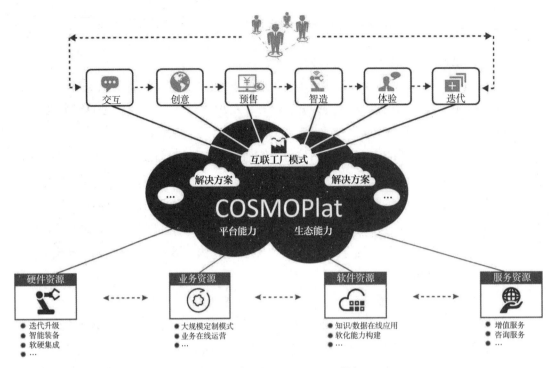

图3-11　海尔集团COSMOPlat平台

工业物联网平台能感知到家居产品全生命周期信息，从中分析出原材料、制造、销售、使用中各个要素之间的复杂耦合关系，通过对历史信息的分析，对未来需要的家居产品种类及产能进行预测。运用物联网的全局信息感知。对于家居企业而言，可以实时掌握全局信息，能用来预测未来市场可能发生的风险，进而快速对家居生产制造进行调整，对资源配置进行优化，从而合理地规避风险。

（4）联合5G的应用

5G技术是与工业4.0和物联网相关联的机械设备（M2M）通信的一个必要发展步骤。根据5G的特点，在家居智能制造物理车间层分别有三种应用场景：

❶ 海量机器类通信主要应用于实时数据采集、生产要素的辨识和定位。

❷ 低时延高可靠通信主要应用于装置到装置（Device-to-Device，D2D）、连接通信、机器到机器或机器到人（Machine-to-Ma-chine/Man，M2M）连接通信、人机交互、网络化协同制造、车间内AGV控制等。

❸ 增强型移动宽带主要应用于数字孪生车间、虚拟现实、增强现实、混合现实等。

在上面三种应用场景中，5G获取或产生的数据在数据分中心进行边缘计算处理，然后经5G天线阵列和无线接入网络（RAN），传送给通信网络（CN），在云端进行大数据处理、云计算、虚拟车间的数字孪生仿真、面向家居制造的服务等，为家居企业提供各种服务，如仿真优化、工艺管理、产品数据及模型管理、装备健康管理、生产统计和任务预测、材料跟踪与分配、智能规划及调度、能耗管理及优化、加工质量及可靠性分析、生产组织与优化等。

3.3.4　物联网技术在家居行业中的发展趋势

（1）提高制造的数字化和智能化水平

工业互联网和物联网技术可以实现家具生产过程中的数据采集、传输、存储和处理，提升生产效率、质量、安全，且节能，降低成本和风险，增加价值。例如，利用工业互联网平台，可以实现家具生产的计划调度、生产作业、仓储配送、质量管控、营销管理、供应链管理等环节的数字化管理。

（2）拓展家居制造创新和应用场景

工业互联网和物联网技术可以与其他技术和领域相结合，创造出新的创新和应用场景，如虚拟现实、增强现实、边缘计算、区块链等，为用户提供更加丰富和多元的家居服务。例如，物联网技术可以实现家居设备的远程控制和智能化管理，虚拟现实技术可以让用户在家中体验沉浸式的家居设计和装修，区块链技术可以保障家居产品的质量和安全。

（3）促进智能家居创新和应用场景的拓展

智能家居设备可以与其他行业和领域相结合，创造出新的创新和应用场景，如智能教育、智能医疗、智能娱乐、智能旅游等。工业互联网和物联网技术可以通过5G、AR/VR、物联网感知等方式，促进智能家居的创新和应用场景的拓展，为用户提供更加丰富和多元的生活服务。

3.4 信息集成技术

3.4.1　信息集成技术的内涵与特征

信息集成技术是一种利用计算机软件和网络技术，基于数据模型、元数据、语义、本体等技术，实现数据和信息的抽取、转换、融合、查询、分析等功能。将分散在不同来源和格式的数据、信息进行有效整合，实现数据、信息的共享和利用的技术。信息集成技术的特点是具有开放性、动态性、智能性和协同性，能够适应不同的应用需求和环境变化，实现数据和信息的自动化、协同化处理。其目标是提高信息的质量、可用性和价值，为用户提供全面、准确、及时的信息服务。信息集成技术的对象是异构的、分布式的、动态的、多样的数据和信息，如关系数据库、文档数据库、XML、Web、文本、图像、视频等。

3.4.2　信息集成关键技术

（1）动态感知技术

在家居智能生产中，状态感知的目的是感知和获取制造过程、制造装备和制造对象的有关变量、参数和状态，用于对家居智能生产系统的运行工作状态、产品制造质量进行评估、监测和控制。在家居智能生产系统中，动态感知技术主要涉及用于制造装备及加工过程和生产执行系统的传感感知技术。

制造装备传感感知技术涉及面很广，以家居为代表的离散制造领域中应用广泛的数控加工为例，最常见的有数控机床、工业机器人、自动导引车等，这些装备本身的控制系统都带有基本的位置、速度、电流、温度等物理量的测量传感器，根据家居智能生产系统的需要，还可以加装其他更多传感器、感知装置和检测仪表，以感知和获取制造装备和生产系统的实时动态数据，用于运行过程的监测控制、健康状况的预测维护，并可形成加工过程大数据，进一步用于产品质量分析评判、生产系统运营管理等。下面以数控机床和工业机器人为典型代表，介绍制造装备及加工过程的传感感知和数据传输通信接口技术。

数控机床和数控加工过程可采用多种传感器，如位移传感器、光栅编码器、电流传感器、温度传感器、加速度计、测力传感器、声音传感器（麦克风）、3D光学图像（双目视觉）传感器、视频摄像头等，如图3-12（a）所示。它们可全部或部分配置在数控机床的相应部位，在加工过程中，感知机床状态和加工过程中的各个物理量，如机床结构的振动/温升/位移（变形）、主轴的电流/功耗/转速/振动/温升/位移（变形）、进给伺服系统的运动位置/速度/加速度和温升/振动/变形、刀具的磨损/破损、加工过程的颤振/碰撞等，经过数据处理、分析决策和监测控制，从而实现运动轴联动控制、主轴监测、伺服监测、刀具监测、碰撞监测和误差的反馈控制或补偿等功能，如图3-12（b）所示。也可为在智能制造系统中加工大数据的获取、处理和应用提供基础现场动态数据，使机床和加工过程具备更加强大和丰富的智能化功能。

在生产执行系统和产品加工装配过程中，条形码、二维码和射频识别（RFID）、全球定位系统（Global Positioning System，GPS）、北斗定位系统激光跟踪仪、图像/视频获取等技术，已成为对原材料、物流、工具、在制品和最终产品进行识别、定位、导航和追踪不可缺少的技术。其中，RFID以非接触式、快速高效、安全可靠和环境适应性好等特点，广泛应用于智能生产系统中的生产线自动化、物料管理、刀具管理等。GPS技术已大量用于物流定位、AGV导航等，激光跟踪仪可提供零件、部件装配时的空间位置定位数据，图像和视频则更广泛地应用于生产过程中产品识别、设备监控等。

在制造装备和生产过程中，从底层自动化设备上的各种传感器、感知装置和控制器获取的数据，有两种途径进行集成，一种是直接通过标准化的通用机器通信接口及协议，传送给生产系统的网络数据库、计算机和移动终端；另一种是经由工业以太网（Ether NET）、现场工业总线（Field Bus）和物联网（IoT），再通过标准化的通用机器通信接口及协议上传。当前两个常用的标准化机器通信接口是机床互联通信协议MTConnect和跨平台工控软件接口标准协议OPCUA，一些底层设备的控制器（例如840Dsl数控系统）带有OPCUA接口，可直接进行数据传输和集成。随着工业互联网/物联网、5G、数字孪生等技术的发展，它们将在家居智能制造生产系统的"人、机、物"通信互联中发挥重要的作用。

（2）实时分析技术

对动态感知获取的家居智能生产系统的数据（特别是制造大数据或工业大数据），采用工业软件或分析工具平台，进行数据挖掘和在线实时分析，可以获得对生产系统的洞察，为家居智能生产系统的优化提供数据支持。对于获取的数据，根据不同的具体目标要求，可在设备运

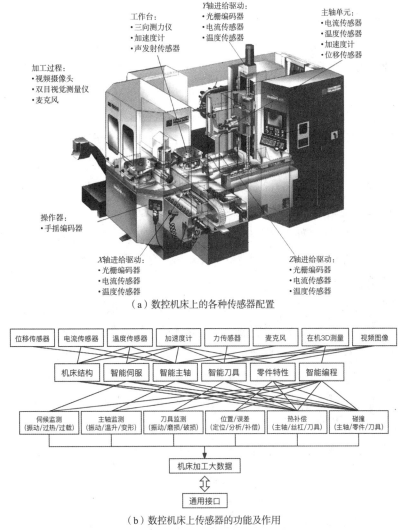

（a）数控机床上的各种传感器配置

（b）数控机床上传感器的功能及作用

图3-12 数控机床上可配置的各种传感器及应用

行、生产过程、车间执行、企业运营等不同层次上，采用机理建模分析、数据挖掘、大数据分析等多种方法，进行实时动态分析。工艺模型、虚拟样机/虚拟产线、仿真软件、大数据分析、数字孪生等是实现实时分析的关键技术，常见的实时分析技术涉及以下三个方面：

❶ 基于工艺过程模型的仿真分析。基于工艺过程模型的仿真分析是在不同生产工艺过程的物理过程建模基础上进行数字仿真分析。例如，以家居为代表的离散制造领域的切削、焊接、成型、装配等工艺过程的仿真分析，主要是对工艺过程中的位移、速度、加速度、应力、应变、变形、温度场、应力场等进行仿真分析；而连续制造领域的化工、石化、炼钢和轧钢、制药等流程工业的仿真分析，则主要是对工艺流程及控制系统中温度、压力、流量、液位、成分和物性等过程变量进行仿真分析。基于工艺过程模型的仿真分析主要用于工艺过程和装备的优化运行和状态监控。

❷ 基于工业大数据的建模和分析。基于工业大数据的建模和分析技术框架如图3-13所

示。来自生产系统中的产品、物料、产线、工艺、质量、设计、客户、供应链和市场等数据，经过数据采集与交换、数据预处理与存储，在数据工程层进行清洗、探查、集成和可视化，在数据建模层完成对底层数据模型的工业语义封装，构建用户、产品、设备、产线、工厂、流程等对象的统一数据模型。在工业数据分析层，可调取工业大数据分析的各种算法，如时间序列分析、回归、分析、聚类、深度学习等，进行在线实时任务分析、离线批量处理等，用于支持决策与控制应用，如产品质量评估控制、产线资源优化配置等。

❸ 面向企业运营管理的建模分析。图3-13中工业数据分析同样也面向家居企业运营管理，如供应链建模分析、市场数据分析、生产过程仿真、资源和资产管理及优化、网络化协同、设计制造集成、个性化定制、远程维修、智能服务等。建模和分析的技术方法主要依靠企业资源计划集成业务管理软件（ERP）。ERP软件具有覆盖全面综合业务流程、模块化、中央数据库、跨应用程序的一致界面等特点。常用的功能模块包括：财务管理、人力资源管理、订单管理、销售管理或客户关系管理、制造资源计划、库存管理、生产管理、供应链管理等。

（3）自主决策技术

自主决策技术要求针对家居智能生产系统及其不同层级子系统，按照设定的目标和规则，根据状态感知数据及其分析结果，自主做出判断和选择，并具有自学习和提升进化的能力。自主决策，一方面，在底层主要涉及自动化设备的自动控制技术、运行监测技术和自适应控制技术等；另一方面，更主要的是涉及如何由机器智能来处理或替代过去主要依靠人的智力完成的分析、判断、选择和决定等经验决策功能，从而实现智能决策，即基于大量的企业运营数据，针对企业关键绩效指标的分解及其与目标对比，采用商务智能BI方法和工具，进行多维度分析预测，建立智能决策支持系统，实现智能生产系统各部分以及整体的最优化运营。

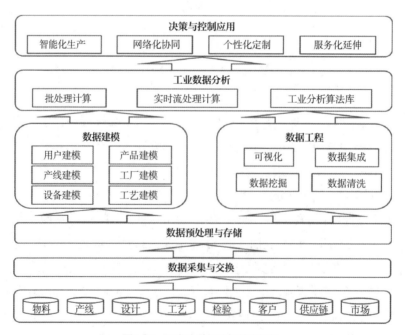

图3-13　工业大数据分析技术框架

商业智能系统的功能构成模块包括：快速实时分析、快速回溯、销售时机识别、增强决策过程、便捷信息共享和业务评测报告。

（4）精准执行技术

精准执行技术要求家居智能生产系统在状态感知、实时分析和自主决策的基础上，根据指挥、控制指令，调度、操作和控制不同层级子系统和整体系统，使之准确响应和敏捷执行，以最优状态运行，并对系统内部本身或来自外部的各种扰动变化具有自适应性。《ANSI/ISA-95企业控制系统集成》给出的企业自动化层级结构，包括企业层（4层）、MOM层（3层）、SCADA层（2层）、控制层（1层）和现场层（0层）。从企业自动化层级视角，ISA-95模型中的各层级也对应了家居智能生产系统过程中的任务和执行的功能，图3-14给出了从管理、运营、控制到现场各个层级对应的工作任务、执行系统和执行周期。可以看出，智能生产系统精准执行功能的实现，主要依赖于企业纵向集成的构建、完善和正常运行。

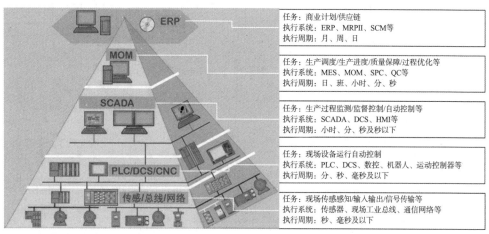

图3-14　ISA-95企业控制系统各层级的执行任务

3.4.3　信息集成技术在家居行业中的应用

（1）加工数据采集与分析

数控机床及加工过程的数据采集与分析系统总体架构如图3-15所示。数控机床和加工过程的数据分别来自控制器和外置传感器等，包括：控制器（即数控系统）实时数据、传感器数据和状态数据三类共计41个变量数据，通过MTConnect适配器将不同来源和不同传输接口的数据整合成MTConnect标准的数据格式（图3-16）。MTConnect代理是连接采集传输设备和客户端应用程序的核心，其主要作用是通过对完整设备的描述并以可扩展标记语言的形式来表示其信息模型，在信息模型中数据类型分为采样（Sample）、事件（Event）和状态（Condition）三种类型。采集到的位移、速度、加速度、切削力、振动、电流、电压、功耗、温度等动态数据，在数据挖掘分析中，结合切削过程的模型，采用回归、BP人工神经网络、支持向量机等方法，可进行切削过程状态、颤振、加工质量等监测和预报，并在多种终端上进行可视化显示。

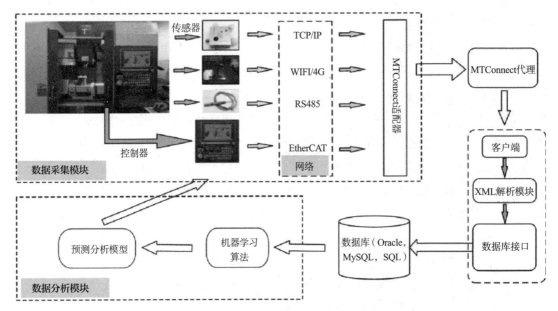

图3-15　数控机床及加工过程的数据采集与分析系统总体架构

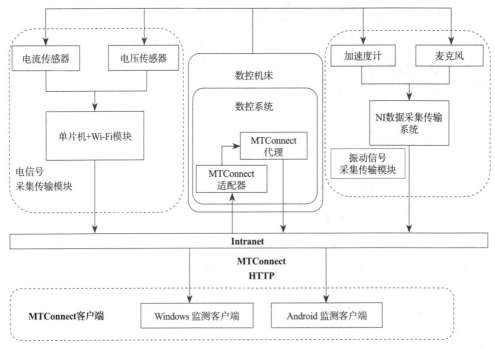

图3-16　MTConnect数据通信与传输框图

（2）智能生产系统

家具企业的家具结构件智能生产系统由家具结构件加工数字化车间、数控加工过程智能化监控平台和车间智能生产管控中心等构成。加工数字化车间是智能生产系统的基础，包括零件工艺规划、生产计划、资源管理、统计分析、作业执行与调度、现场工况采集和生产实时数据库等功能模块，实现了工艺信息、计划信息、物流信息以及车间经营信息的共享与集成，为进一步实施智能制造奠定了基础。

某家具企业智能生产管控中心物理环境由3部分组成，即智能生产管控中心LCD大屏幕监控与指挥平台、生产过程物流数据采集硬件环境和数字化集成运行服务支撑环境，如图3-17所示。

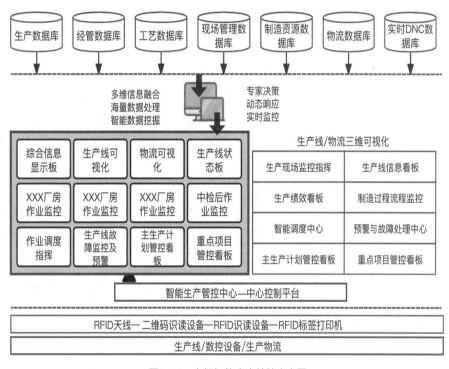

图3-17 车间智能生产管控中心图

3.4.4 信息集成技术在家居行业中的发展趋势

在未来智能制造发展中，基于过程动态感知、实时分析、自主决策、精准执行的信息集成技术将会推动家居制造行业的数字化和协同平台构建。

信息集成技术可以通过参数化、特征化、三维化等方式，提升设计效率、质量和创新性，满足用户的多样化和个性化需求。例如，酷家乐、三维家等设计软件就是融合虚拟技术，让消费者更直观地看到产品在室内的效果，加快购买决策。还可以通过数据采集、传输、存储和处理技术，家居生产计划调度、生产作业、仓储配送、质量管控、营销管理、供应链管理等环节的数字化管理技术帮助实现家居智能制造。信息集成技术可以实现家居行业内外部数据和信息的连接、共享和利用，促进家居行业的协同创新和发展。例如，家居行业工业互联网生态联盟，就是利用工业互联网平台整合家居行业的资源、技术、标准、服务等，打造家居行业的数字化生态系统。

思考题

1. 什么是信息采集与自动识别技术？其包含几项分类？分别具有什么特点？

2. 什么是建模与仿真？建模与仿真技术在现代家居行业中有哪些应用？

3. 什么是工业互联网？其具有怎样的发展过程及具备哪些关键技术？

4. 什么是物联网？其在家居及制造行业中有哪些应用？

5. 生产动态感知和实时分析是一个什么样的过程？其可以应用于现代家居行业的哪些方面？

6. 自主决策和精准执行技术在现代家居行业中的发展趋势如何？

第4章

家居智能制造新型
与前沿赋能技术

◎ 学习目标

    了解在家居智能制造领域中新型和前沿赋能的相关单元技术；了解大数据、工业机器人、数字孪生、智能调度与控制、虚拟现实（包括增强现实等）、人工智能等技术的基本概念，以及在家居领域的应用特征。

4.1 大数据技术

当前，学术界对于大数据概念还没有一个完整统一的定义。全球知名咨询公司麦肯锡在《大数据：创新、竞争和生产力的下一个新领域》报告中认为，大数据是一种数据集，它的数据量超越了传统数据库技术的采集、存储、管理和分析能力。繁多的权威咨询公司则认为，大数据指的是一种新的数据资产，是高数据、高容量、种类繁多的信息价值，这种数据资产需要由新的处理模式来应对，以便优化处理和正确判断。信息专家涂子沛在其著作《大数据》中认为，大数据之大绝不只是指容量之大，更在于通过创造新的价值，获得大发展。

对大量的数据进行数据处理是家居智能制造的关键技术之一，其目的是从大量杂乱无章难以理解的数据中抽取并推导出对于某些特定的人们来说是有价值、有意义的数据。若要对大量数据进行处理，则需要运用到云计算、边缘计算等相关技术。因此，本节内容将大数据技术、云计算技术、边缘计算技术一并介绍。

大数据的兴起虽然是近年的事情，但追本溯源则是发端于1989年首次提出商业智能，它是一种能够把数据转化为信息与知识，从而帮助企业进行决策并提升企业竞争力的工具，其核心就在于对大量数据的处理。随着20世纪互联网的飞速发展，数据量越来越大，复杂性越来越高，对此，传统数据处理技术已经不能满足处理海量数据的需要，因而对海量数据的收集和处理技术变得尤为重要，"大数据"这一概念诞生。

尽管目前学术界和产业界对大数据的概念尚缺乏统一的定义，但对于大数据的基本特征还是达成了一定共识。大数据技术在家居领域可以总结为以下4个典型特征（4V特征）：

❶ 规模大（Volume）。数据容量巨大，大数据时代数据量迅猛增长，无法使用常规方法进行分析。

❷ 速度快（Velocity）。数据处理速度快，大数据时代要对数据进行快速处理，快速得到结果。

❸ 类型多样（Variety）。数据类型多样，包括结构化表格数据、半结构化网页数据、非结构化音频和视频、日志数据及地理位置、环境数据等。

❹ 价值密度低（Value）。数据价值密度低，相比传统少量核心数据，大数据价值密度较低，需要深度挖掘信息。

各种各样的大数据应用迫切需要新的工具和技术来存储、管理和实现商业价值。新的工具、流程和方法支撑起了新的技术架构，使家居企业能够建立、操作和管理这些超大规模的数据集和存储环境。大数据技术的关键技术一般可以总结为四层堆栈式技术架构，如图4-1所示。

❶ 基础层。第一层作为整个大数据栈式架构基础的最底层，也是基础层。要实现大数据规模的应用，家居企业需要一个高度自动化的可扩展的存储和计算平台。这个基础设施需要由存储孤岛发展为具有共产能力的高容量存储池。云模型鼓励访问数据并通过提供弹性资源池来应对大规模问题，解决了如何存储大量数据以及如何积累所需的计算资源来操作数据的问题。

在云模型中，数据跨多个结点调配和分布，使数据更接近需要它的用户，从而缩短响应时间，提高效率。

❷ 管理层。大数据技术要支持在多源数据上做深层次的分析，在技术架构中需要一个管理平台，即管理层结构化和非结构化数据管理为一体，具备实时传送和查询、计算功能。

❸ 分析层。大数据在家居智能制造中应用需要大数据分析。分析层提供基于

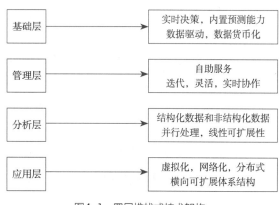

图4-1 四层堆栈式技术架构

统计学的数据挖掘和机器学习算法，用于分析和解释数据集，协助家居企业获得深入的数据价值领悟，可扩展性强。使用灵活的大数据分析平台更可能成为家居企业的利器，起到事半功倍的效果。

❹ 应用层。大数据的价值体现在帮助家居企业进行决策和为终端用户提供服务的应用上。不同的新型家居商业需求驱动了大数据的应用。反之，大数据应用为家居企业提供的竞争优势使家居企业更加重视大数据的价值。

4.1.1 云计算技术

通俗的理解是，云计算的"云"就是存在于互联网上的服务器集群上的资源，它包括硬件资源（服务器、存储器、中央处理器等）和软件资源（应用软件、集成开发环境等），本地计算机只需要通过互联网发送一个需求信息，远端就会有成千上万的计算机为其提供需要的资源，并将结果返回到本地计算机，这样本地计算机几乎不需要做什么，所有的处理都由云计算提供商所提供的计算机群来完成。因此，云计算模式对大数据的成功至关重要。

云计算具有以下特点：第一是规模巨大。小型的云计算运营商会有成百上千台服务器，而大型的云计算运营商则会有数以百万台服务器。第二是虚拟化。用户可以不再需要高配置的机器，只需要普通的计算机将数据通过网络传输到服务器上，就可以轻松便捷地使用云计算，从而完成复杂的数据计算。第三是可靠度强。云计算的容错机制比普通计算机更高。第四是按需分配。与本地个人计算机不同的是，云计算可以实现按需分配，极大节约了资源。第五是通用性。云计算可以为各种应用和需求提供服务，而不是仅针对某个应用。第六是廉价性。在解决复杂的计算过程中，用户不再需要购买高配置的机器，集中处理按需收费的模式使用户可以极大节约成本，并获得更准确优质的服务。

云模型在从大数据中提取商业价值的同时也在服务于它。这种交付模型能为家居企业提供有一种灵活的选择，以实现大数据分析所需的效率、可扩展性、数据便携性和经济性，但仅存储和提供数据还不够，必须以新方式合成、分析和关联数据，才能提供商业价值。部分大数据方法要求处理未经建模的数据，因此，可以用毫不相干的数据源比较不同类型的数据和进行模

式匹配，从而使大数据的分析能以新视角挖掘家居企业传统数据，并带来传统家居企业未曾分析过的数据洞察力。

4.1.2 边缘计算技术

边缘计算由多方不同代表提出并主导发展，典型边缘计算形式有移动边缘计算（多接入边缘计算）、微云计算和雾计算。

家居智能制造场景中的边缘计算可以采用上述形式的边缘计算，但又不尽相同。移动边缘计算、微云计算和雾计算都是为了补充云计算的不足，计算是从云端下放到边缘侧，原始的边缘侧并没有计算。

近年来，随着传感技术、电子技术和工业自动化的发展，大部分家居制造过程都可以被监测，从而产生了海量的数据，家居制造流程的复杂性和商业活动的频繁性同样产生了大量数据。如何利用家居生产过程中产生的数据，提取有价值的信息，从而改进家居生产过程，是家居智能制造主要需求，如针对重要设备的故障诊断、预测性维护和参数优化等。所有智能技术都离不开对数据的分析，而数据分析任务是一种计算敏感型任务，需要大量的计算资源，这在家居智能制造环境中很难满足，尤其是以深度学习为代表的数据驱动技术。云计算虽然可以在远端提供一定的计算服务，但是由于时延不定、通信成本高等问题，无法完全满足家居制造需求。因此，边缘计算概念一经提出，就在家居智能制造环境中展开了广泛应用。

4.1.3 大数据技术在家居行业中的应用

工业大数据技术及应用将成为未来提升家居智能制造业生产力、竞争力、创新能力的关键要素，是驱动家居产品智能化、家居生产过程智能化、家居制造管理智能化、家居销售服务智能化、家居产业新业态、新模式智能化，以及支撑家居制造转型和构建开放、共享、协作的家居智能制造产业生态的重要基础，对实施家居智能制造战略具有十分重要的推动作用。

随着物联网和信息时代的来临，更多数据被收集、分析，用于协助家居企业管理者做出更明智的决策。智能化制造时代的到来，使得大数据技术不断融入我们的生活中。中国制造业将以两化融合为主，朝着智能制造方向跨步前行。但无论是智能制造抑或是两化融合，工业大数据都是不可忽视的重点。

下面将主要对大数据在家居智能制造中家居生产系统、家居质量检测、顾客服务模式三方面进行介绍。

（1）基于大数据的家居生产系统优化

在实际生产过程中，家居制造业企业总是努力降低生产过程的消耗，同时努力提高制造业环保水平，保证安全生产。生产的过程，实质上也是不断自我调整、自我更新的过程，同时还是实现全面服务个性化需求的过程。在这个过程中，会实时产生大量数据。依托大数据系统，采集现有家居工厂设计、工艺、制造、管理、监测、物流等环节的信息，实现家居生产的快速、高效及精准分析决策。这些数据综合起来，能够帮助企业发现问题，查找原因，预测类似问题重复发生的概率，帮助完成安全生产，提升服务水平，改进生产水平，提高家居产品附加值。

目前大数据环境下，家居智能制造产业的变革可以看作"5M+1M+6C"。其中，"5M"对应了传统家居生产系统的关键组成部分，包括材料（Material）、机器（Machine）、工艺方法（Methods）、测量（Measurement）和维护（Maintenance）；"1M"对应了Modeling，即家居产品数据和建模；"6C"则对应了引入大数据技术对传统家居生产系统的增值，包括传感器之间的连接（Connection）、云（Cloud）、虚拟模型（Cyber）、数据内容与来源（Content/Context）、社群（数据分享与协同）（Community）和家居定制化（Customization）。其中，"5M"是家居生产系统的基础；"1M"则是家居生产系统向家居智能化转型的关键驱动；"6C"是真正为客户创造价值的创新服务，是工业4.0下家居生产系统新的核心竞争力。

（2）基于大数据的家居质量检测优化

家居质量检测是家居制造过程中的关键工序之一。传统的家居质量检测是基于采样的，通过计划采样或者事件驱动采样等手段，质量控制部门从生产线上采样家居产品，在实验室中执行各种测试来对家居样品进行鉴定。在过去的生产运营中，这一流程被证明是有效的，但是其缺点也是不容忽视的。一方面，基于采样的方法往往具有较高的成本；另一方面，基于采样的方法实时性难以保证。使用大数据方法使得家居产品质量控制可以基于全量家居样本进行。这一改进将大大提高家居质量检测的准确性和实时性。此外，随着大数据算法的发展，模型可以发现多个来源质量监测数据之间的潜在联系，从而更加精确地定位家居产品质量缺陷。

（3）基于大数据的顾客服务模式优化

随着大数据技术的普及，尤其是随着移动互联网时代的到来，顾客对服务的及时性、便捷性与精准性产生了更高的期望，而传统的家居销售顾客服务模式已经不能满足顾客日新月异的服务需求，这就使很多家居公司都开始尝试利用大数据优化自身的业务模式，改善顾客体验。在家居营销领域，大数据在顾客分析层面上带来了三项变革。变革之一是收集和存储顾客行为的大数据变得简单易行。在传统家居营销模式中，被动营销占主导地位，营销链长，缺乏实效性。而造成这些问题的一个重要原因便是实时地对顾客数据进行采集成本过高。在互联网技术普及的今天，顾客的行为数据往往可以被自动进行记录。现有的存储技术也能够支持相关数据仓库的构建，因此，以顾客为导向的主动营销应运而生。变革之二是从大数据中挖掘和顾客相关的知识变得有章可循。数据中隐含着顾客行为的潜在模式，而家居营销人员则可以利用这些隐含的潜在模式提升自身服务的市场优势。随着近年来人工智能技术的飞速发展，不断有新的算法被提出，模型做出推荐、预测的效果也越来越好，这些新理论、新技术都为利用数据了解顾客提供了坚实的基础。变革之三是利用用户画像提升个性化服务体验逐渐成为业界共识。从数据中挖掘知识是为了创造价值，而改善顾客服务模式就是创造价值重要的体现之一。从动态定价到家居产品设计，从个性推荐到精准触达，大数据让顾客在享受服务的同时轻松获取感兴趣的内容，同时提升家居企业的收益，达到了双赢效果。

4.1.3.1　云计算技术的应用

云计算技术在家居智能制造中能够赋能协同化生产，在提高家居制造各环节精准度和效率的同时降低了生产成本。定制家具企业可借助云计算中心，集成全国主要城市样板房房型信息，有效提升设计师精准服务能力。云计算技术还可确保家具企业财务会计管理的准确性和合理性。

家居行业引入云计算技术，使家居信息化制造进一步向敏捷化、智能化的方向发展。云计算技术是一种基于互联网的服务增加、使用和交付方式，通过分布式计算机、服务器赋予用户强大的计算能力。云计算技术为网络化家居智能制造模式中存在的服务效率、资源分配和信息安全等问题提供了解决途径。

4.1.3.2 边缘计算技术的应用

边缘计算技术在家居智能制造中的应用场景主要有以下六个方面。

（1）故障诊断与缺陷检测

边缘计算可提供更为便捷的计算资源，为家居生产制造现场数据分析任务提供了计算支撑，在所有的数据分析任务中，故障诊断与缺陷检测类任务往往是最为重要的。在家居生产中，典型的应用有基于深度学习的刀具磨损监控、轴承的故障诊断、家居零件识别与缺陷检测、工厂热异常检测、家居智能制造过程的设备实时监控运维、电力设备检修，这些应用普遍利用了边缘计算低时延的特点，提高了诊断预警的响应速度。

（2）家居生产工厂园区的安防监控

视频流的快速处理也是一项需要大量计算资源的任务，家居厂区的视频监控对提高设备、物料、人员的安全性有着重要意义。因此，基于边缘计算的视频流处理也是家居智能制造领域中重要的应用。

（3）辅助家居设计与制造

虚拟现实（VR）和增强现实（AR）技术近年来得到了快速发展，在家居智能制造中也有了一定的应用。VR/AR技术通过数据可视化、交互性、沉浸性等特点辅助操作人员装配，便于设备维护和产品测评等。由于VR/AR技术需要处理大量信息，并且一些穿戴式VR/AR设备难以提供强大的算力，因此，边缘计算在此类应用上显得尤为重要。

（4）工业数据挖掘

边缘计算提供了大量的分布式计算节点，这些节点除了提供计算服务外，还可以提供相关的地理位置信息。这些位置信息对于家居工厂流水线生产过程中大量家居零部件的定位与溯源有着重要作用，利用边缘计算来捕获异常和故障在传感器及设备直接的传播，获取故障的相关性信息，从而进行家居生产设备的预测性维护。

（5）控制决策过程的优化

家居智能制造的提出使得家居生产过程变得日益复杂，这对家居生产的控制与决策过程提出了更高层次的优化需求，以深度学习为代表的复杂优化方法在家居智能制造控制领域也有着较多的应用。边缘计算可以为这些应用提供基础的计算设施，保证相关的计算任务安全、快速、高效地完成。

（6）工业数据安全与隐私保护

工业互联网的发展使得越来越多的设备数据需要与工业云平台进行交互，用户数据往往携带大量隐私，与云端交互的过程存在用户隐私泄露的问题，家居生产设备与云端通信的过程也可能被恶意第三方入侵，相比于传统互联网的网络入侵，工业互联网由于数据源可能是大型设备，入侵更容易造成严重的生产安全事故。因此，安全性与隐私保护一直是工业安全研究的重点。边缘计算在云端与设备端之间提供了多级计算资源，为工业应用的安全和隐私保护提供了更灵活的方法。针对隐私泄露问题，可以利用边缘节点对采集的数据进行加密压缩、多点聚合，保护原始数据的特征不被轻易获取，或者直接将云端计算下放到边缘端来执行，减少不必要数据的上传，从根本上杜绝隐私泄露的可能。

4.1.4　大数据技术在家居行业中的发展趋势

由于人们对物质要求的不断提高，批量化和同质化的家居产品已经不能完全满足人们的使用需求，定制家居渐渐兴起。实木定制家居在大数据和云制造中有了很多机遇。具体有以下几点：第一，家居生产排产更高效。根据生产计划，统筹安排设备设施使用周期和工时，计划物料使用数量等。第二，生产工艺精确度更高。通过软件自动拆单排产，准确率大大提升。第三，生命周期更完整。通过一个家居成品可以检测出某块板件的供应源头、加工工艺和质量等。第四，减少库存。信息流、资金流和物流的畅通使家居企业在竞争中获取更大的利润。第五，销售引导。通过大数据收集和分析，对于销售策略的制订和调整有着至关重要的影响；如何在销售的淡旺季相应地配置资源、调整战略布局和资金走向都需要大数据作为重要参考依据。

随着大数据技术的应用，不仅家居智能制造过程将会更加透明化和可视化，新业务模式也会广泛互联。因此，家居智能制造也将会更加明确地向着"集成、连接、协作"的全新生态环境和数字化解决方案方向发展。此外，随着智能制造与工业互联网在家居智能制造中概念的深入，智能家居产业进入了新一轮的变革，互联网、大数据与家居产业的融合发展成为新型智能家居体系的核心，大数据的应用将带来家居智能生产与管理环节的极大升级和优化，其价值正在逐步体现和被认可。

大数据是推进工业数字化转型的重要技术手段，需要"业务、技术、数据"的融合。这就要求从业务的角度去审视当前的改进方向，从IT、OT、管理技术的角度去思考新的运作模式、新的数据平台、应用和分析需求，从数据的角度审视如何通过信息融合、流动、深度加工等手段，全面、及时、有效地构建反映物理世界的逻辑视图，支撑决策与业务。因此，大数据的发展将呈现以下发展趋势。

（1）数据大整合和规范统一

智能家居企业逐步加强工业大数据采集、交换与集成，打破数据孤岛，实现数据跨层次、跨环节、跨系统的大整合。宏观上，从多个维度建立切实可行的工业大数据标准体系，实现数据规范的统一。另外，在实际家居智能制造的应用中逐步实现工业软件、物联设备的自主可控，实现高端设备的读写自由。

（2）数据到模型的自动建模

在实现大数据采集、集成的基础上，推进家居智能制造全链条的数字化建模和深化大数据分析，将各领域、各环节的经验、工艺参数和模型数字化，形成家居制造全生产流程、生命周期的数字镜像，并构造从经验到模型的机器学习系统，以实现从数据到模型的自动建模。

（3）构建不同领域专业数据分析算法

在大数据技术领域通用算法的基础上，不断构建家居智能制造领域专业的算法，深度挖掘工业系统的物理化学原理、工艺、制造等知识，满足家居企业对数据分析结果高置信度的要求。

（4）数据结果通过3D家居制造场景可视化呈现

进行数据和3D家居制造场景的可视化呈现，将数据结果直观地展示给用户，增加数据的可使用度。通过3D制造场景的可视化，实现家居制造过程的透明化，有利于过程协同。

（5）大数据与仿真技术互相促进、补充

大数据的出现也给仿真技术带来了新的机遇，同时仿真技术对制造大数据的获取、处理、管理和使用也将发挥重要作用。一方面，大数据可以为仿真建模提供新的途径和方法。由于家居智能制造系统的高度复杂性，导致采用传统方法对复杂系统建模非常困难。而利用家居智能制造系统运行产生的大量数据样本，通过机器学习的方式可以建立逼近真实系统的"近似模型"。大数据对于仿真分析方法也将产生重要影响，仿真将从对因果关系的分析转向对关联关系的分析，同时大数据为家居模型仿真分析也将提供新的资源和手段。另一方面，家居制造大数据也将成为建模仿真的重要研究对象，借助仿真技术挖掘并发挥大数据在家居制造各环节中的价值。大数据和建模与仿真将相互促进、相互补充，两者的结合将有力地促进家居行业智能制造的发展。

当前，随着大数据产业链的加速形成，家居制造业逐渐步入平稳运行阶段，以用户为导向的市场竞争已趋向白热化，整个家居制造行业正从卖方市场向买方市场过渡。站在用户的角度，以发现用户价值为使命，全面深入理解用户各方面的需求，成为家居行业对大数据应用的迫切期待。

同时，随着云计算、边缘计算技术的发展，在家居制造领域应用云平台技术也逐渐成为一种趋势。在云平台上进行相关制造活动是家居制造企业进行升级和转型的重要手段。如何在云环境下，通过仿真支持家居制造全生命周期的协同优化，成为仿真技术面临的新挑战。

随着技术的发展，家居企业更容易与用户深度交互，在生产端广泛征集需求。柔性自动化、智能调度排产、传感互联、大数据等技术的成熟应用，使家居企业在保持规模生产的同时，针对客户个性化需求而进行敏捷柔性的生产。

4.2　工业机器人技术

工业机器人是面向工业领域的多关节机械手或多自由度的机器装置，具有柔性好、自动化程度高、可编程性好、通用性强等特点。在工业领域中，工业机器人的应用能够代替人进行单调重复的生产作业或是在危险恶劣环境中的加工操作。

4.2.1 工业机器人技术的内涵

国际上，工业机器人的定义主要有两种：国际标准化组织（ISO）的定义，工业机器人是一种具有自动控制的操作和移动功能，能完成各种作业的可编程操作机。美国机器人协会（RIA）的定义，工业机器人是一种可以反复编程和多功能的，用来搬运材料、零件、工具的操作机；或者为了执行不同的任务而具有可改变的和可编程的动作的专门系统。

工业机器人的研究最早在第二次世界大战之后，美国阿贡国家能源实验室为解决核污染机械操作问题，首先研制机械手用于处理放射性物质。经过半个多世纪的发展，工业机器人在提高产品质量和生产效率、改善生产环境和提高生产自动化水平等方面的作用日益突出，被广泛应用到工业制造的各个方面。

4.2.2 工业机器人技术特征及关键技术

（1）工业机器人的组成部分

工业机器人的结构是其功能实现的基础。工业机器人一般由3个部分6个子系统组成，如图4-2所示。3个部分是机械部分、传感部分和控制部分；6个子系统是驱动系统、机械结构系统、感受系统、人—机交互系统、机器人—环境交互系统和控制系统。

❶ 机械部分。机械部分包括工业机器人的机械结构系统和驱动系统，是工业机器人的基础，其结构决定了机器人的用途、性能和控制特性。

❷ 传感部分。传感部分包括工业机器人的感受系统和机器人—环境交互系统，是工业机器人的信息来源，能够获取有效的外部和内部信息来指导机器人的操作。

❸ 控制部分。控制部分包括工业机器人的人—机交互系统和控制系统，是工业机器人的核心，决定了生产过程的加工质量和效率，便于操作人员及时准确地获取作业信息，按照加工需求对驱动系统和执行机构发出指令信号并进行控制。

（2）工业机器人技术特征

在家居智能制造领域中，工业机器人技术有着可重复性、拟人化、通用性、技术先进性、技术可升级性、技术综合性强六方面特点。具体内容如下：

❶ 可重复性。编程生产自动化的进一步发展是柔性自动化。家居制造业机器人可随其工作环境变化的需要再编程。因此，它在小批量、多品种、具有均衡高效率的家居柔性制造过程中能发挥作用，是家居柔性制造系统中的一个重要组成部分。

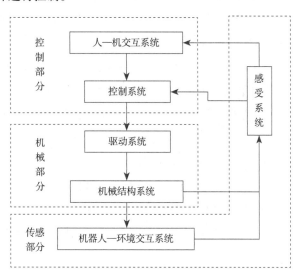

图4-2　工业机器人结构

❷ 拟人化。家居制造业机器人在机械结构上有类似人的腰部、大臂、小臂、手腕、手指等部分，在控制上有计算机。此外，智能化家居制造业机器人还有许多模拟人类五感的传感器，如皮肤型接触传感器、力传感器、负载传感器、视觉传感器、声觉传感器等。传感器提高了家居制造业机器人对周围环境的自适应能力。

❸ 通用性。除了专用家居制造业机器人，一般家居制造业机器人在执行不同作业任务时具有较好的通用性。例如，更换家居制造业机器人的末端操作器（手爪、工具等）便可执行不同的作业任务。

❹ 技术先进性。家居制造业机器人集精密化、柔性化、智能化、网络化等特点的先进制造技术于一体，通过对过程实施检测、控制、优化、调度、管理和决策，增加产量、提高质量、降低成本、减少资源消耗及环境污染，是家居制造业自动化水平的最高体现。

❺ 技术可升级性。家居制造业机器人与自动化成套装备具有精细制造、精细加工及柔性生产等技术特点，是继动力机械、计算机之后出现的全面延伸人的体力和智力的新一代生产工具，是实现生产数字化、自动化、网络化、智能化的重要手段。

❻ 技术综合性强。家居制造业机器人与自动化成套装备，集中并融合众多学科研究成果，涉及多项技术领域，包括微电子技术、计算机技术、机电一体化技术、工业机器人控制技术、机器人动力学及仿真、机器人构件有限元分析、激光加工技术、模块化程序设计、智能测量、建模加工一体化、工厂自动化及精细物流等先进制造技术。第三代智能机器人不仅具有获取外部环境信息的各种传感器，还具有记忆能力、语言理解能力、图像识别能力、推理判断能力等人工智能，技术综合性强。

（3）工业机器人的关键技术

工业机器人的关键技术是推动机器人系统不断发展和进步的重要支撑，推动了家居产品的系列化设计和批量化制造，其技术的研发和突破能够提高家居智能制造系统的控制性能、人机交互性能和安全可靠性，提升工业机器人任务重构、偏差自适应调整的能力，实现家居产品的系列化设计和批量化制造。在家居智能制造领域中，工业机器人有3类关键技术，即整机技术、部件技术和集成应用技术。

❶ 整机技术。整机技术是指以提高工业机器人的可靠性和控制性能，提升工业机器人的负载/自重比，实现家居产品的系列化设计和批量化制造为目标的机器人技术，主要有本体优化设计技术、机器人系列化和标准化设计技术、机器人批量化生产制造技术、快速标定和误差修正技术、机器人系统软件平台等。本体优化设计技术是其中的代表性技术。

❷ 部件技术。部件技术是指以研发高性能机器人零部件，满足工业机器人关键部件需求为目标的机器人技术。主要有高性能伺服电机设计制造技术、高性能/高精度机器人专用减速器设计制造技术、开放式/跨平台机器人专用控制（软件）技术、变负载高性能伺服控制技术等。高性能伺服电机设计制造技术和高性能/高精度机器人专用减速器设计制造技术是其中的代表性技术。

❸ 集成应用技术。集成应用技术是指以提升工业机器人任务重构、偏差自适应调整能

力，提高机器人人机交互性能为目标的机器人技术。主要有基于智能传感器的智能控制技术、远程故障诊断及维护技术、基于末端力检测的力控制及应用技术、快速编程和智能示教技术、生产线快速标定技术、视觉识别和定位技术等。视觉识别定位技术是其中的代表性技术。

4.2.3　工业机器人技术在家居行业中的应用

在家居智能制造领域，多关节工业机器人、并联机器人、移动机器人的本体开发及批量生产使得机器人技术在家居制造中焊接、搬运、喷涂、加工、装配、检测、清洁生产等领域得到规模化集成应用，极大地提高了家居生产效率和产品质量，降低了生产和劳动力成本。针对家居生产的不同工段，总结分析工业机器人在家居生产中的应用现状。按功能分类，家居行业应用的机器人种类主要有焊接机器人、打磨机器人、喷涂机器人、装配机器人、搬运机器人（AGV机器人）、加工机器人。

（1）焊接机器人

焊接机器人即从事焊接作业的工业机器人，一般具有三个或更多可编程的轴，用于工业自动化领域。为了适应不同场合的焊接用途，家居制造业中焊接机器人一般用于金属以及家居技术零部件自动化生产线。

（2）打磨机器人

木质家具表面的美观性在很大程度上取决于打磨质量的好坏，但打磨过程中粉尘污染严重，直接危害操作者身体健康，同时粉尘容易发生爆炸等安全事故。随着机器人技术的不断成熟，打磨机器人在木家居制造领域得到广泛应用。打磨机器人即满足家居制造打磨工段的一类工业机器人，能够根据工件轮廓形状、表面粗糙度满足加工工艺要求，实现自动打磨。

（3）喷涂机器人

涂装是家居产品制造的关键工序，其不仅赋予了家居产品优良的防护、装饰性能，也是家居产品价值的重要组成部分，直接影响着家居产品的外观质量、耐候性、耐磨性等指标。家居涂装车间环境较差，涂料中的挥发性有机物、粉尘等严重影响工人的身体健康；同时，人工喷涂的不确定因素较多，漆膜性能、喷涂效率、涂料利用率等方面质量难以稳定保持。因此，采用喷涂机器人替代人工喷涂是家居行业喷涂技术发展的必然趋势。喷涂机器人既可进行自动喷漆或喷涂其他涂料的工业机器人，用于实现家居表面装饰过程自动化，有效降低油漆对操作工人健康的影响，同时能够提高喷涂效率与喷涂精度。喷涂机器人的结构主要包括：机器人本体机械结构、驱动结构、计算机及其相应的控制系统等。其一般采用5～6个自由度的关节式机械结构，运动空间较大且灵活，可用于复杂结构工件表面的涂装，其腕部一般有2～3个自由度，可灵活运动。

（4）装配机器人

装配是家居产品制造的后续环节，其人力、物力、财力消耗在产品制造全过程中占有较大比例。因此，家居装配机器人应运而生。家居装配机器人即家居制造过程中用于对零件或部件进行装配的一类工业机器人，如椅类装配、木门框架材料装配等，能有效提高装配自动化程度与装配精度。目前家居行业一般采用的为直角坐标型装配机器人，其结构简单、操作简便，通常被用于零部件的移送、简单的插入、打钉、涂胶等作业。在机械结构方面，可装备伺服电机和自动编程具有调整速度快、定位精度高等优点，可适应不同尺寸规格产品的装配，提高装配生产线的柔性。

（5）搬运机器人（AGV机器人）

机器人技术同样能够应用到制造业的搬运作业中。借助人工程序的构架与编排，将搬运机器人投放到当今家居制造生产之中，从而实现运输、存储、包装等一系列工作的自动化进行，不仅有效地解放了劳动力，而且提高了搬运工作的实际效率。通过安装不同功能的执行器，搬运机器人能够适应各类自动生产线的搬运任务，实现多形状或不规则的物料搬运作业。AGV机器人即"自动导引运输车"，是指装备有电磁或光学等自动导引装置，能够沿规定的导引路径行驶，具有安全保护以及各种移载功能的运输车，可用于家居制造过程和厂内物流输送，能够提高物流输送效率。

（6）加工机器人

随着家居生产制造向智能化和信息化发展，机器人技术越来越多地应用到家居制造加工的打磨、抛光、钻削、铣削、钻孔等工序中。与进行加工作业的工人相比，加工机器人对工作环境的要求相对较低，具备持续加工的能力。同时，加工产品质量稳定、生产效率高，有能力完成各类高精度、大批量、高难度的复杂加工任务。

4.2.4　工业机器人技术在家居行业中的发展趋势

在家居智能制造领域中，以机器人为主体的现代家居制造体现了智能化、数字化和网络化的发展要求。现代家居生产中大规模应用工业机器人正成为家居企业重要的发展策略。现代工业机器人已从功能单一、仅可执行某些固定动作的机械臂，发展为多功能、多任务的可编程、高柔性智能机器人。尽管系统中工业机器人个体是柔性可编程的，但目前采用的大多数固定式自动化生产系统柔性较差，适用于长周期、单一产品的大批量生产，而难以适应柔性化、智能化、高度集成化的现代家居智能制造模式。为应对家居智能制造的发展需求，未来工业机器人系统有以下发展趋势。

（1）一体化发展趋势

一体化是工业机器人未来的发展趋势。可以对工业机器人进行多功能一体化设计，使其具备进行多道工序加工的能力，对家居生产环节进行优化，实现测量、操作、加工一体化，能够减少家居生产过程中的累计误差，大大提升家居制造生产线的生产效率和自动化水平，降低家居制造中的时间成本和运输成本，适合集成化的家居智能制造模式。

（2）智能信息化发展趋势

未来，以"互联网+机器人"为核心的数字化工厂智能制造模式将成为家居智能制造发展方向，真正意义上实现了机器人、互联网、信息技术和智能设备在制造业的完美融合，涵盖了家居制造的生产、质量、物流等环节，是家居智能制造的典型代表。结合工业互联网技术、机器视觉技术、人机交互技术和智能控制算法等相关技术，工业机器人能够快速获取加工信息，精确识别和定位作业目标，排除工厂环境以及作业目标尺寸、形状多样性的干扰，实现多机器人智能协作生产，满足家居智能制造的多样化、精细化需求。

（3）柔性化发展趋势

现代家居智能制造模式对工业机器人系统提出了柔性化的要求。通过开发工业机器人开放式的控制系统，使其具有可拓展和可移植的特点。设计制造工业机器人模块化、可重构化的机械结构，例如关节模块中实现伺服电机、减速器、检测系统三位一体化，使得家居生产车间能够根据生产制造的需求自行拓展或者组合系统的模块，提高生产线的柔性化程度，有能力完成各类小批量、定制化生产任务。

（4）人机、多机协作化发展趋势

针对目前在家居智能制造领域工业机器人存在的操作灵活性不足、在线感知与实时作业能力弱等问题，人机、多机协作化是其未来的发展趋势。通过研发机器人多模态感知、环境建模、优化决策等关键技术，强化人机交互体验与人机协作效能，实现机器人和人在感知、理解、决策等不同层面上的优势互补，能够有效提高工业机器人的复杂作业能力。通过研发工业机器人多机协同技术，实现群体机器人的分布式协同控制，其协同工作能力提高了任务的执行效率，所具有的冗余特性提高了任务应用的鲁棒性，能完成单一系统无法完成的各种高难度、高精度和分布式的作业任务。

（5）大范围作业发展趋势

现代家居柔性制造系统对物流运输、生产作业等环节的效率、可靠性和适应性提出了较高的要求，在需要大范围作业的工作环境中，固定基座的工业机器人很难完成工作任务，通过引入移动机器人技术，有效地增加了工业机器人的工作空间，提高了机器人的灵巧性。例如，应用广泛的自动导引小车（AGV）等移动机器人系统是现代家居企业自动化工厂的关键组成部分，能够自动寻迹完成物流运输任务，或与工业机械臂组成移动机器人、工业机械臂复合系统，大大提高机械臂的作业范围，能够实现低人力成本、高效率的自动化生产作业。

在家居智能制造领域，工业机器人作为一种集多种先进技术于一体的自动化装备，体现了现代工业技术的高效益、软硬件结合等特点，成为柔性制造系统、自动化工厂、智能工厂等现代化制造系统的重要组成部分。机器人技术的应用转变了家居行业传统制造模式，提高了家居制造生产效率，为家居行业的智能化发展提供了技术保障；优化了家居制造工艺流程，能够构建全自动智能生产线，为家居制造模块化作业生产提供了良好的环境条件，满足现代家居行业的生产需要和发展需求。

4.3 数字孪生技术

当前，以物联网、大数据、人工智能等新技术为代表的数字浪潮席卷全球，物理世界和与之对应的数字世界正形成两大体系平行发展、相互作用。数字世界为了服务物理世界而存在，物理世界因为数字世界而变得高效有序。在这种背景下,数字孪生(又称为数字双胞胎、数字化双胞胎等)技术应运而生。

4.3.1 数字孪生技术特征

数字孪生(Digital Twin,DT),是物理生命体在其服役和孕育过程中的数字化模型,是典型的新一代数字模型技术,是传统虚拟样机技术的延伸和发展。数字孪生,是以数字化方式创建物理实体的虚拟模型,借助数据模拟物理实体在现实环境中的行为,通过虚实交互反馈、数据融合分析、决策迭代优化等手段,为物理实体增加或扩展新的能力。作为一种充分利用模型、数据、智能并集成多学科的技术,数字孪生面向产品全生命周期过程,发挥连接物理世界和数字世界的桥梁、纽带作用,提供更加实时、高效、智能的服务。全球较权威的 IT 研究与顾问咨询公司 Gartner 在2019年十大战略科技发展趋势中将数字孪生作为重要技术之一,其对数字孪生的描述为:数字孪生是现实世界实体或系统的数字化体现。

一项新兴技术或一个新概念的出现,术语定义是后续一切工作的基础。在给出数字孪生的文字定义并取得共识后,需要进一步开发基于自然语言定义的数字孪生的概念模型,进而制定数字孪生的术语表或术语体系。然后需要根据概念模型和应用需求,开发数字孪生体的参考架构及其应用框架和成熟度模型,用来指导数字孪生具体应用系统的设计、开发和实施。这个过程也是数字孪生标准体系中底层基础标准(术语、架构、框架、成熟度等)的制定过程,如图4-3所示。

数字孪生模型发展分为4个阶段,这种划分代表了工业生产中对数字孪生模型发展的普遍认识,如图4-4所示。

第1阶段是实体模型阶段,没有虚拟模型与之对应。NASA(美国航空航天局)在太空飞船飞行过程中会在地面构建太空飞船的双胞胎实体模型,这套实体模型曾在拯救 Apollo 13(阿波罗13号)的过程中起到了关键作用。

第2阶段是实体模型有其对应的部分实现的虚拟模型,但它们之间不存在数据通信。其实这个阶段不能称为数字孪生阶段,一般准确的说法是实物的数字模型。另外,虽然有虚拟模

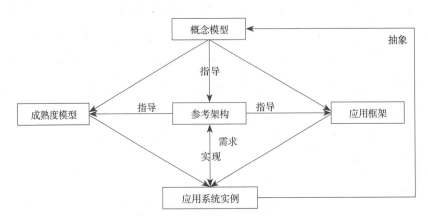

图4-3　概念模型、参考架构、应用框架、成熟度模型之间的关系

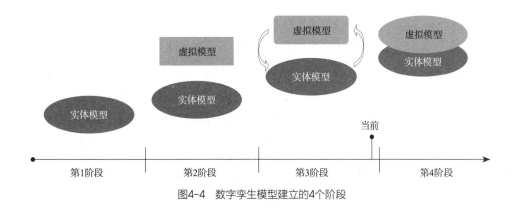

图4-4　数字孪生模型建立的4个阶段

型，但这个虚拟模型可能反映的是来源于它的所有实体，例如设计成果二维或三维模型，同样使用数字形式表达了实体模型，但两者之间并不是个体对应的。

第3阶段是在实体模型生命周期里存在与之对应的虚拟模型，但虚拟模型是部分实现的。这个就像是实体模型的影子，也可称为数字影子模型，在虚拟模型和实体模型间可以进行有限的双向数据通信，即实体状态数据采集和虚拟模型信息反馈。当前数字孪生的建模技术能够较好地满足这个阶段的要求。

第4阶段是完整数字孪生阶段，即实体模型和虚拟模型完全一一对应。虚拟模型完整表达了实体模型，并且两者之间实现了融合，实现了虚拟模型和实体模型间自我认知和自我处置，相互之间的状态能够实时保真地保持同步。

值得注意的是，可以先有虚拟模型，再有实体模型，这也是数字孪生技术应用的高级阶段。

4.3.2　数字孪生技术在家居行业中的应用

在家居制造的研发设计领域，数字化已经取得了长足进展。近年来，CAD、CAE、CAM、MBSE等数字化技术的普遍应用表明，研发设计过程在很多方面已经离不开数字化。从产生的价值来看，在家居研发设计领域使用数字孪生技术，能够提高产品性能，缩短研发周期，为家居企业带来丰厚的回报。数字孪生驱动的家居生产制造，能控制机床等生产设备的自动运行，实现高精度的数控加工和精准装配，即根据加工和装配结果，提前给出修改建议，实现自适应、自组织的动态响应；提前预估故障发生的位置和时间，进行维护，提高家居制造流程的安全性和可靠性，实现智能控制。

在数字孪生技术中，数字化模型的仿真技术是创建和运行数字孪生体、保证数字孪生体与对应物理实体实现有效闭环的核心技术。针对与数字孪生紧密相关的家居制造场景，梳理其中所涉及的仿真技术如下：

❶ 家居产品仿真。系统仿真、多体仿真、物理场仿真、虚拟实验等。

❷ 家居制造仿真。工艺仿真、装配仿真、数控加工仿真等。

❸ 家居生产仿真。离散制造工厂仿真、流程制造仿真等。

在家居产品设计开发过程中，数字孪生及其仿真不仅能大大缩短开发周期，而且能优化家居产品的性能。换言之，家居产品开发过程的进化很大程度上体现在虚拟空间或数字空间中基于数字孪生的仿真作用。其中，家居产品开发的早期论证（图4-5）是数字孪生技术最基本的应用。数字孪生体是一个物理实体（也可能是想象中、设计中的实体）的数字表达，除最基本的三维结构外，还应该能够对家居产品的性能和物理过程进行表达。绝大多数产品的过程是多物理过程。因此，还需要前面提到的多领域物理统一建模。只停留在三维表达不是真正意义上的数字孪生体。

数字孪生技术可以做到家居制造工厂运行状态的实时模拟和远程监控。对于正在运行的家居制造工厂，通过其数字孪生模型可以实现工厂运行的可视化，包括家居生产设备的实时状态、在制订单信息、设备和设备综合效率、产量、质量与能耗等，还可以定位每一台物流装备的位置和状态。对于出现故障的设备，可以显示具体的故障类型。

数字孪生技术可用于家居生产线虚拟调试。虚拟调试技术是在现场调试之前，基于在数字化环境中建立生产线的三维布局，包括工业机器人、自动化设备、PLC和传感器等设备，可以直接在虚拟环境下，对家居生产线的数字孪生模型进行机械运动、工艺仿真和调试，让设备在未安装之前已经完成调试。应用虚拟调试技术，在虚拟调试阶段，将控制设备连接到虚拟站或线；

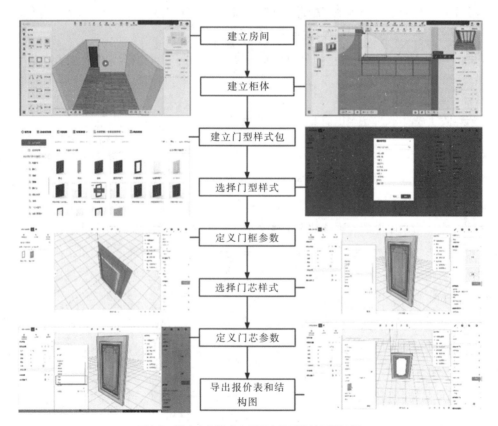

图4-5　数字孪生技术应用于产品开发的早期论证

完成虚拟调试后，控制设备可以快速切换到实际家居生产线；通过虚拟调试可随时切换到虚拟环境，分析、修正和验证正在运行的家居生产线上的问题，避免长时间生产停顿所带来的损失。

数字孪生技术可用于一体化复杂家居产品研发。对于复杂的一体化家居产品，可以在研发阶段通过构建家居产品的数字孪生模型，并通过工程仿真技术的应用加速产品的研发，帮助家居企业以更少的成本和更快的速度将创新家居产品推向市场。运用数字孪生技术，能够综合利用仿真软件对家居产品进行设计优化、确认和验证，还可以构建精确的综合仿真模型来分析实际产品的性能，实现持续创新。通过结合创成式设计技术、增材制造技术、半实物仿真技术，可以显著缩短家居产品上市周期。

数字孪生技术可用于数字营销。尚未上市的家居新产品，通过发布其概念阶段的数字孪生模型，让消费者选择更喜欢的家居产品设计方案，再进行详细设计和制造，有助于家居企业提升销售业绩。同时，通过构建基于数字孪生模型的在线配置器，可以帮助家居企业实现产品的在线选配，实现大批量定制生产。

4.3.3　数字孪生技术在家居行业中的发展趋势

结合当前数字孪生的发展现状，未来在家居智能制造领域中数字孪生将向拟实化、全生命周期化和集成化3个方向发展。

（1）拟实化——多物理建模

数字孪生是物理实体在虚拟空间的真实反映，它在家居领域应用的成功程度取决于数字孪生的逼真程度，即拟实化程度。家居产品的每个物理特性都有其特定的模型，包括计算结构力学模型、应力分析模型、疲劳损伤模型以及材料状态演化模型（材料的刚度、强度、疲劳强度演化等）。如何将这些基于不同物理属性的模型关联在一起，是建立数字孪生、继而充分发挥数字孪生模拟、诊断、预测和控制作用的关键。基于多物理集成模型的仿真结果，能够更加精确地反映和镜像物理实体在现实环境中的真实状态和行为，使得在虚拟环境中产品的功能和性能最终替代物理样机成为可能。同时，还能够解决基于传统方法预测产品健康状况和剩余寿命所存在的时序、几何尺度等问题。多物理建模将是提高数字孪生拟实化程度、充分发挥数字孪生作用的重要技术手段。

（2）全生命周期化——从产品设计和服务阶段向产品制造阶段延伸

基于物联网、工业互联网、移动互联等新一代信息与通信技术，实时采集和处理家居生产现场产生的过程数据（设备运行数据、生产物流数据、生产进度数据、生产人员数据等），并将这些过程数据与生产线数字孪生进行关联映射和匹配，能够在线实现对家居产品制造过程的精细化管控（生产执行进度管控、产品技术状态管控、生产现场物流管控以及产品质量管控等）。同时，结合智能云平台以及动态贝叶斯网络、神经网络等数据挖掘和机器学习算法，实现对生产线、制造单元、生产进度、物流、质量的实时动态优化与调整。

（3）集成化——与其他技术融合

数字线程作为数字孪生的使能技术，用于实现数字孪生全生命周期各阶段模型和关键数据的双向交互，是实现单一产品数据源和产品全生命周期各阶段高效协同的基础。当前，家居产品设计、家居工艺设计、家居制造、家居检验、家居使用等各个环节之间仍然存在断点，并未完全实现数字量的连续流动；MBD技术（即将产品的所有相关设计定义、工艺描述、属性和管理等信息都附着在产品三维模型中的数字化定义方法）的出现虽然加强和规范了基于家居产品三维模型的制造信息描述，但仍主要停留在产品设计和工艺设计阶段，需要向家居产品制造、装配、检验、使用等阶段延伸；而且现阶段的数字量流动是单向的，需要数字线程技术实现双向流动。因此，融合数字线程和数字孪生是未来的发展趋势。

在家居生产供应链方面，供应链孪生是数字化供应链新的发展趋势，它将有望在帮助优化供应链方面扮演一个重要的角色。如图4-6所示，在整个供应链环节，从供应商到客户，从采购、库存、生产到产品交付，从供应商关系管理（SRM）、制造执行系统（MES）到客户关系管理（CRM），都应该应用数字孪生技术。应用数字孪生于供应链系统，就应该使人或供应链数字系统能够"感知"传统上被人忽略或无法获取的数据。

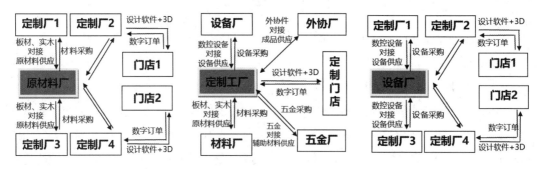

图4-6　供应链孪生

随着数字孪生技术的发展，通过构建虚拟生产环境，进而获取虚拟数据，也可以为数据的分析与利用提供更加广阔的思路和途径。通过虚构环境的模拟，可以有效提高数据的覆盖程度，并对数据的分析结果进行有效验证，从而更好地反馈实际家居生产。同时，需要把数字孪生技术与家居实体及其生产过程充分融合，以达到优化的目的。孪生的关键远不止三维表达，某种意义上反映了实体和过程性能状态等数据更加重要，数据被"感知"的程度恰恰是家居企业数字生态空间或数字化的深度。未来数字孪生技术将会重新定义家居产品设计、生产和性能，家居产品生产将会是全生命周期的闭环生产，全生产过程资源优化管理，供应链上下游协同优化，从而对提升生产效率、降低成本、缩短周期和提高质量进行持续改进。

4.4　智能调度与控制技术

车间调度作为家居智能生产的核心之一，是对将要进入加工的家居零件在工艺、资源与环境约束下进行调度优化，是家居生产准备和具体实施的纽带。然而，实际家居车间生产过程是一个动态过程，会不断发生各类动态事件，如订单数量或优先级变化、工艺变化、资源变化（机器维护、故障）等。动态事件的发生会导致生产过程不同程度的瘫痪，极大地影响生产效率。因此，如何对家居车间动态事件进行快速、准确处理，保证调度计划的平稳执行，是提升家居生产效率的关键。

20世纪40年代以来，控制科学的理论和技术得到了迅速的发展。60年代以后，由于电子计算机技术的发展和生产发展的需要，现代控制理论得到了重大发展。近年来，由于航天航空、机器人、高精度加工等技术的发展，进一步推动了智能控制技术的应用与进步。

4.4.1 智能调度技术

调度问题的基本描述是"如何把有限的资源在合理的时间内分配给若干个任务，以满足或优化一个或多个目标"。调度不只是排序，还需要根据得到的排序确定各个任务的开始时间和结束时间。调度问题广泛存在于各种领域，如企业管理、生产管理、交通运输、航空航天、医疗卫生和网络通信等。它也是家居智能制造领域的关键问题之一。因此，调度问题的研究十分重要。

家居生产车间动态智能调度是指在动态事件发生时，充分考虑已有调度计划以及系统当前的资源与环境状态，及时优化并给出合理的新调度计划，以保证家居生产的高效运行，如图4-7所示。在静态调度已有特性（如非线性、多目标、多约束、解空间复杂等）的基础上，动态调度增加了动态随机性、不确定性等，导致建模和优化更为困难。当前，主要动态调度方法有两种，即重调度和逆调度。重调度是根据动态事件修改已有调度计划；逆调度是通过调整可控参数和资源来处理动态事件。两者均以已有调度计划为基础，重调度修改计划不修改参数，逆调度修改参数不修改计划，各有优缺点。

家居生产这种从原材料到家居产品的转化过程中，调度起着不可替代的作用。它能够使转化效率高效化、资源利用率最大化，是家居产品从研发走向大规模制造使用的必经之路。在家居智能制造中，调度必须与家居生产工厂的其他决策进行交互。在家居车间里或者家居生产线上的家居生产作业计划及家居生产过程的调度管理仍然使用最初级、最原始的经验和手工方式，结果导致ERP与家居企业最关键的运转过程之间发生了断层。因此，智能调度技术不仅需要

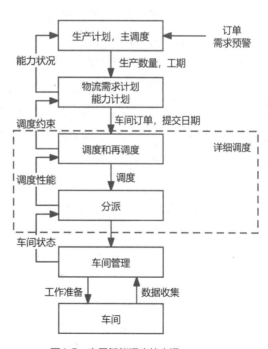

图4-7 家居智能调度的内涵

处理错综复杂的约束条件，还要从无穷多满足约束的可行方案中找到优化的生产作业计划，从而满足预定的调度目标，例如家居生产效率最高、拖期最小、能耗最低等。

生产调度的对象与目标决定了这一问题具有复杂特性，其突出表现为调度目标的多样性、调度环境的不确定性和问题求解过程的复杂性。具体表现如下：

（1）多目标性

生产调度的总体目标一般由一系列的调度计划约束条件和评价指标构成，在不同家居生产企业和家居制造环境下，往往种类繁多、形式多样，这在很大程度上决定了调度目标的多样性。对于调度计划评价指标，通常考虑最多的是生产周期最短。其他还包括交货期、设备利用率最高、成本最低、最短的延迟、最小提前或者拖期惩罚、在制品库存量最少等。在实际家居生产中，有时不只是单纯考虑某一项要求，由于各项要求可能彼此冲突，因而在调度计划制订过程中必须综合权衡考虑。

（2）不确定性

在实际生产调度系统中存在种种随机和不确定的因素，如加工时间波动、机床设备故障、原材料紧缺、紧急订单插入等各种意外因素。调度计划执行期间所面临的制造环境很少与计划制订过程中所考虑的完全一致，其结果即使不会导致既定计划完全作废，也常常需要对其进行不同程度的修改，以便充分适应家居生产现场状况的变化，这就使得更为复杂的动态调度成为必要。

（3）复杂性

多目标性和不确定性均在调度问题求解过程的复杂性中得以集中体现，并使这一工作变得更为艰巨。众所周知，经典调度问题本身已经是一类极其复杂的组合优化问题。家居大规模生产过程中，工件加工的调度总数简直就是天文数字，如果再加入其他评价指标，并考虑环境随机因素，问题的复杂程度可想而知。

智能调度技术为解决家居生产调度问题提供了新的方法。同时，也正是因为存在如此巨大的挑战，多年来，对于这一问题的研究吸引了来自不同领域的大量研究应用人员，他们提出了若干现行的方法和技术，在不同程度上对实际问题的解决做出了贡献。智能调度的关键技术主要有：数学规划方法与求解器、启发式方法、智能优化方法等。

4.4.2　智能控制技术

智能控制是控制理论与人工智能的交叉成果，是经典控制理论在现代的进一步发展，其解决问题的能力和适应性相较于经典控制方法有显著提高。由于智能控制是一门新兴学科，正处于发展阶段，因此尚无统一的定义，存在多种描述形式。美国IEEE（电气和电子工程师协会）将智能控制归纳为：智能控制必须具有模拟人类学习和自适应的能力。我国蔡自兴教授认为：智能控制是一类能独立地驱动智能机器实现其目标的自动控制，智能机器是能在各类环境中自主地或交互地执行各种拟人任务的机器。1996年，蔡自兴教授把信息论引入智能控制学科结构，在国际上率先提出了如图4-8所示智能控制四元交集结构理论。

传统控制的控制方法存在以下几点局限性：

❶ 缺乏适应性，无法应对大范围的参数调整和结构变化。

❷ 需要基于控制对象建立精确的数学模型。

❸ 系统输入信息模式单一，信息处理能力不足。

❹ 缺乏学习能力。

智能控制能克服传统控制理论的局限性，将控制理论方法和人工智能技术相结合，产生拟人的思维活动。采用智能控制的系统主要有以下几个特点：

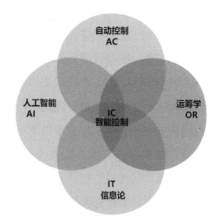

图4-8 基于四元论的智能控制

❶ 智能控制系统能有效利用拟人的控制策略和被控对象及环境信息，实现对复杂系统的有效全局控制，具有较强的容错能力和广泛的适应性。

❷ 智能控制系统具有混合控制特点，既包括数学模型，也包含以知识表示的非数学广义模型，实现定性决策与定量控制相结合的多模态控制方式。

❸ 智能控制系统具有自适应、自组织、自学习、自诊断和自修复功能，能从系统的功能和整体优化的角度来分析和综合系统，以实现预定的目标。

❹ 控制器具有非线性和变结构的特点，能进行多目标优化。

这些特点使智能控制相较于传统控制方法，更适用于解决含不确定性、模糊性、时变性、复杂性和不完全性的系统控制问题。

智能控制的关键技术主要包括：专家控制、模糊控制、神经网络控制、学习控制、智能算法等技术。

❶ 专家控制。传统控制系统排斥人的干预，控制器在面对被控对象、环境发生变化时缺乏应变能力。此外，复杂的被控对象会导致建模的困难。20世纪80年代，人工智能领域专家系统的思想被引入控制系统中，与控制学科结合产生了专家控制。1986年，瑞典学者Astrom首先提出了专家控制（Expert Control）的概念，成为一种重要的智能控制方法。和专家系统相比，专家控制对可靠性和抗干扰性有更高要求，而且要求在线反馈信息。

❷ 模糊控制。模糊控制是将模糊集理论、模糊逻辑推理、模糊语言变量与控制理论和方法相结合的一种智能控制方法，目的是模仿人的模糊推理和决策过程，实现智能控制。1965年，美国Zadeh教授首次提出了模糊集的概念。模糊控制首先根据经验知识或专家经验建立模糊规则；然后将来自传感器的实时信号进行模糊化处理，将模糊化后的信号输入模糊规则，进行模糊推理得到输出量；最后将推理后得到的输出量解模糊转化为实际输出量，输入执行器中。

❸ 神经网络控制。人工神经网络由神经元模型构成。神经元是神经网络的基本处理单元，是一种多输入单输出的非线性元件，多个神经元构成神经网络。神经网络具有强大的非线性映射能力、并行处理能力、容错能力以及自学习、自适应能力。因此，非常适合将神经网络用于含不确定复杂系统的建模与控制。由于神经网络本身的结构特点，在神经网络控制中，可以使

模型与控制的概念合二为一。

❹ 学习控制。学习控制是智能控制的重要分支，旨在通过模拟人类自身的优良调节机制实现优化控制。学习控制是可以在运行过程中逐步获得系统非预知信息，积累控制经验，并通过一定评价指标不断改善控制效果的自动控制方法。学习控制算法有很多，如基于神经网络的学习控制、重复学习控制、迭代学习控制、强化学习控制等。这里主要介绍两种典型的控制方法：迭代学习控制和强化学习控制。

❺ 智能算法。智能算法是人们受自然界和生物界规律的启发，模仿其原理进行问题求解的算法，包含自然界生物群体所具有的自组织、自学习和自适应等特性。在用智能算法进行问题求解过程中，采用适者生存、优胜劣汰的方式使现有解集不断进化，从而获得更优的解集，具有智能性。1962年，美国 Holland 教授模拟自然界遗传机制提出了一种并行随机搜索算法，即遗传算法（GA），获得成功。经过多年发展，大量优秀的智能算法被广泛应用于家居智能生产的各个方面。一些经典智能算法包括差分进化算法（DE），粒子群优化算法（PSO）、模拟退火算法（SA）等。

4.4.3 智能调度与控制技术在家居行业中的应用

家居智能制造要求能对制造系统的运行过程进行合理控制，实现提升家居产品质量、提高家居生产效率和降低能耗的目标。因此，高水平的控制技术对实现家居智能制造至关重要。与国外相比，国内制造系统调度与控制技术仍存在以下两个方面的差距：

❶ 缺乏具有自主知识产权的核心基础零部件研发能力。例如，制造系统核心硬件（如控制器）和软件依赖进口，受制于人；网络化接口技术和标准化不足，导致各种控制单元无法实时进行通信，形成信息化孤岛。

❷ 制造系统智能化、数字化、网络化水平较低。以数字化车间、智能工厂、网络协同制造为代表的传统家居企业转型升级在全球范围兴起，国内家居企业尚处于跟进与探索阶段。为实现家居生产过程智能优化控制，亟须智能控制技术的应用，其对于提高家居制造系统的智能化水平以满足家居智能制造需求具有重要意义。智能调度与控制技术在家居智能制造中的应用主要有以下三个方向。

（1）在家居生产自动化过程控制中的应用

过程控制对自动化程度要求极高，智能控制被广泛应用于家居生产自动化过程控制中。智能控制能简化家居生产流程，提高控制效率，从而降低生产成本，提高生产工艺的稳定性。近年来，家居自动化生产对安全性要求越来越高，智能控制的应用可以对家居生产过程进行检测，发生问题自动报警，且能依据历史信息准确分析问题产生的原因。一方面，提高了生产工艺；另一方面，也确保了生产人员的安全。智能控制技术在过程控制中具体应用在以下几个方面：

❶ 家居生产过程信息的获取。传统家居生产过程信息化程度不高，采用智能控制技术自动获取生产过程的信息并进行分析，可以有效提高信息化程度，基于数据对系统进行自动调

整，从而提高生产效率，降低成本。

❷家居生产系统建模和监控。依据采集的数据，利用智能控制技术对家居生产系统的运行状态进行监控，当出现严重故障时，可以立即停止作业，保护生产线和人员的安全。

❸家居生产动态控制。智能控制相较传统控制方法体现出更优异的控制水平。近年来，家居生产中的动态控制不仅包含家居工艺加工，更是参与了对家居生产过程的管控。智能控制的应用为高效动态控制提供了条件，从而实现对家居工艺生产过程的精确控制。例如，在家居生产过程中有 n 个工件需要在 m 台机器上进行加工，每个家居工件有特定的加工工艺，每个工件使用机器的顺序及其每道工序所花的时间已知；该调度问题就是如何安排工件在每台机器上加工顺序，使得某种指标最优，如图4-9所示。通过智能调度，能够根据家居制造车间的具体设备配置情况对家居零部件的加工流程进行简化，而在实木家居实际生产过程中，实木家居零件可以在多台相同或不同的机器上加工，从而达到同样的效果。通过智能调度技术的应用，则能够构建出具有一定柔性的家居制造加工系统。

（2）在家居制造机器人控制中的应用

工业机器人被大量应用于家居生产中。近些年，兴起的物流机器人、无人机和其他专用机器人获得快速发展和应用。机器人种类的增多、规模的扩大和任务的多样化极大地提高了控制的要求。传统控制技术存在的缺陷，如无法应对复杂系统、适应性差、不具备学习能力等，限制了其在机器人控制中的应用。智能控制技术能很好地避免这些缺陷，更适合复杂化和多元化的任务要求，并促进机器人在家居生产中的应用。智能控制在机器人领域的应用主要集中在以下两个方面：

❶运动控制。通过将智能控制与机器人伺服系统相结合，可以实现机器人的高精度定位和对家居生产环境的适应。结合柔顺控制算法，可以提高机器人与环境或人交互的安全性。例如，基于神经网络的视觉伺服控制器可以实现全局性的图像分析，使机器人更好地适应生产环境。

❷路径规划和控制。采用智能算法对机器人运动的路径进行优化设计，可有效避免多个

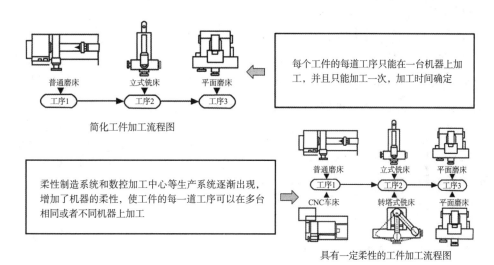

图4-9 家居生产车间中的智能调度应用

机器人的碰撞或干涉。同时，智能算法的应用可以提高机器人运动路径控制的精度。例如，结合模糊控制和神经网络实现机器人的自适应控制，可以有效降低控制误差。例如，采用遗传算法规划家居生产中码垛机器人运动路径。码垛机器人需要将家居产品运送到不同的区域，在复杂的障碍环境下，需要规划一条安全、无碰撞且最短的可行路径。通过建立优化问题模型，采用智能算法可以规避复杂的求解过程，获取高质量的优化结果。这里，通过对特定环境的建模和对适应度函数的设计，采用遗传算法对该路径规划问题进行求解，可以获得最优路径，从而提升码垛机器人的工作效率，如图4-10所示。进一步地通过改进遗传算法中的策略，可以提高收敛速度，获得更平滑的路径。

（3）在车床控制中的应用

车床被广泛应用于家居制造中。传统控制方法需要人工预设工艺参数，十分烦琐，而且控制精度较低，难以达到预期控制效果。随着科技的不断发展，家居制造过程中，车床控制开始朝着更智能化的方向发展。将智能控制技术应用于家居生产中的车床中，可以提高家居零件加工的精度、效率和柔性。智能控制技术在车床控制中的应用主要有以下两个方面：

❶ 车床运动轨迹控制。车床进给系统存在跟踪误差，特别是当家居零件加工面比较复杂时，加工轨迹的突变导致较大偏差，会极大影响控制精度。应用智能控制技术对进给系统进行建模和控制，可以有效降低跟踪误差，提高系统稳定性。

❷ 工艺参数优化。机床加工中，切削参数和刀具参数会直接影响家居零件加工质量、效率和能耗。基于不同优化目标，如加工工时和能耗，设置相应的评价指标，采用智能算法对典型的工艺参数进行优化，能提高加工效率，降低能耗和碳排放。例如，采用迭代学习控制对车床进给系统驱动轴进行控制，如图4-11所示。在机床加工过程中，进给系统沿家居零件复杂加工面运动时，跟踪误差导致运动轨迹偏离，影响加工精度。基于对进给系统跟踪误差和动力

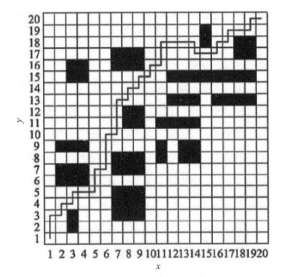

图4-10　基于遗传算法的路径优化

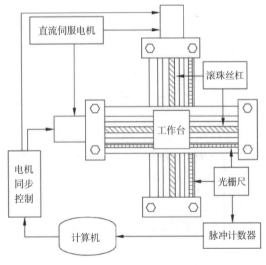

图4-11　双轴进给驱动系统

学模型的分析，设计迭代学习更新规律，通过迭代学习使实际位置与期望位置收敛，从而减小跟踪误差。进一步来说，可以结合扰动观测器提高控制精度和系统稳定性。

4.4.4 智能调度与控制技术在家居行业中的发展趋势

尽管车间调度问题已经成为研究热点，许多学者也在这一领域产出了许多成果，但车间调度问题的研究仍然面临着许多问题。为了提高求解结果和方法的通用性，通常会使用数学模型对问题进行求解，但数学模型的求解效率低，且只能对小规模问题进行求解。为了提高问题的求解效率和对大规模问题进行求解，学者们提出用智能优化算法对问题进行求解，但智能算法的求解结果具有一定的不稳定性，同时，智能优化算法的通用性较低，需要针对特定问题设计特定的优化过程。又有学者提出将数学模型与智能算法相结合的求解思路，但两者之间如何结合、结合之后怎样求解仍然需要研究和探索。

车间调度优化是提高家居企业生产效率的关键。因此，对车间调度问题的研究必然越来越受到重视。其在家居领域的主要发展趋势有以下几点：

❶ 随着家居生产工艺的复杂化、家居生产任务的大批量化、家居生产场景的多样化等趋势，对调度问题的研究必将朝着更加贴近生产实际问题的方向发展。例如，问题中包含实际生产约束、串/并行的多车间协同调度、动态调度等。

❷ 伴随着家居行业上下游企业之间的联盟、面向用户的家居生产模式的发展等，分布式家居生产调度问题必然会成为一个重要研究方向。

❸ 随着家居智能车间的发展，车间调度问题与其他生产问题的联系正在逐步加强，这必然会形成一个更加复杂的耦合问题。如家居车间调度问题与家居生产工艺规划问题的结合、家居车间调度问题与物流运输问题的结合等，这些问题的研究对提高家居企业生产效益具有重要意义。

对于智能控制技术而言，随着智能控制技术的发展和在诸多领域应用的日益成熟。在世界范围内，智能控制正成为一个迅速发展的学科，并被许多发达国家视为提高国家竞争力的核心技术。当前，智能控制在家居领域面临的问题及未来发展趋势总结如下。

智能控制因其优越的控制性能，被广泛应用于智能制造的各个领域。然而，智能控制在家居行业的发展还面临一些问题，主要有以下几点：

❶ 应用范围不够广泛。针对一些简单系统，智能控制的优越性相较于传统控制方法并不突出。

❷ 实际应用还存在技术瓶颈。许多家居生产控制技术还停留在"仿真"水平，未能应用于解决实际问题。在系统运行速度、模块化设计、对环境的感知和解释、传感器接口等许多方面还需要做更多工作。

❸ 可靠性和稳定性不足。许多智能控制技术依赖于人的经验，如专家控制。然而如何获取有效的专家经验知识，构造能长期稳定运行的系统是一个难题。此外，部分智能控制方法的鲁棒性问题缺乏严格的数学推导，也对控制的稳定性提出挑战。

虽然智能控制在智能制造领域的研究还存在一些问题，但不可否认的是，智能控制的研究前景仍然十分广阔。智能控制是传统控制理论在深度和广度上的拓展。随着计算机技术、信息技术和人工智能技术的快速发展，控制系统向智能控制系统发展已成为一种趋势。

4.5 虚拟现实技术

制造过程是人、信息、机器、环境高度融合的系统。利用数字化、物联网、大数据、传感、建模、仿真、数字孪生体、VR、AR、MR、XR等技术，构建数字空间、赛博空间、虚拟空间。一方面，通过虚拟空间可以再现家居产品状态和场景，包括家居智能制造过程中的CAD、CAE、工艺设计、数字供应链、产品运行优化、产品运行维护等，通过虚实结合，更加合理地满足客户体验；另一方面，构建以CPS为核心的家居智能工厂，全面实现动态感知、实时分析、自主决策和精准执行等功能，进行智能生产。

4.5.1 VR技术

VR（Virtual Reality）即虚拟现实。简单理解，VR就是把虚拟的世界呈现在用户眼前。目前，约定俗成的虚拟现实是指通过利用各种各样的头戴显示器把无边框的虚拟世界呈现给用户。一般是全封闭的，给用户带来沉浸感。

VR的产生最早可以追溯到1957年Morton Heilig发明的仿真模拟器。20世纪80年代，该名词由美国VPL公司创人Jaron Lanier提出。VR的演变发展大体上可以分为4个阶段：有声形动态的模拟是蕴涵虚拟现实思想的第一阶段（1963年以前）；虚拟现实萌芽为第二阶段（1963—1972年）；虚拟现实概念的产生和理论初步形成为第三阶段（1973—1989年）；虚拟现实理论进一步的完善和应用为第四阶段（1990—2004年）。

VR实际上是通过电脑虚拟仿真系统创造三维虚拟空间，使用户在视觉上产生临场感。VR是一门综合技术，以计算机技术为主，综合利用计算机模拟技术、三维图形技术、传感技术、显示技术、人机界面技术、伺服技术等。它建立的虚拟世界具有多感知性、交互性、自主性、存在感4个特征。

从理念上看，VR的核心特征可以归纳为"3I"，即沉浸（Immersion）、互动（Interaction）和想象（Imagination）。也就是通过对现实的捕捉和再现，将真实世界和虚构世界融为一体，从而将用户引入兼具沉浸、互动与想象的虚拟世界。因此，延伸人的想象力、满足人的好奇心和人类鲜少体验感知的奇观类及想象类题材更适合通过VR实现。例如，目前十分热门的房地产领域和VR+旅游等。然而，这些只是VR改变人类生活的冰山一角，未来众多行业都会与VR进行深度契合。

4.5.2 AR技术

AR（Augmented Reality）即增强现实，是一种将真实世界信息和虚拟世界信息"无缝"集成的新技术，是把原本在现实世界的一定时间空间范围内很难体验到的实体信息（视觉信息、声音、味道、触觉等)通过计算机等科学技术模拟仿真后再叠加,将虚拟信息应用到真实世界,被人类所感知,从而达到超越现实的感官体验。真实的环境和虚拟的物体被实时地叠加到同一个画面或空间同时存在,并进行互动。

AR 技术于1990年被提出,包含多媒体、三维建模、实时视频显示及控制多传感器融合、实时跟踪及注册、场景融合等新技术与新手段。增强现实提供了在一般情况下不同于人类可以感知的信息。

AR技术不仅在与其相类似的应用领域,例如飞行器的研制与开发、数据模型的可视化、虚拟训练、娱乐与艺术等领域具有广泛的应用,而且由于其具有能够对真实环境进行增强显示输出的特性,在医疗研究与解剖训练、精密仪器制造和维修、军用飞机导航、工程设计和远程机器人控制等领域具有比VR技术更加明显的优势。随着随身电子产品CPU运算能力的提升,AR技术的用途将会越来越广。

VR和AR的区别体现在两点,即交互区别和技术区别。交互上,因为VR是纯虚拟场景,所以VR装备更多用于用户与虚拟场景的互动,更多使用包括位置跟踪器、数据手套、动捕系统、数据头盔等;而AR是现实场景和虚拟场景的结合,所以基本都需要摄像头,在摄像头拍摄的画面基础上,结合虚拟画面进行展示和互动。技术上,VR类似于游戏制作,创作出一个虚拟场景供人体验,其核心是Graphics的各项技术的发挥,主要关注虚拟场景是否有良好的体验;AR则应用了很多计算机视觉的技术,AR设备强调复原人类的视觉功能,比如自动识别跟踪物体,而不是用户手动指出。

4.5.3 MR技术

MR(Mixed Reality)即混合现实,是虚拟现实技术的进一步发展。该技术通过在虚拟环境中引入现实场景信息,在虚拟世界、现实世界和用户之间搭起一个交互反馈的信息回路,以增强用户体验的真实感。混合现实是一组技术组合,不仅提供新的观看方法,还提供新的输入方法,而且所有方法相互结合,从而推动创新。输入和输出的结合对中小型企业而言是关键的差异化优势。这样,混合现实就可以直接影响用户的工作流程,帮助领导者和员工提高工作效率和创新能力。

MR是由"智能硬件之父"——多伦多大学教授Steve Mann在20世纪70~80年代提出的介导现实,为了增强简单自身视觉效果,在任何情境下都能够"看到"周围环境,Steve Mann设计出可穿戴智能硬件,这被视为对MR技术的初步探索。VR是纯虚拟数字画面,AR是虚拟数字画面加上裸眼现实,而MR则是数字化现实加上虚拟数字画面。

从概念上来说,MR与AR更为接近,都是一半现实一半虚拟影像,但传统AR技术运用棱镜光学原理折射现实影像,视角不如VR视角大,清晰度也会受到影响。MR技术结合了VR与AR的优势,能够更好地将AR技术体现出来。根据Steve Mann的理论,智能硬件最后都会从AR技术逐步向MR技术过渡。"MR和AR的区别在于MR通过一个摄像头让人看到裸眼看不到的现实,AR只管叠加虚拟环境而不管现实本身。"AR往往被视为MR的一种形式,因此,在当今业界，很多时候为了描述方便就把AR也当作了MR的代名词，用AR代替MR。二者的区别是虚拟物体的相对位置是否随着设备的移动而移动。如果是，就是AR设备；如果不是，就是MR设备。例如，如果AR技术显示墙上有一个钟表，你肯定能分辨出那是设备投射出来的；而通过MR系统投射的虚拟钟表，无论你怎么动，它都会待在固定的位置，随着你的旋转可以看到它的不同角度，还会投射影子到墙上，就好像那里本来就有一个真正的钟表一样。

4.5.4　MV技术

MV技术（Metaverse），即元宇宙技术，元宇宙本身没有标准的定义。元宇宙自2021年开始进入大众视野，才为人们所熟知。广义地讲，元宇宙是人类运用数字技术构建的、由现实世界映射或超越现实世界可与现实世界交互的虚拟世界，具备新型社会体系的数字生活空间。具体而言，借助于VR眼镜，人们可以身临其境地体验的虚拟空间就是一种元宇宙。目前，元宇宙一词更多地只是一个大的概念，它本身并没有什么新的技术。换言之，元宇宙是众多科技发展至今的产物，它融合了今天的一大批先进技术。准确地说，元宇宙不是一个新的概念，它更像是一个经典概念的重生，是在扩展现实（XR）、区块链、云计算、数字孪生、人工智能等新技术混合后的概念具化。自从2021年（元宇宙元年）开始，许多专家、研究组织以及相关公司从不同的研究视角给出了元宇宙的定义。目前，关于元宇宙的定义颇为繁多。维基百科对元宇宙的定义：元宇宙是一个集体虚拟共享空间，由虚拟增强的物理现实和物理持久性虚拟空间融合而成，包括所有虚拟世界、增强现实和互联网的总和。图4-12展示了构成元宇宙的七要素。

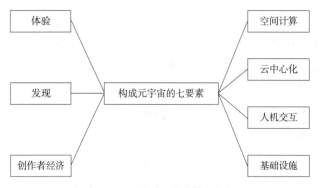

图4-12　构成元宇宙的七要素

元宇宙作为一种新的技术概念，以用户为中心，是一种综合当前几乎所有软硬件技术的互联网应用，它是信息化发展的一个新的阶段。元宇宙在综合运用现有的先进技术的同时，也会推动相关技术的迭代升级，甚至是催生出新的技术。它运用了多种先进技术，其中以网络及运算技术、物联网技术、交互技术、电子游戏技术、5G/6G、人工智能技术、区块链技术和数字孪生等技术最为关键。当然，还有一些如创建身份系统与经济系统的技术、内容创作技术和治理技术。下面分别介绍元宇宙的一些关键技术。表4-1展示了元宇宙的关键技术及其在元宇宙中的作用。

表4-1　元宇宙的关键技术及其在元宇宙中的作用

元宇宙关键技术	在元宇宙中的作用
网络及运算技术	元宇宙的能量，为元宇宙提供高速通信和共享资源等功能
物联网技术	连接元宇宙的一切，实现虚拟世界与现实世界的泛在连接，是构建虚实交互和万物互联的信息桥梁
人机交互技术	元宇宙的出入口，提供进入虚拟世界的设备接口，为用户提供沉浸式的体验
电子游戏技术	为元宇宙的内容制作提供了强大的技术支撑
人工智能技术	端到端的智能，为元宇宙应用场景提供技术支持，提升虚拟世界的运行效率和智能化水平
区块链技术	元宇宙的"定海神针"，为构建安全可靠的元宇宙世界的经济体系提供技术保障
数字孪生技术	虚实融合的桥梁，对物理实体进行数字复制，实现元宇宙和物理世界的映射及相互影响
其他技术	创建身份系统和经济系统技术、内容创作技术、治理技术和数字人技术等，元宇宙社会所需相关技术

4.5.5 虚拟现实技术在家居行业中的应用

工业4.0的核心思想是数字世界与物理世界的融合，其中一个重要表现是虚拟空间与现实空间的融合。虚拟现实（VR）、增强现实（AR）、混合现实（MR）统称为XR，近些年发展迅速，尤其AR、MR深刻影响了众多企业。未来几年，AR、MR将改变我们学习、决策和与物理世界进行互动的方式。因此，总结分析虚拟现实技术在家居行业中的应用主要有以下六个方面。

（1）基于虚拟现实的家居产品开发

在家居产品设计开发阶段所形成的数字模型就是家居产品最初的数字孪生模型。通过使用3D仿真和人机界面，如AR和VR，工程师可以确定家居产品的规格、制造方式和使用材料，以及如何根据相关政策、标准进行设计评估。虚拟现实技术可以帮助工程师在确定设计终稿之前，识别潜在的可制造性、质量和耐用性等问题。因此，传统的原型设计速度得以提升，产品以更低成本更有效地投入生产。

人们还可以开发出用于各种场景的AR产品，而且让AR技术成为家居产品进化的工具。使用计算机辅助设计（CAD）进行3D建模已有30年的历史，但通过2D屏幕与这些模型进行交互仍有诸多限制。因此，家居工程师常常难以将家居概念设计全部化为现实。AR能将家居产品3D模型的全息影像投射到现实世界中，这大大提升了家居工程师对家居模型进行评估和改进的能力。例如，AR可以创造一个等比例的家居模型，工程师可以进行360°的观察，甚至进入家居结构及其内部。在不同的条件下，实际观察使用者的视线角度，体验家居产品的人体工程学设计。

（2）基于虚拟现实的家居制造供应链管理

在家居制造和运营管理领域，供应链的概念很早就被提出，并有大量的理论和实践研究。一个供应链不仅包括家居生产制造和家居生产材料供应，还包括家居运输、仓储、分销以及消费者自身等各个环节。所有这些阶段共同组成一个复杂的网络结构。其中既有物流关系，还包括信息流和资金流。随着经济全球化的加深，家居生产供应链的主体变得更多且关系复杂，使得整个家居生产供应链的复杂性和风险性不断增加。家居生产供应链管理中需要分析和设计的参数越多，通过传统的数学解析模型对供应链进行分析的难度就越大。在考虑不同的约束和目标的情况下，虚拟现实仿真技术提供了识别供应链风险、理解和评估供应链性能的机会。因此，考虑到供应链中的高度随机性，虚拟现实仿真技术是一种可以用于家居生产供应链管理复杂决策分析和性能评估的强大工具。

（3）基于虚拟现实的生产制造管理

在家居的生产制造中，AR能在合适的时机将正确的信息发送给组装流水线上的工人，从而减少错误，提升效率和生产率。在家居工厂中，AR还能从自动化和控制系统、次要传感器和资产管理系统捕捉信息，并让每一台设备或每个流程的监测和诊断数据可视化。一旦获得家居生产效率和家居产品残次率的数据，维修人员就能了解问题的源头，并通知工人进行预防式维护，从而避免设备损坏导致停工，大大减少了损失。

（4）基于虚拟现实及仿真技术的生产物流管理

虚拟现实仿真技术可以在产品、系统的设计和配置阶段就进行实验和验证。因此，仿真技术也被广泛应用于制造领域，尤其是在当今数字化制造与智能制造的背景下，人们对于虚拟现实等仿真技术在生产制造领域的应用抱有极高期望。随着工业4.0的到来，以前大批量工业化生产的模式逐渐向多品种小批量的模式转变。产品定制化和个性化的要求不断提高，这对生产物流系统的设计带来了极大的挑战。在这种情况下，仿真技术的价值也更加得到重视。传统的制造系统仿真研究更多的是模拟物料通过不同机器和物料处理系统的变化，以及物流布局的影响。有的软件使用随机模型来仿真工件的加工和到达时间，这些模型对于分析机床利用率、加工时间、瓶颈工艺等具有重要意义。目前的仿真技术已经不局限于此，还在培训、排产计划、产品设计、人体功效等各个方面发挥作用。

（5）基于虚拟现实的家居装配维修

AR、MR技术在家居制造中的典型应用是家居装配维修。应用AR技术于家居装配指导，企业需要通过复杂装配的3D可视化提升家居生产系统的效率和品质。在带有AR指导的装配过程中，需要装配引导信息传递、对动作的捕捉、对动作开始和结束状态的精准识别以及对装配结果的校验等。这些信息的传输与反馈加载、存储与反馈，都需要强大的网络通信给予支撑。AR用于家居装配作业的指导过程中，需要将大量数据（图像、视频、音频、文字、模型等）和计算密集型任务转移到云端，如图4-13所示。AR眼镜的显示内容必须与AR设备中摄像头的运动同步，以避免视觉范围失步现象（反应时间小于20ms）。无线网络的双向传输时延在10ms内才能满足实时性体验的需求，LTE（长期演进）网络无法满足，通常需要5G支撑。

（6）基于虚拟现实的顾客需求管理

随着仿真技术，尤其是虚拟现实技术的发展，将"前台"的客户需求与"后台"的家居产品设计、生产制造过程打通。

设计者可以将想象的家居产品形态放置于虚拟空间中展示。例如，VR家装设计分别帮助家装设计师和家装公司解决其关心的家装设计作品呈现、客户引流和签单等问题。家装设计师

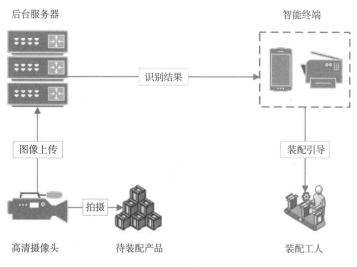

图4-13　AR装配指导

需要让客户认可自己的设计才华，家装公司更看重VR+家装软件能否吸引更多业主前来咨询，以有效提升签单率。VR家装设计除高效便捷展现真实场景式整体家居效果外，还能对企业用户提供诸如人员管理、供应链管理以及沉浸式效果体验等方面的服务。VR+家装设计软件是类似CAD、3ds Max的室内设计软件，但不同的是，它不仅能作室内设计效果图，还能实现VR交互，实时渲染，让业主身临其境地体验室内装修的效果，如果不喜欢，还可自主定制或一键更换。VR家装设计直接让顾客看到虚拟空间中的场景，同时，还可通过录视频、拍照等方式，将体验的"真实"场景带回家中，实现社会化营销。因此，VR家装设计可大大缩短销售周期，顾客感知装修效果后，可以加快顾客购买决策，让成交变得更简单。VR+家装可以吸引有家装需求的业主，通过多产品、不同套系、不同主题的一键切换，业主可随时查看到"真实"的装修效果。VR家装设计示意如图4-14所示。

图4-14　VR家装设计示意

4.5.6 虚拟现实技术在家居行业中的发展趋势

随着VR、AR、MR、MV技术的发展，人们有可能把虚拟空间和现实空间叠加或融合在一起。

AR是基于现实环境的叠加数字图像，具有一些动作追踪和反馈技术。但与VR明显的不同是用户会看到现实的景物，而不是双眼被罩在一个封闭式头戴中。AR设备的表现形式通常为具有一定透明度的眼镜，同时集成影像投射元件，让用户在现实环境中看到一些数字图像。目前消费市场中的AR设备有微软 Hololens全息眼镜、谷歌探戈项目平板电脑等。从技术门槛的角度来说，VR技术门槛比AR低一个数量级，VR技术只要把人类的眼睛用头显蒙住就能沉浸到虚拟世界，而AR技术要解决隔离问题，将头显透明化（甚至去头显化），让人类可以在真实世界里随意加入虚拟世界的东西。

未来AR和MR的相关技术发展包括三维注册技术、标定技术和人机交互技术等。

（1）三维注册技术

如果想让图像准确地叠加到真实环境中，就必须有很好的跟踪定位技术。为了实现虚拟信息和真实环境无缝结合，将虚拟信息正确地定位在现实世界中至关重要，这个定位过程就是注册。三维注册技术在一定程度上决定了增强现实系统的性能优劣。其目的是准确计算摄像机的姿态与位置，使虚拟物体能够正确地放置在真实场景中。三维注册技术通过跟踪摄像机的运动计算出用户当前的视线方向，根据这个方向确定虚拟物体的坐标系与真实环境的坐标系之间的关系，最终将虚拟物体正确叠加到真实环境中。因此，解决三维注册问题的关键就是要明确不同坐标系之间的关系。

（2）标定技术

在AR系统中，虚拟物体和真实场景中物体的对准必须十分精确。当用户观察的视角发生变化时，虚拟摄像机的参数也必须随之进行调整，以保证与真实摄像机的参数保持一致。同时，还要实时跟踪真实物体的位置和姿态等参数，对参数不断进行更新。在虚拟对准的过程中，AR系统中的一些内部参数始终保持不变，如摄像机的相对位置和方向等。因此，需提前对这些参数进行标定。

（3）人机交互技术

AR技术的目标之一是实现用户与真实场景中的虚拟信息之间更自然的交互。因此，人机交互技术成了衡量AR系统性能优劣的重要指标之一。AR系统需要通过跟踪定位设备获取数据，以确定用户对虚拟信息发出的行为指令，对其进行解释，并给出相应反馈结果。

VR、AR、MR、MV未来在智能家居行业中的应用将越来越广泛，会成为很多家居企业的刚需。通过对虚实空间的融合，人们有可能更方便地阅读和操纵工业与现实世界。设计、制造、装配、检验、维修、培训等可能是AR和MR在家居制造业中应用增速最快的领域。同时，随着元宇宙新概念的兴起，其本质是对现实世界的虚拟化、数字化过程，由AR、VR、3D等技术支持的具有沉浸式体验、与现实世界映射和交互的虚拟世界特征。未来，随着VR、AR、MR技术的研发，不仅局限在客户现场的体验，更会不断扩大家居智能制造过程中应用场景，如木工设备运维、工艺布局虚拟仿真与优化、标准作业程序、虚拟装配、物流管理等方面。

4.6 人工智能技术

新一代人工智能技术与先进制造技术深度融合所形成的智能制造技术，成为新一轮工业革命的核心驱动力。为抢占国际竞争的制高点，在全球产业链和价值链中占据有利位置，世界各国纷纷将智能制造的发展提升为国家战略，全球新一轮工业转型升级和竞争就此拉开序幕。

中国国务院在2017年发布了《新一代人工智能发展规划》，其中指出，人工智能成为经济发展的新引擎。人工智能作为新一轮产业变革的核心驱动力，将进一步释放历次科技革命和产业变革积蓄的巨大能量，并创造新的强大引擎，重构生产、分配、交换、消费等经济活动各环节，形成从宏观到微观各领域的智能化新需求，催生新技术、新产品、新产业、新业态、新模式，引发经济结构重大变革，深刻改变人类生产生活方式和思维模式，实现社会生产力的整体跃升。

4.6.1 人工智能技术内涵与特征

物联网从物—物相联开始，最终要达到智慧地感知世界的目的，而人工智能就是实现智慧物联网最终目标的技术。人工智能研究的目标是如何使计算机能够学会运用知识，像人类一样完成富有智慧的工作。

人工智能的概念从第一次被提出距现在已60余年的时间，然而直到近几年，人工智能才迎来爆发式的增长。究其原因，主要在于物联网、大数据、云计算等技术的有机结合，驱动人工智能技术不断发展，并取得了实质性的进展。

回顾近十几年人工智能各项技术的发展路线，可以发现，新一代人工智能技术的演化存在两个阶段，即2012年之前的稳步增长阶段和2012年之后的爆发式增长阶段。2006年，Geoffrey Hinton等人在世界顶级学术期刊《科学》上发表论文，提出解决深度神经网络训练中梯度消失问题的解决方法，这篇论文的发表后来被广泛解读为深度学习相关研究开始兴起的标志，2006年也被一些学者称为"深度学习元年"。这篇论文虽然在当时引起了一定的反响，但真正让深度学习技术进入爆发阶段的是2012年的ImageNet图像识别大赛。这次比赛中，Geoffrey Hinton的学生George Dahl带领团队利用深度学习的方法一举夺冠，并引起轰动，与深度学习技术相关的研究也开始了爆发式增长。如图4-15所示，深度学习相关专利申请的数量自2012年起迅速增长，并于2017年超过了2006年数量的5倍。深度学习技术为计算机视觉、自然语言处理等应用领域带来了端到端的问题处理新思路，拉动了相应领域的发展。随着硬件技术的不断发展，高性能的GPU、TPU为深度学习提供了较为完善的算力保障，一些涉及大量图像信息处理、语音文字处理的人机交互模式得到了新技术的有力支撑。人机交互技术相关专利申请数量也因此迅速增长。如今新一代人工智能技术方兴未艾，制造新模式的演化过程也受到了相关技术很大程度的影响。对于未来制造新模式的发展，新一代人工智能技术凭借其强大的信息自动处理分析能力和迅猛的发展速度仍然大有可为。

人工智能是研究开发能够模拟、延伸和扩展人类智能的理论、方法、技术及应用系统的一门新的技术科学，研究目的是促使智能机器会听（语音识别、机器翻译等）、会看（图像识别、

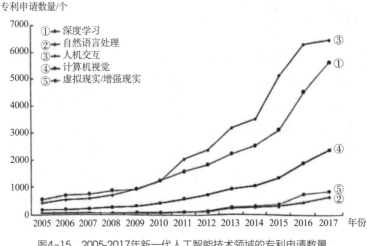

图4-15　2005-2017年新一代人工智能技术领域的专利申请数量

文字识别等）、会说（语音合成、人机对话等）、会思考（人机对弈、定理证明等）、会学习（机器学习、知识表示等）、会行动（机器人、自动驾驶汽车等）。

具体地讲，人工智能基本技术包括：自然语言理解、数据库的智能检索、专家系统、机器定理证明、计算机博弈、自动程序设计、组合调度，以及机器感知。

（1）自然语言理解

自然语言理解的研究开始于20世纪60年代初，它研究用计算机模拟人的语言交互过程，使计算机能理解和运用人类社会的自然语言（如汉语、英语等），实现人机之间通过自然语言的通信，以帮助人类查询资料、解答问题、摘录文献、汇编资料，以及对一切有关自然语言信息的加工处理。自然语言理解的研究涉及计算机科学、语言学、心理学、逻辑学、声学、数学等学科。自然语言理解分为语音理解和书面理解两个方面。

❶ 语音理解。语音理解是指用语音输入，使计算机"听懂"人类的语言，用文字或语音合成方式输出应答。由于理解自然语言涉及对上下文背景知识的处理，同时需要根据这些知识进行一定的推理，因此，实现功能较强的语音理解系统仍是一个比较艰巨的任务。目前，在人工智能研究中，在理解有限范围的自然语言对话和理解用自然语言表达的小段文章或故事方面，已经取得了较大进展。

❷ 书面理解。书面理解是指将文字输入计算机，使计算机"看懂"文字符号，并用文字输出应答。书面理解又称为光学字符识别（Optical Character Recognition，OCR）技术，是指用扫描仪等电子设备获取纸上打印的字符，通过检测和字符比对的方法，翻译并显示在计算机屏幕上。书面理解的对象可以是印刷体或手写体。目前，书面理解已经进入广泛应用阶段，包括手机在内的很多电子设备都成功地使用了OCR技术。

（2）数据库的智能检索

数据库系统是存储某个学科大量事实的计算机系统。随着应用的进一步发展，存储信息量越来越庞大。因此，解决智能检索的问题便具有实际意义。将人工智能技术与数据库技术结合起来，建立演绎推理机制，变传统的深度优先搜索为启发式搜索，从而有效地提高了系统的效率，实现数据库智能检索。智能信息检索系统应具有一些功能：能理解自然语言，允许用自然语言提出各种询问；具有推理能力，能根据存储的事实，演绎出所需的答案；系统具有一定常识性知识，以补充学科范围的专业知识。系统根据这些常识，能够演绎出更一般的答案。

（3）专家系统

专家系统是人工智能中最重要的也是最活跃的一个应用领域，它实现了人工智能从理论研究走向实际应用。从一般推理策略探讨转向运用专门知识的重大突破。专家系统是一个智能计算机程序系统，该系统存储有大量按某种格式表示的特定领域专家知识构成的知识库，并且具有类似专家解决实际问题的推理机制，能够利用人类专家的知识和解决问题的方法，模拟人类专家来处理该领域问题。同时，专家系统具有自学习能力。

（4）机器定理证明

将人工证明数学定理和日常生活中的推理变成一系列能在计算机上自动实现符号演算的过程和技术，称为机器定理证明和自动演绎。机器定理证明是人工智能的重要研究领域，它的成果可应用于问题求解、程序验证、自动程序设计等方面。数学定理证明的过程尽管每一步都很严格，但决定采取什么样的证明步骤却依赖于经验、直觉、想象力和洞察力，需要人的智能。因此，在数学定理的机器证明和其他类型的问题求解，就成为人工智能研究的起点。

（5）计算机博弈

计算机博弈（或称为机器博弈）是指让计算机学会人类的思考过程，能够像人一样有思想意识。计算机博弈有两种方式：一是计算机和计算机之间对抗；二是计算机和人之间对抗。20世纪60年代就出现了西洋跳棋和国际象棋的程序，并达到了大师级的水平。进入20世纪90年代后，IBM公司以其雄厚的硬件基础，支持开发后来被称为"深蓝"的国际象棋系统，并为此开发了专用芯片，以提高计算机的搜索速度。

（6）自动程序设计

自动程序设计是指采用自动化手段进行程序设计的技术和过程，也是实现软件自动化的技术。研究自动程序设计的目的是提高软件生产效率和软件产品质。

（7）组合调度问题

许多实际问题都属于确定最佳调度或最佳组合的问题，如互联网中的路由优化问题、物流公司要为物流确定一条最短的运输路线问题等。这类问题的实质是对由几个节点组成的一个图的各条边，寻找一条最小耗费的路径，使得这条路径只对每一个节点经过一次。在大多数这类问题中，随着求解节点规模的增大，求解程序所面临的困难程度按指数方式增长。人工智能研究者研究过多种组合调度方法，使"时间—问题大小"曲线的变化尽可能缓慢，为很多类似路径优化问题找出最佳的解决方法。

（8）感知问题

视觉与听觉都是感知问题。计算机对摄像机输入的视频信息以及话筒输入的声音信息处理的最有效方法应该建立在"理解"（即能力）的基础上，使得计算机只有视觉和听觉。视觉是感知问题之一。机器视觉的前沿研究领域包括实时并行处理、主动式定性视觉、动态和时变视觉、三维景物的建模与识别、实时图像压缩传输和复原、多光谱和彩色图像的处理与解释等。机器视觉目前在家居智能制造领域也有着广泛应用与研究。

4.6.2　人工智能技术在家居行业中的应用

中国是制造业大国，将人工智能应用到家居智能制造的装配、生产等诸多环节，是当前研究的热点。一方面，随着超算能力、5G等使能技术的发展，人工智能得以快速成熟，不断落地商业场景，甚至创造了新的业务形态与商业模式；另一方面，人工智能在家居制造的应用更广，让"制造"变成了"智造"，让机器能够感知环境的变化，具备实现功能性变化的能力，大力推动人机协同的智能经济形态。在家居智能制造体系中的应用可以具体为订单采集分析、家居设计、物料信息、生产制造、物流运输、销售服务6大环节。

（1）提升家居订单采集分析能力

在定制家居生产模式下，家居智能制造过程从产品订单产生展开，家居订单的业务流程不再局限于制造，还包括订单形成、订单制造、订单仓储和物流、订单服务等更多环节，其中包含了大量的家居产品数据信息，人工智能技术通过对订单数据信息的分析，可以采用蚁群、聚类等算法分析挖掘客户需求，根据不同订单的信息，选取对定制家居排产影响较大的订单特征，分析家居订单之间的相似度，以优化家居揉单排产。

同时，还可以使用决策树、聚类和关联规则算法等，根据订单数据推断客户未来的购买模式，并根据这些模式推荐给客户适合的家居产品配置。首先，收集客户的购买记录和历史销售数据；然后，可以使用这些数据来训练算法，以便从中提取出有用的知识和模式，根据客户的购买记录和其他特征，构建一个决策树模型；通过预测结果来调整家居产品的配置和库存管理。另外，还可以根据预测结果来调整家居产品的设计和制造流程，建立家居产品设计数据库、数字化制造库，优化产品主要配置以减少非标件的数量，进而降低制造成本，提高家居生产效率。

（2）赋能家居设计

在板式家居大规模定制模式下，新一代人工智能技术通过算法对家居订单、家居销售数据进行挖掘分析，在此基础上对家居产品进行产品族、成组化设计，提高后端生产制造效率，以打通前端设计和后端生产的数字鸿沟，实现设计生产一体化、系统化的解决方案。

人工智能生成内容（AI Generated Content，AIGC）能够应用于家居创新设计，通过大量家居设计方案数据学习和模型训练，根据输入的语言指令，生成家居产品创新设计方案技术，能够为系列化家居产品设计、基于经典家居创新设计等家居造型设计方面提供思路。

在智能家居设计方面，AI能够基于智能家居设计的问题、技术要求等，构建智能家居设计系统，包括以下两个方面：

❶家居智能设计系统的大规模耦合。将AI与传统的家居CAD设计、建模程序相结合，以更加快速高效地完成家居参数化设计方案对接制造端或面向客户进行展示。对于整体家居空间设计方案，利用图神经网络能够自动对室内家具进行摆放，助力家居空间动态场景生成。

❷ 智能计算与分析。家居设计方案完成后，传统的流程是进行实物打样，但通过数字化模拟仿真技术对家居设计方案进行结构测试仿真，能够提高家居设计方案到实际生产间的效率。然而当前用于家居设计优化和有限元分析的商业软件包常具有较高的使用门槛，人工智能技术的赋能应用可以提高这些软件系统的效率和透明度。

（3）协助家居物料信息处理

家居订单形成以及设计方案确定后，在进行正式制造加工前需要形成物料清单，确定原料库原材料是否充足，否则即需要订购原材料。而在当前家居定制化时代，家居原材料采购往往与订单的形成以及制造是一个协同生产的过程，AI助力家居物料信息处理能够提高该过程的效率，其具体体现在：

❶ 基于历史物料数据信息，预测物料需求、优化库存管理、优化运输路线等，从而提高家居生产运作效率。

❷ 提升供应链的可视化和透明度。AI技术可以将供应链中的各个环节进行实时监控和数据分析，即需求量、材料属性、材料价格以及企业资金周转情况，使得供应链的运作过程更加可视化和透明化，有助于企业管理者更好地了解供应链的运作情况和问题。

❸ 增强物料信息处理的灵活性和敏捷性。在家居大规模定制、揉单生产模式下，通过人工智能算法能够帮助供应链管理者更好地了解市场变化和需求波动，对订单物料需求实时数据进行分析和预测，更快地做出调整和响应，提高生产的灵活性和敏捷性。

（4）驱动家居生产制造

人工智能在家居生产制造过程中的应用，包括对家居生产流程优化，对家居生产设备进行智能调度、智能控制、智能仓储管理，以及质量控制和预测性维护。

在实现家居制造领域的智能化过程中，家居柔性生产是必不可少的目标之一。传统是集中控制型，也就是刚性生产，这种方式很难满足当前家居产品小批量、多种类的生产需求。因此，采用人工智能技术来进行生产排产，是提高生产效率的重要手段之一。相比传统调度排产问题，基于人工智能技术的生产排产需要考虑更多、更精细的车间要素。例如，要考虑人员等因素，在考虑设备因素的同时，需要细分设备类型。在家居生成流程中，AI可以通过评估模型预测订单生产需求，以及生产加工能力，从而优化生产计划。同时，能够驱动家居柔性化加工，对于加工工艺复杂的实木家居零部件生产能够自动调整生产线的布局和生产计划，以适应小批量、多批次的订单。这种灵活的生产方式可以快速响应市场需求的变化，提高生产效率。

通过深度学习算法，能够分析家居生产线的运行数据，如设备的工作状态、机器生产加工状态等。然后根据监测结果分析，实现智能调度，即自动调整生产参数，如设备的工作速度、生产线的布局等，减少机器宕机时间，提高机器生产使用效率，以实时优化生产过程，使产品可以做到准时交付。智能控制主要体现在对数控技能型工业机器人的应用，人工智能通过自动规划技术，实现对家居制造机器人的自主任务规划，并能够根据任务要求自主确定行动计划。例如，在家居涂饰过程中，选择不同涂料、涂料瞬时流量速度、涂料厚度等涂饰参数均会对家居零部件表面涂饰质量产生影响。通过智能算法，建立家居涂饰方案模型，进而能够根据不同家居零部件的涂饰需求，确定最佳涂饰方案。

在家居产品的装配方面，随着家居产品结构向越来越复杂、越来越精密的方向发展，家居生产制造过程中对于装配精密度、准确度的要求越来越高。智能化装配得到广泛应用。

从装配单元来看，基于机器人的生产线装配主要分为三大部分。第一部分是共同作业机器人本身的生产线联动。第二部分是机器人与其他生产信息系统（包括物料、物流等系统）的联动，这一部分包含装配机器人和物料供料系统之间的定位联动。目前已有的形式是通过摄像机等设备接收图像信号，再对图像信息进行识别、分析后导出空间坐标信息，这些信息经过总控模块的判断，将物料供料系统的坐标系和自己的坐标系关联起来，从而达到联动目的。第三部分是车间为了实现驱动控制一体化，在多生产线机器人系统间的联动。该环节通过开展机器人对作业级装配规划的自动决策，实现对物料选取、移动及配送等操作的全面控制和管理。

从流程环节来看，对于决策系统，智能化系统功能包括运动控制、工艺规划；对于控制系统，智能化方向包括对于电机、运动指令的控制；对于纯机械执行系统，虽然本身不涉及智能，但是也需要应用人工智能算法，对机构进行公差分析、误差标定补偿、尺寸优化设计。

基于人工智能的家居装配是现代家居智能制造领域针对复杂精密产品柔性化生产的重要发展方向，是为了满足家居设计快速迭代、多品种小批量生产计划的必然选择。

同时，利用人工智能算法，在家居揉单生产的制造模式中能够对临时仓储货架进行实时监控管理，同时，根据机器状态调整家居产品的制造流程，实现成品仓库"零库存"的目标，以提高交付效率和降低成本。

随着科技的高速发展，现代家居制造大型工业设备逐步向高度集成的复杂系统转变，复杂程度越来越高。各个设备内的零件、设备之间都有着紧密关联。一方面，某一个故障可能通过一系列故障传播路径导致系统级别的事故；另一方面，设备可靠性降低带来的是维修的高风险长周期，这带来的一系列修正反馈流程对家居企业来说是巨大的经济损失。因此，家居企业对故障诊断环节的反馈及时性、归因准确度等指标要求越来越高。传统分析过程中，针对功能结构复杂，尤其涉及深路径的系统故障诊断时，对分析专家的要求非常高，并且效果不好。因此，基于人工智能的故障诊断方法应用广泛，并且越来越成熟。AI能在家居生产制造中进行更有效、更准确的实时质量监测，提高产品的质量和一致性，减少废品率，并及时发现和解决问题。使用机器视觉技术能够识别检测木制品缺陷，在生产加工数据信息的基础上，可以通过机器学习模型预测性检测产品质量问题，及时发现和解决问题，减少废品和返工率，以及预测加工设备故障，进行预测性维护。

（5）优化家居物流运输

人工智能技术协助家居企业中物流运输，包括家居工厂内物流，即自动引导小车（AGV）调度规划。通过智能算法，在家居制造车间实现最小化运输成本、最小化作业完成时间，在柔性车间基于生产甘特图法，采用鲸鱼算法能够改进求解AGV多目标调度问题。同时，将AGV与物联网相结合，能够对生产车间内动态性和即时性需求做出响应。

家居生产加工完成后，AI能够基于订单信息协助产品包装装配进行物流运输，解决物流过程中配送最短路径优化问题，降低物流成本。同时，基于配送路线、配送时间、道路、天气情况等大量数据，应用算法对数据进行整合分析，形成合理、高效、智能化的配送模式，以促进家居电子商务的快速发展。

（6）助推家居销售服务

人工智能技术赋能服务化转型成为制造企业实现高质量发展的重要战略，能够激发企业的创新活力并创造新的发展机遇。在家居销售服务方面，其主要从两个方面提升家居企业销售服务水平。一方面，AI能够完全取代传统家居销售咨询人员。企业可以集成人工智能系统改变传统的销售服务互动方式，增进在销售服务中与客户的交互；同时，可以基于自然语言处理技术，采用智能客服机器人通过智能化销售咨询替代部分重复性、程式化任务，以提高销售咨询服务效率。另一方面，AI能够辅助技术人员展开智能化销售服务。可基于生产人员的生产经验和专业知识的积累构建知识库，提升售前咨询、产品营销、维修保养、售后服务等环节。

通过人工智能技术提升家居销售服务，在完成销售订单后，可采集家居运营管理、家居产品营销以及产品售后服务的运行数据，预测客户需求，以进一步指导新的家居设计方案。例如，通过k-means聚类算法分析过去的销售数据，能够捕捉客户对家居产品配置的需求偏好，然后通过解决整数规划模型或使用基于排序的算法来选择最合适的家居设计方案。

4.6.3 人工智能技术在家居行业中的发展趋势

以部署在大规模GPU集群上的分布式深度学习为代表，新一代人工智能技术在算力方面、精度方面都比传统人工智能技术有显著的优势，且在某些任务上可以匹敌人类的脑力。然而新一代人工智能技术的上述优势对制造新模式的演化来说，也会带来负面效应。

首先，智能机器人技术日趋成熟，成本逐渐降低，这些都使得工厂的自动化水平越来越高。这一变革一方面重新定义了市场的技能需求，但同时也将带来失业率增加等社会问题出现的可能性。在车间里，越来越多的操作交由机器来完成，原有的以生产操作为主要技能的工人就会被迫进行个人技能方面的转型。因此，一旦自动化、无人化推行的速度高于这一技能转型的速度，工人的失业或不充分就业就极有可能变得不可避免。随着人工智能的发展，很多传统职业将面临类似的挑战。为应对这些挑战，制造新模式的演化过程会出现放缓的可能。

其次，目前的深度神经网络等机器学习技术都要基于庞大的训练样本进行模型的学习，这就导致业界在积累数据方面有强烈的需求。在这一背景下，消费者大量的个人信息、浏览记录、位置轨迹等私密数据会通过各个渠道加以积累。上述数据的泄露将导致消费者利益受到严重侵害。

最后，计算机视觉技术实现的人脸合成与模拟若被不法分子利用，将会导致新欺诈方式的流行，智能无人机等先进设备一旦被用于不法活动，同样将带来较大的负面效应。因此，在新一代人工智能技术迅速发展的同时，相关的配套法规应同步加以落实，从而减少制造新模式演化过程中受到的负面影响。

从1943年开始神经网络理论研究到1956年达特茅斯（Dartmouth）会议提出"人工智能"

这一概念，再到现在，人工智能迎来爆发式的增长离不开物联网、大数据、云计算等技术的快速发展。物联网使得大量数据能够被实时获取，大数据为深度学习提供了数据资源及算法支撑，云计算则为人工智能提供了开放平台。这些技术的有机结合，驱动着人工智能技术不断发展，并取得了实质性的进展。

目前，随着人工智能技术的日臻完善，在技术层面，AutoML等工具的出现降低了深度学习的技术门槛；在硬件层面，各种专用芯片的涌现为深度学习的大规模应用提供了算力支持；物联网、量子计算、5G等相关技术的发展也为深度学习在家居产业的渗透提供了诸多便利。

伴随着国内外科技巨头对人工智能技术研发的持续投入，以深度学习为框架的开源平台极大降低了人工智能技术的开发门槛，有效提高了人工智能应用的质量和效率。未来，家居智能制造将会大规模应用深度学习技术实施创新，加快产业转型和升级节奏。另外，自动机器学习AutoML的快速发展将大大降低机器学习成本，扩大人工智能应用普及率，多模态深度语义理解将进一步成熟并得到更广泛的应用。

此外，随着5G和边缘计算的融合发展，算力将突破云计算中心的边界，向万物蔓延，将会产生一个个泛分布式计算平台，对时间和空间的洞察将成为新一代物联网平台的基础能力。这也将促进家居制造全生命周期智能化，创造出更大的价值。

5G的出现使得作为整个社会神经系统的互联网和物联网更加敏捷，使得宛如社会血液的数据更富有生命力，也使得人工智能未来能在工业生产领域以及家居智能制造领域中扮演超级脑力的作用。

人工智能技术研究如何使一个计算机系统具有像人一样学习、推理、思考、规划等智能特征，通过模拟、延伸、扩展人类智能，使计算机能够像人一样去思考和行动，完成人类能够完成的工作。人工智能技术的研究目前主要还是在语言识别、图像识别、机器人、机器学习、自然语言处理和专家系统等方面。面向家居高质量发展，未来人工智能技术应用，将通过数字化系统采集、存储和筛选数据，数字化系统和工业软件融合贯穿于家居智能制造的全过程，为家居智能制造赋能技术、定制家居产品模型工艺知识库构建、柔性制造工艺知识自学习、智能车间环境、智能设备自执行、加工过程自适应控制等发挥重要作用。

思考题

1. 什么是大数据？大数据与云计算、边缘计算技术有什么关联？

2. 什么是工业机器人？工业机器人在现代家居行业中有哪些应用？

3. 什么是数字孪生？数字孪生技术在现代家居行业中有哪些应用？

4. 什么是智能调度？什么是智能控制？

5. VR、AR、MR、MV分别是什么？其在现代家居行业中有哪些应用？

6. 人工智能技术在现代家居行业中有哪些应用？

第 5 章　家居智能制造标准体系

⊙ 学习目标

　　学习家居智能制造标准体系的构建意义以及基本原则；理解家居智能制造标准体系架构与内容；掌握家居标准体系支撑技术中产品设计、工艺规划、管理、质量保证和绿色低碳体系的基本原理；了解家居标准体系具体应用方法。

5.1 家居标准体系构建

5.1.1 国内外家居标准体系比较

随着国际贸易日益增加，一些出口家具都不同程度地遇到了阻力和问题，一方面是由于国内家具标准跟国外家具标准不一致所导致，另一方面也有中国企业对标准不够重视的原因。由于中国家具标准的研究、制定和实施等方面的一些问题，使得中国的家具标准与世界发达国家的标准差异性较大。中国家具企业标准化程度处在初级阶段，严重地制约了工业化生产，造成设计、制造、营销整个体系效率的低下，产品成本的增加，生产周期的延长，以及企业管理的难度。中国家具业有大量企业正在进行大规模改建和扩建。因此，建立行业和国际化的企业标准化体系规范模式，是中国家具业对标准化工作的迫切要求。

当前，中国家具行业标准体系已基本形成，但是仅处于初级阶段。和国外发达国家相比，脱胎于传统手工业生产的中国家具制造业在技术标准方面仍然相对滞后，标准化工作开展比较晚，检测范围及精度等方面还存在不足。主要表现在以下四个方面：

（1）标准老化陈旧，更新慢

标准是根据行业的发展现状和趋势进行制定或修订的。为了适应并在一定程度上促进行业发展，一般国家、行业标准在实施5年内进行复审。但是纵观家具行业的标准，很多已发布使用10年以上，有些甚至已经发布达到37年。因此，急需修订标龄过长的标准，加速标准的及时更新，与时俱进，以适应于行业的发展。一些标准的技术内容在某种程度上已经不适应行业发展的需要，甚至阻碍了行业的发展。

（2）部分家居产品无标可依，标准体系存在漏洞

虽然中国家具类标准体系已基本形成，但仍然存在一些问题和不足，导致许多企业浑水摸鱼，质量得不到保障。如缺乏面对特殊人群的家具标准，只有办公类和学校课桌椅类的标准，而没有针对老年人、儿童、残疾人、功能性家具等家具标准，木制梳妆台、整体衣柜、木制中药柜和木制多媒体会议桌等没有具体的产品标准，只有套用GB/T 3324—2017《木家具通用技术条件》、QB/T 1951.1—2010《木家具　质量检验及质量评定》、QB/T 2530—2023《木制柜》或QB/T 2384—2021《木制写字桌》等标准，由于标准中检验范围并不适用特定家具产品，使得有些产品特有功能的质量得不到有效监控，无法指导生产、消费和贸易。

（3）部分标准之间冲突，要求不统一

由于历史原因，部分标准项目申报和立项缺少标准体系的正确引导，使得现行的标准之间不协调，甚至部分标准之间冲突，导致标准体系混乱，标准之间达不到协调、互补的效果。目前家具标准体系有按照材料划分的，同时还有按照使用场所进行划分的，如GB/T 14532—2017《办公家具　木制柜、架》、QB/T 2530—2023《木制柜》和QB/T 2603—2013《木制宾馆家具》都包括木制柜，但是它们对木制柜的要求不一样，各有各的标准指标及方法。

（4）标准化未与国际接轨

我国家具标准化工作起步晚，并受到检测能力、条件、经费、标准化人员专业能力等方面制约，加之在采标过程中，如果按照国际标准或先进标准进行试验，所需要的检测设备资金投入大、试验周期长、检测成本高等，导致一些标准不能等效采用，最终造成了很多项目在国内无标可依，无法检测。因此，应该提高国内标准采标率，尽快与国际接轨，以促进国际贸易发展。

5.1.2　家居智能制造标准体系构建目的

智能制造的发展建立在相关技术进步的基础上：计算机辅助设计、数字化制造等技术的发展使机器生产实现自动化、智能化；信息技术基础结构、信息互操作协议使不同系统之间实现互联、互通与互操作。因此，需要从智能制造过程中所用到的各种信息技术及其架构入手，通过研究信息技术之间的应用关系及架构，导出标准化参考模型，建立标准体系。此外，由于智能制造的应用实施过程是一项复杂的系统工程，相关标准体系是智能制造工程所需要的标准按其内在联系形成的科学有机整体，是信息技术、智能制造标准化工作的蓝图，具有内在联系性、科学性、开放性，涵盖现有标准、正在制定的标准和预计要发展的标准，并对标准的应用提供指导和支持。在标准体系的构建中，应遵循科学性、系统性、开放性，以及实用性原则，在确定其分类维度、要素选择以及层次结构时，要使标准体系成为一个系统：既是具备实现特定功能的有机整体，也足够开放，以适应标准体系的外部环境和技术体系的变化与发展。

（1）智能制造标准体系

先进标准是指导智能制造顶层设计、引领智能制造发展方向的重要手段，必须前瞻部署、着力先行。工业发达国家在制定未来制造发展战略的同时，相关国际组织也制定颁布了多个关于智能制造方面的参考架构模型，为智能制造发展先行制定相应的标准规范，用以指导和规范智能制造的顶层设计、体系构建和具体实施。国际电工委员会IEC/TC 65工业过程测量、控制和自动化技术委员会于2016年10月公布了技术规范文件IEC/PAS 63088《智能制造——工业4.0参考架构模型（RAMI4.0）》，在工业4.0中的资产、组件、组件的管理壳（Administrative Shell）等方面，给出了统一的系统架构国际标准，是第一个针对智能制造的国际标准前导性文件，对各国智能制造发展产生了重要指导作用；美国国家标准化技术研究所（NIST）发布了《智能制造生态系统》，美国工业互联网联盟（IIC）发布了《工业互联网参考架构》（后修订为《工业物联网卷1：参考架构》）。此外，法国发布了《智能制造标准路线图框架》，ISO物联网工作组发布了《物联网概念模型》。

国内有关研究所和标委会在上级部门的指导下，于2015年12月发布了《国家智能制造标准体系建设指南（2015年版）》，经过修订后又颁布了《国家智能制造标准体系建设指南（2018年版）》，提出了智能制造标准化参考模型和智能制造标准化体系框架。

智能制造标准化参考模型以生命周期、系统层级和智能特征三个维度，描述了智能制造的各个阶段、层级、特征及其相互之间的联系，如图5-1所示。

❶ 维度1：生命周期。指从产品原型研发开始到产品回收再制造的各个阶段，包括设计、生产、物流、销售、服务等一系列相互联系的价值创造活动。生命周期的各项活动可进行迭代优化，具有可持续发展等特点，不同行业的生命周期构成不尽相同。

❷ 维度2：系统层级。指与企业生产活动相关的组织结构的层级划分，包括设备层、单元层、车间层、企业层和协同层。设备层是指企业利用传感器、仪器仪表、机器、装置等，实现实际物理流程并

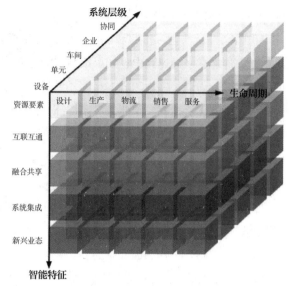

图5-1　智能制造标准化参考模型

感知和操控物理流程的层级；单元层是指用于工厂内处理信息、实现监测和控制物理流程的层级；车间层是实现面向工厂或车间的生产管理的层级；企业层是实现面向企业经营管理的层级；协同层是企业实现其内部和外部信息互联和共享过程的层级。

❸ 维度3：智能特征。指基于新一代信息通信技术使制造活动具有自感知、自学习、自决策、自执行、自适应等一个或多个功能的层级划分，包括资源要素、互联互通、融合共享、系统集成和新兴业态5层智能化要求。资源要素是指企业生产时所需要使用的资源或工具及其数字化模型所在的层级；互联互通是指通过有线、无线等通信技术，实现装备之间、装备与控制系统之间、企业之间相互连接及信息交换功能的层级；融合共享是指在互联互通的基础上，利用云计算、大数据等新一代信息通信技术，在保障信息安全的前提下，实现信息协同共享的层级；系统集成是指企业实现智能装备到智能生产单元、智能生产线、数字化车间、智能工厂，乃至智能制造系统集成过程的层级；新兴业态是企业为形成新型产业形态进行企业间价值链整合的层级。

智能制造标准化体系框架如图5-2所示，确定了基础共性、关键技术和行业应用3个方面，并概括了7个具体内容，即：基础共性、关键技术（智能赋能技术、智能装备、智能工厂、智能服务、工业互联网）、行业应用。

❶ 基础共性。包括通用、安全、可靠性、检测、评价等基础共性技术及标准。

❷ 关键技术。包括智能赋能技术、智能装备、智能工厂、智能服务、工业互联网等。

❸ 行业应用。包括面向制造业的国民经济重点领域，如新一代信息技术、先进轨道交通装备、高档数控机床和机器人、航空航天装备、海洋工程装备及高技术船舶、节能与新能源汽车等。

智能制造标准化体系框架规划了智能制造技术标准布局和工作，有关部门和标准化机构按照此框架已制定和颁布了一批智能制造标准规范，我国制造业将以先进标准引领"中国制造"智能转型和向中高端升级。

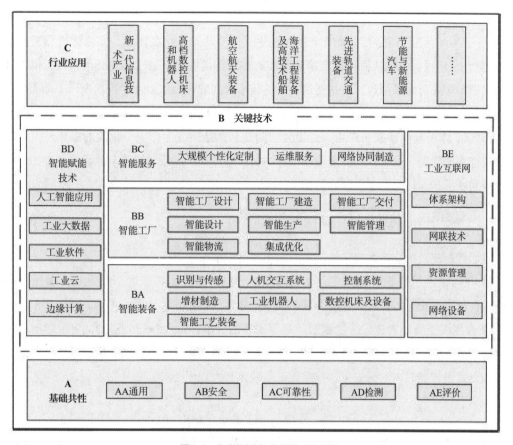

图5-2 智能制造标准化体系框架

（2）家居智能制造标准体系

改革开放以来，我国的房地产市场发展稳步上升，住宅开发建设规模越来越大，住宅品质也在不断提升。住宅产业化的大力发展拉动了家居产业的发展。家居产品生产和出口不断增加，家具的意义已经发生了很大变化，家具企业从传统的"手工业"产品，基本步入"大工业"智能制造序列。此外，随着社会的发展和人民生活水平的提高，对家具的要求越来越高，家具在智能制造、柔性生产、大规模定制等方面的问题也越来越突出，诸多问题在很大程度上是由于标准化体系不完善造成的。

因此，构建家居智能制造标准体系是解决家居生产制造问题的有效途径。要促进我国家居产业的全面、智能化、数字化发展，从总体上来说，要通过科学管理，以标准为基础，实现在家居产品设计、家居生产工艺规划、家居企业管理、家居质量监控、家居绿色低碳等方面的标准一致性。标准是科学技术成果和实践经验的综合反映，是工程技术人员进行规划、设计、施工等工程实践和工程建设管理的准则和依据。综上，构建家居智能制造标准体系的目的在于：

❶ 标准体系是促进家居生产技术应用推广的科学依据。标准建立在生产和科学技术发展的基础上，要保持科学性、先进性，家居智能制造相关的科研成果一旦为标准所采纳，必将在相应范围内产生巨大影响，促进科研成果的普遍推广和应用。

❷ 标准体系是家居智能制造新技术和新产品应用推广的重要手段。《中华人民共和国标准化法》(简称《标准化法》)明确规定,标准化工作的任务是制定标准、实施标准和对标准的实施进行监督。《标准化法》对标准确定了应有的法律属性;强制性标准必须执行,推荐性标准国家鼓励企业自愿采用执行,并通过签订的技术合同确认后作为合同条款执行。标准的法律属性为新技术和新产品的推广应用提供了有力的法律保证。

❸ 标准体系是实现家居产品智能设计、制造和产品研发生产统一化的前提条件。家居智能制造存在的问题,根本原因在于前端设计、后端生产和产品研发的脱节,相关标准的制定和有效的实施,是保证这三者统一的前提条件。

5.1.3 家居智能制造标准体系构建基本原则

家居智能制造标准体系构建的基本原则主要有以下三个方面:

❶ 在构建家居智能制造标准化体系的同时,最大限度地将家居产品设计、家居产品制造、工厂设备系统等因素统一考虑,从而提高该体系的科学性。

❷ 参照关于智能制造、智能家居产品等现有的标准,见表5-1和表5-2,将家居产品按数字化设计、柔性工艺规划生产、家居管理体系、家居质量保证体系和家居绿色低碳体系组合,以此满足家居智能制造的智能化、数字化、柔性化和大规模要求。

表5-1 智能制造标准体系表

标准号	标准名称	标准号	标准名称
GB/T 43554—2023	智能制造服务 通用要求	GB/T 42135—2022	智能制造 多模态数据融合技术要求
GB/T 43541—2023	智能制造 网络协同制造 业务架构与信息模型	GB/T 42130—2022	智能制造 工业大数据系统功能要求
GB/T 42980—2023	智能制造 机器视觉在线检测系统 测试方法	GB/T 42201—2022	智能制造 工业大数据时间序列数据采集与存储管理
GB/T 42757—2023	智能制造水平评价指标体系及指数计算方法	GB/T 42025—2022	智能制造 射频识别系统 超高频RFID系统性能测试方法
GB/T 42451—2023	智能制造 工业云服务能力评估	GB/T 42030—2022	智能制造 射频识别系统 超高频读写器应用编程接口
GB/T 42383.1—2023	智能制造 网络协同设计 第1部分:通用要求	GB/T 42024—2022	智能制造 基于OID的异构系统互操作功能要求
GB/T 42383.2—2023	智能制造 网络协同设计 第2部分:软件接口和数据交互	GB/T 42029—2022	智能制造 工业数据空间参考模型
GB/T 42383.4—2023	智能制造 网络协同设计 第4部分:面向全生命周期设计要求	GB/T 41301—2022	智能制造环境下的IPv6地址管理要求
GB/T 42383.5—2023	智能制造 网络协同设计 第5部分:多学科协同仿真	GB/T 40814—2021	智能制造 个性化定制 能力成熟度模型

续表

标准号	标准名称	标准号	标准名称
GB/T 42405.1—2023	智能制造应用互联 第1部分：集成技术要求	GB/T 40649—2021	智能制造 制造对象标识解析系统应用指南
GB/T 42128—2022	智能制造 工业数据 分类原则	GB/T 40647—2021	智能制造 系统架构
GB/T 42127—2022	智能制造 工业数据 采集规范	GB/T 40693—2021	智能制造 工业云服务 数据管理通用要求
GB/T 42203—2022	智能制造 工业数据 云端适配规范	GB/T 40659—2021	智能制造 机器视觉在线检测系统 通用要求
GB/T 42137—2022	离散型智能制造能力建设指南	GBIT 40654—2021	智能制造 虚拟工厂信息模型
GB/T 42138—2022	流程型智能制造能力建设指南	GB/T 40648—2021	智能制造 虚拟工厂参考架构
GB/T 42202—2022	智能制造 大规模个性化定制通用要求	GB/T 39117—2020	智能制造能力成熟度评估方法
GB/T 42198—2022	智能制造 大规模个性化定制需求交互要求	GB/T 39116—2020	智能制造能力成熟度模型
GB/T 42134—2022	智能制造 大规模个性化定制术语	GB/T 38668—2020	智能制造 射频识别系统 通用技术要求
GB/T 42199—2022	智能制造 大规模个性化定制设计要求	GBIT 38670—2020	智能制造 射频识别系统 标签数据格式
GB/T 42200—2022	智能制造 大规模个性化定制生产要求	GB/Z 38623—2020	智能制造 人机交互系统 语义库技术要求
GB/T 42136—2022	智能制造 远程运维系统通用要求	GB/T 37695—2019	智能制造 对象标识要求

表5-2 智能家居标准体系表

标准号	标准名称	标准号	标准名称
T/SZFA 2003.1—2019	床垫人体工程学评价 第一部分：床垫硬度分级与分布测试评价方法	GB/T 40657—2021	公众电信网 智能家居应用测试方法
T/CNFA 8—2019	智能家具 多功能床	GB/T 39579—2020	公众电信网 智能家居应用技术要求
T/SZFA 1006—2020	智能家具 通用要求	GB/T 39190—2020	物联网智能家居 设计内容及要求
T/NKFA 003—2021	智能家具 智能化通用技术要求	GB/T 39189—2020	物联网智能家居 用户界面描述方法
T/SZFA 3017—2022	智能家具 智能床	GB/T 36464.2—2018	信息技术 智能语音交互系统 第2部分：智能家居
T/SZFA 3016.2—2022	智能家具 智能等级评价准则 第二部分：智能床	GB/T 35134—2017	物联网智能家居 设备描述方法

续表

标准号	标准名称	标准号	标准名称
T/HEBQIA 147—2023	智能家具 背板走电系统	GB/T 35136—2017	智能家居自动控制设备通用技术要求
T/CIET 157—2023	智能家居产品绿色低碳评价导则	GBIT 35143—2017	物联网智能家居 数据和设备编码
GB/T 41387—2022	信息安全技术 智能家居通用安全规范	GBIT 34043—2017	物联网智能家居 图形符号

❸ 标准编制与科学研究、工程应用同步进行。科学研究为标准的制定提供理论依据，工程应用为标准的可操作性提供实践依据，对标准的科学性进行验证，同时又对标准的贯彻实施有很好的推动效果。

5.2 家居标准体系框架构建

5.2.1 家居智能制造标准体系架构

家居智能制造标准体系分为三个层次：第一层次为基础层，第二层次为管理层，第三层次为应用层，如图5-3所示。

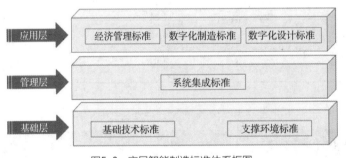

图5-3 家居智能制造标准体系框图

（1）第一层：基础层

基础层标准指在某一领域范围内作为其他标准的基础并普遍使用的标准。基础层标准中主要包括基础技术标准和支撑环境标准，其集合了共性的基础技术和支撑环境标准，具有广泛指导意义的标准。作为第一层标准，是指导性标准，是在第二层、第三层标准中被广泛共用的标准。因此，第一层标准对第二层、第三层标准起指导和制约作用。

（2）第二层：管理层

管理层标准指针对某一标准化对象制定的覆盖面较大的共性标准。其中，系统集成标准所涉及的是实现不同专业系统集成的共性技术，不是按照集成产品，而是按照集成的技术类型进行划分。作为第二层标准，其对第三层标准起指导和制约的作用，是联系上下层的标准，其主要作用是根据基础层标准，如基础支撑技术（设计技术、制造技术、管理技术、绿色环保技术）、支撑环境技术等，以及满足上述要求的途径，如数据集成交互、操作系统等。

（3）第三层：应用层

应用层标准是针对某一具体对象或者通用标准的补充、延伸制定的专项标准，包括经济管理标准、数字化制造标准和数字化设计标准。其中，经济管理标准其核心是对设计和制造过程的管理，没有按照商品化软件（ERP、PLM、SCM、CRM等）进行划分，而是依据管理领域划分，这些商品化系统的应用标准问题放在综合管理中考虑。数字化制造标准由工作流程与技术支持展开得到。数字化设计标准即根据设计活动的顺序进行拓展，同时需要数据管理等标准的支持。这组标准体系的结构并不依照设计进行分类。

5.2.2 家居智能制造标准体系内涵

家居智能制造标准体系在三个层级中的内涵主要包含以下三个方面：

（1）基础层标准

❶ 基础技术标准。家居建模方法标准、应用语言标准、体系结构标准、术语与符号标准、信息分类与编码标准、数据元和元数据标准、家居信息模型标准、家居活动模型标滩、软件工程标准以及其他标准。

❷ 支撑环境标准。通信与网络技术标准、数据库技术标准、IT服务于基础结构标准、信息技术安全标准、计算机软硬件标准、资源库标准。

（2）管理层标准

系统集成标准：应用系统集成接口标准、互操作标准、数据交换标准、集成平台标准。

（3）应用层标准

❶ 经济管理标准。

a. 家居设计管理标准：家居设计过程管理标准、并行工程标准。

b. 家居制造管理标准：家居制造过程管理标准、家居生产计划管理标准、家居制造成本管理标准、库存管理标准。

c. 家居质量管理标准：家居设计质量管理标准和家居制造质量管理标准（数字化故障诊断与维护标准、数字化检验与测试标准）。

d. 经营管理标准：财务管理标准、原材料采购管理标准、销售管理标准、物流管理标准、后勤保障标准、电子政务标准、数字化档案管理标准。

e. 综合管理标准：项目管理标准。

❷ 数字化制造标准。

a. 家居生产准备标准：计算机辅助家居工艺装备标准、生产资源配备标准、其他标准。

b. 家居制造执行标准：作业计划及调度标准、家居生产状态监控标准、家居生产信息跟踪采集标准、家居物流控制标准、家居制造设备与系统控制标准、其他标准。

c. 家居数字化制造环境标准：数字化制造设备标准（工业机器人标准）、底层制造网络标准、制造设备维护标准、制造设备重组标准。

❸ 数字化设计标准。

a. 计算机辅助设计标准：家居模型构建标准、家居装配与模型综合标准、家居模型校验标准、数字样机和虚拟样机标准。

b. 计算机辅助工程标准：前置处理标准（数据导入标准、分析模型标准、加载标准）、分析计算标准、后置处理标准、性能优化与评价标准。

c. 计算机辅助工艺标准：计算机辅助家居工艺设计标准、家居关键工艺数字化标准（开料工艺数字化标准、成型工艺数字化标准、焊接工艺数字化标准、表面装饰数字化标准、家居装配工艺数字化标准、其他工艺数字化标准）。

d. 数控程序生成与仿真标准：数控程序标准和数控加工仿真标准。

e. 产品数据管理标准：图文档管理标准、家居产品结构与配置（构型）管理标准、工作流程管理标准。

f. 产品数据管理标准：数字化试验与优化标准和数字化试验评价标准。

5.3 家居智能制造标准体系构建依据

5.3.1 家居产品设计体系

随着现代科学技术的迅猛发展和社会生活的不断进步，现代家居市场发生了根本变化，传统的大批量生产方式由于无法向用户快速提供符合多样化和个性化需求的产品而遭遇严峻挑战，传统的定制产品生产方式由于无法提供短交货期和低成本的产品而背负市场竞争的巨大压力。在此背景下，大规模定制（Mass Customization，MC）方式迅速发展，成为信息时代制造业发展的主流模式。在家居大规模定制的模式下，家居产品设计体系标准化建设首先需要解决家居产品内部多样化与外部多样化的问题。此外，实践表明，为了实现低成本、高效率的定制目标，以系列化、通用化、组合化和模块化等为代表的标准化设计已成为当前家具大规模定制企业使用较有成效的主要方法，如图5-4所示。

5.3.1.1 减少家居产品外部多样化

大规模定制的基本内涵是基于标准化原理，以及产品族零部件和产品结构的相

图5-4 家居产品设计体系支撑技术

似性、通用性，利用标准化、模块化等方法降低产品的内部多样化，增加顾客可感知的外部多样化，通过产品重组和过程重组将产品定制生产转化或部分转化为零部件的批量生产，从而迅速向顾客提供低成本、高质量、短交货期的定制产品。

一般情况下，家居产品外部多样化能为顾客提供丰富的选择，而产品的内部多样化则会造成产品成本的提高、质量的不稳定和订单交付延迟。所以，应尽量设法降低产品内部的多样化，增加产品外部多样化，这是大规模定制的核心。例如，当客户购买整体橱柜时，除了对橱柜的品牌、价格、规格尺寸，以及柜体材质等方面提出基本要求以外，还会提出其他一些需求，例如门板种类（实木、防火板、烤漆、覆膜等）、颜色（木本色、蓝色、黑色、红色等）、五金配件及其他选择（厨电设备）等。为了尽可能满足客户的个性化需求，企业应该对产品结构、功能和工艺进行优化，以便只需进行很少的改动，就可以达到以最少的内部多样化获得尽可能多的外部多样化的目的。

5.3.1.2 减少家居产品内部多样化

产品内部多样化通常表现为产品及零部件、工具和夹具等工艺装备、原材料以及工艺过程等方面过多的和不必要的种类。这种客户察觉不到的内部多样化严重影响产品的成本、质量和交货期。因此，家具大规模定制生产企业所面临的挑战是将产品内部多样化降低到一定程度，使得能够柔性地制造产品，不会由于加工准备而造成额外的成本和时间的延误。

实践表明，减少产品内部多样化的这一目标可以通过标准化技术来完成，并可为家具企业实现大规模定制创造条件。在众多标准化技术中，"简化、统一化、最优化和协调化"是最有成效的四种标准化基本形式。其中，简化和统一化是减少产品内部多样化最基本也是最重要的标准化形式，但简化和统一化的着眼点必须建立在最优化方案上，而要达到最优化，就必须通过标准体系内外相关因素之间得到充分协调化。减少家居产品内部多样化的关键技术主要包括：简化、统一化、最优化、协调化，如图5-5所示。

（1）简化

简化是指对具有同种功能的标准化对象，当其多样性的发展规模超出了必要范围时，则应取消其中多余的可替代的和低功能的环节，保证其构成的精练合理，使总体功能最佳。简化是标准化的重要方法，也是标准化的一种最基本的形式。它包括产品品种和规格的简化、产品部件结构形式和尺寸的简化、管理业务方式和手续的简化等。

简化是在一定的条件下和一定的范围内，对处于自然状态的产品品种进行科学的筛选提炼，减少产品的繁杂项目，剔除其中多余的低效能的可替换的环节（或部分），精练出高效的能满足全面需要所必要的环节（或部分），使之在既定时间内更有效地满足需要。其实质不是简单化，而是精练化，其结果不是以少替

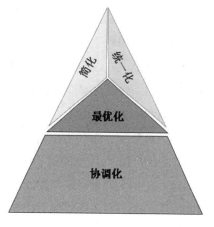

图5-5　减少家居产品内部多样化关键技术

多，而是以少胜多。

简化要求主要包括简化要适度，既要控制不必要的繁复，又要避免过分压缩而造成的单调。简化应以确定的时间范围和空间范围为前提，既照顾当前，又考虑发展，最大限度地保持标准化成果的生命力和系统的稳定性。简化的结果必须保证在既定的时间内足以满足消费者的一般需要，不能限制和损害消费者的需求和利益。产品简化要形成系列，其参数组合应符合数值分级制度的基本原则和要求。

❶ 产品品种及规格的简化。其实质是在一定时间内，在能够满足社会需要的前提下，把产品的品种、规格的数目加以限制。合理简化品种及规格，可扩大生产批量，为专门化生产提供条件。简化就意味着要精减一部分，保留一部分。精减的应是那些不必要的、多余的和重复的品种；保留的应是能够满足需要、能取代被精减的品种。简化的结果应是既能满足社会需要，又能体现最佳的经济效果。

❷ 原材料、零部件品种和规格的简化。这是根据企业生产产品的实际情况对生产过程中所用的原材料和零部件的品种、规格加工限制。这样可以方便采购，减少原材料和零部件的库存量，从而达到少占用流动资金、降低成本，提高企业经济效益的目的。

❸ 加工工艺及装备的简化。这是指企业根据产品的技术要求，对加工方法、工艺装备（包括加工过程所用的工具品种、规格）在优化的基础上加以限制。实行工装简化，可以缩短生产准备周期，降低生产准备费用，有利于推广先进的加工工艺，提高产品质量；减少使用的工具品种，可以减少占用的流动资金，从而降低生产成本。

（2）统一化

统一是为了保证事物发展所必需的秩序和效能，在一定时间内和一定条件下，使标准化对象的形式、功能或其他技术特性具有一致性，把一些分散的具有多样性、相关性和重复性特征的事物予以科学、合理的归并，从而达到统一和等效。统一化是应用统一原理的一种标准化形式，它把两种或两种以上的规格合并为一种，从而使生产出来的产品在使用中可以互换。

统一化是消除由于不必要的多样化而造成的混乱，确立一致性为正常的生产活动建立共同遵循的规范，保证事物所必需的秩序和效率。但统一的基础是被统一的对象，在其形式、特征、效能等方面必须存在可归并性。

统一化的原则主要包括适时原则、适度原则、等效原则、先进性原则。统一是相对的、确定的一致规范，只适用于一定时期和一定条件，随着时间的推移和条件的改变，还须确立新的更高水平的一致性。同时，把同类对象归并统一后，被确定的"一致性"与被取代的事物之间必须具有功能上的等效性。也就是说，当从众多的标准化对象中选择一种而淘汰剩余对象时，被选择的对象所具备的功能应包含被淘汰的对象所具备的必要功能。统一是管理水平发展到一定阶段的必然要求，它消除了由于多样化的杂乱而造成的混乱，为管理建立良好的秩序。

统一化的内容主要表现在以下几方面：工程技术上的共同语言，如名词、术语、符号、代号；数值系列和重要参数，如优先数和优先数系列、模数制等；产品性能规范，如产品主要性能标准、产品连接部位尺寸等；产品检测方法，如抽样方法、检测与试验方法、数理统计与数据处理方法等；技术档案管理，如标准代号、标准编号、各种编码规则产品型号的编制、图样及设计文件编号以及工艺装备的编号规则及方法等。

（3）**最优化**

优化是指按照特定的目标，在一定限制条件下，以科学技术和实践经验的综合成果为基础，对标准体系的构成因素及其相互关系或对一个具体标准化对象的结构、形式、规格和性能参数等进行选择、设计或调整，使之达到最理想的效果。

最优化是要达到特定的目标，因为确定目标是优化的出发点。因此，要从整体出发，提出最优化目标及效能准则。只有在条件许可的范围内和相关因素相协调的基础上优化的结果才是现实可行的。

最优化的方法为数学定量分析，因为最优方案的选择和设计不是凭经验的直观判断，更不是用调和争执、折中不同意见的办法所能做到的，而是要借助于数学方法，进行定量分析。对于较为复杂的标准化课题，要应用包括计算机在内的最优化技术。对于较为简单的优选，可运用技术经济分析的方法求解。

（4）**协调化**

协调化是通过有效的协调方式，使标准体系内的各组成部分、各标准或各相关因素之间相互协调，相互适应，从而建立起合理的构成和相对稳定的关系，使标准体系的整体功能达到最佳，并产生实际效果。

协调化使标准体系的相关因素彼此衔接的地方取得一致，使标准体系与内外的约束条件相适应，使标准系统的整体功能达到最佳并产生实际效果。

协调化是相关因素之间需要建立相互一致关系（连接尺寸）、相互适应关系（供需交换条件）、相互平衡关系（技术经济招标平衡，有关各方利益矛盾的平衡）；正确处理内、外各种纵横关系，在企业建立良好的合作工作环境和群体气氛，保证整个系统发挥理想的功能。对一个具体产品来讲，就是要求这个产品所涉及的各个标准都应相互协调，不但要协调企业内部的各个标准，还应协调企业外部的相关标准，这样才能发挥标准体系的最佳功能。例如，设计家具时要考虑到使用的人造板的规格尺寸标准、质量标准，所用紧固件与连接件的标准，油漆装饰标准，房屋建筑标准等。因此，在确定家具尺寸和结构时就须将这些有关标准中的数据进行协调。

5.3.1.3 家居产品系列化

家居产品系列化是将同一品种或同一类型家居产品的规格按最佳数列科学地排列，以最少的品种满足最广泛的需要，它是设计标准化的主要形式之一。

（1）**系列化的作用**

系列化的作用主要体现在可合理简化产品的品种，提高零部件的通用化程度，使产品的生产批量相对增大，便于采用新技术、新工艺、新材料和实现专业化生产，可以提高劳动生产率和降低成本。

（2）**实现产品系列化的一般过程**

❶制定产品系列标准（又称产品基本参数系列标准）。产品参数是指能标志一个产品使用

特性的变量。一个产品可以有许多个参数，但纳入产品系列的参数应该是最能反映产品使用功能或基本性能或基本结构或基本技术特性的基本参数。产品基本参数既是选择或确定产品功能范围、规格尺寸的基本依据，也应是最能反映产品使用功能的主要参数。以橱柜产品为例，橱柜门板宽度和柜体高度等可以作为橱柜产品的基本参数，以此可以形成橱柜产品的基本参数系列标准。

产品的基本参数系列是指产品的基本参数的数值分级，因此，制定产品基本参数系列标准就是将产品的基本参数形成系列，其基本目标是按照实际需要，合理地确定产品基本参数的上下限范围，以及上、下限之间的合理分档，最后形成产品参数系列表。这是参数系列标准的主要内容，也是直接影响产品标准水平的关键问题。在制定产品基本参数系列标准时，除了选择基本参数之外，还应在许多基本参数中确定最重要、最有代表性的参数作为主参数。基本参数系列是以主参数为主形成的系列，选择参数系列应掌握国内外同类产品的技术信息和参数系列标准，充分考虑与有关配套产品的相互协调，采用合理的分档密度。

❷ 编制产品系列型谱。在上述产品系列标准的基础上，根据技术经济分析原则，合理安排产品的不同尺寸和参数，使基本结构一致的产品从小到大按一定规律排列成一组产品，可以形成不同的产品系列。同系列产品一般具有相同的设计依据、结构特征，甚至是制造方法。产品系列设计技术在一些场合也被称为"产品族"设计技术。

其中，具有代表性的典型结构、量大面广和通用性较强的产品系列称为基本系列，简称基型。通常以基型产品为基础，做某些局部的设计变动或进行局部的补充设计和必要少量的生产技术准备工作，就可生产出多数零部件与基型产品通用的仅具有某些与基型产品不完全相同的变型产品。在基型的基础上稍作改变又可产生出新的形式的产品，称为变型系列。同样以橱柜产品为例，选定标准地柜和吊柜等基型后，便可通过变型设计获得一系列的单元柜体，把基型与变型的关系以及产品品种发展的方向用图表反映出来，构成一个直观、简明的产品品种系列表，称之为产品系列型谱。产品系列型谱是产品发展的蓝图，是制订品种发展规划和技术发展规划的基础，也是指导产品设计和用户选择产品的依据。

编制产品系列型谱的内容包括：系列构成（包括基型系列与变型系列）；按系列构成对基型系列和变型系列的型式、用途、主要技术性能和部件的相对运动特征的说明；根据产品参数系列构成和型式等编制的产品品种表；产品及其部件间的通用化关系和产品参数表、产品系列型谱的附录。

❸ 组织产品系列设计。系列设计是指以基型为基础，对整个系列产品所进行的技术设计或施工设计。其包括基型产品的确定、基型产品的设计、系列产品的设计、变型系列产品的设计。

（3）**系列设计的意义**

❶ 系列设计是最有效的统一化，也是最广泛的选型定型工作，它能有效防止一定范围内同类产品型式、规格的杂乱。

❷ 系列设计可以最大限度地发挥同行业的设计优势，防止各企业平行设计同类产品却又互

不统一的不合理现象，做到最大限度地节约设计力量，还可防止个别企业盲目设计落后产品。

❸ 系列设计的产品基础件通用性好，它能根据市场的动向和消费者的特殊要求，采用发展变型产品的经济合理的办法机动灵活地发展新品种，既能及时满足市场需求，又可保持企业生产组织的稳定。

❹ 系列设计不是简单的选型定型，而是选中有创，选创结合，经过系列设计定型的产品，一般都有显著改进，所以它也是推广新技术、促进产品更新的手段。

❺ 系列设计便于组织专业化协作生产和维修配套。

5.3.1.4　家居产品零部件通用化

家居产品通用化是指同一类型不同规格或不同类型的产品中结构相似的零部件，经过统一以后可以彼此互换的一种标准化形式。通用化是建立在互换性的基础上，而互换性是指在制成的同一规格产品中不需做任何挑选或修整加工就可以任意替换使用，而且可达到原定使用性能要求的性质。

（1）通用化的目的

通用化的目的是最大限度地减少产品在设计和制造过程中的重复劳动，提高产品的通用化程度，可防止不必要的多样化，对于组织专业化生产和提高经济效益有明显的作用。在同一类型不同规格或不同类型产品之间，总会有相当一部分零部件的用途相同、结构相近，或者用其中的某一种可以完全代替时，经过通用化，使之与其他零部件具有互换性。在设计和试制另一种新产品时，该种零部件的设计（包括工装设计与制造）工作量得到节约。此外，还能简化管理，缩短设计试制周期，扩大生产批量，提高专业化水平，为企业带来一系列经济效益。对于具有功能互换性的复杂产品来说，通用化意义更为突出。

（2）实现通用化的一般方法

❶ 在设计系列产品时，要全面分析产品的基本系列及派生系列中零部件的共性与个性，从中找出具有共性的零部件，先把这些零部件作为通用件，以后根据情况有的还可以发展成为标准件。如果对整个系列产品中的零部件都经过了认真的研究和选择，能够通用的都使之通用，这就叫系列通用，这是通用化的重要环节和基本方法。

❷ 单独设计某一种产品时，也应尽量采用已有的通用件。新设计的零部件应充分考虑到使其能为以后的新产品所采用，使其成为通用件。

❸ 在对已有产品进行整顿时，根据生产和使用过程中的经验，特别是产品维修过程中暴露出来的问题，对可以通用的零部件经过分析、试验，实现通用，这是老产品整顿的一项内容。

❹ 在企业里，可以把通用件编成图册，也可以编写典型工艺，供设计和生产人员参考选用。通用化虽然不是标准化的典型形式，但它是标准化过程中的一个重要阶段。许多通用零部件经过生产和使用考验以后有可能提升为标准件，所以它是标准化的必要阶段。另外，具有某种功能的产品的通用更是标准化的其他形式无法代替的。

（3）零部件的通用化

通用化更多体现在零部件通用化上，即指在互换的基础上，尽可能地扩大零件或部件的使用范围。零部件通用化可以缩短设计周期，减少设计和生产、使用中的重复劳动，扩大生产批量，节约人力、财力和物力。零部件通用化主要是确定通用件，通用件按其通用范围和方式的不同，可分为企业标准件、通用件和借用件。而要实现零部件通用化，主要应做好以下三项工作：

❶ 通用图册的编制与应用。通用件不属于某一产品，它是以自己的独立编号系统存在于各种类型产品中。相对企业标准件来讲，通用件各方面的条件还不成熟，经过一段时间的制造和使用的考验，有可能上升为标准件。通用化的对象确定之后，便可设计通用零部件的工作图样及编制独立的技术文件。其工作图设计完成后，需编制选用图册，以指导通用零部件的选用。通用零部件选用图册一般只供设计人员选用，但随着零部件通用化程度的提高，也可直接用于定货和指挥生产。

❷ 组织好通用件的积累。对于结构比较复杂、变化尺寸比较多、重复使用可能性较少的零部件，由于其选择的目标不集中，一般不应预先进行系列设计，而应编制一个指导性的资料，由设计人员按照指导性资料，根据需要陆续设计，逐步积累形成系列。这样既可避免重复设计，又可实现零部件的通用化。在这个环节，一是编制通用化指导文件，用来统一通用件的设计；二是绘制通用件图样。

❸ 组织好借用件的利用。在新的设计结构中，借用过去已生产过、技术上较为成熟并有一定的工艺装备的零部件，也可有与通用化相同的效果。

5.3.1.5　家居产品组合化

组合化是指重复利用标准单元或通用单元，并且拼合成可满足各种不同需要的具有新功能产品的一种标准化形式。组合化是受积木式玩具的启发而发展起来的，所以也有人称之为"积木化"。组合化的特征是通过统一化的单元组合为物体，这个物体又能重新拆装、组合新的结构，而统一化单元则可以多次重复利用。

（1）组合化的条件

❶ 组合化是建立在系统的分解与组合的理论基础上。把一个具有某种功能的产品看作一个系统，这个系统又可分解为若干功能单元。由于某些功能单元不仅具备特定的功能，而且与其他系统的某些功能单元可以通用和互换，于是这类功能单元便可分离出来，以标准单元或通用单元的形式独立存在，这就是分解；再把若干事先准备好的标准单元、通用单元和个别的专用单元按照新系统的要求有机地结合起来，组成一个具有新功能的系统，这就是组合。

❷ 组合化是建立在统一化成果多次重复利用的基础上。组合化的优越性和它的效益均取决于组合单元的统一化（包括同类单元的系列化）以及对这些单元的多次重复利用。因此，也可以说组合化就是多次重复使用统一化单元或零部件来构成物品的一种标准化形式，通过改变这些单元的连接方法和空间组合，使之适用于各种变化的条件和要求，创造出具有新功能的系统。

（2）组合化的内容

无论在产品设计、生产过程，还是产品的使用过程中，都可以运用组合化的方法，但组合化的内容主要是选择和设计标准单元与通用单元，这些单元又可叫作"组合元"。

确定组合元的程序，大体是先确定其应用范围，然后划分组合元，编排组合型谱（由一定数量的组合元组成产品的各种可能形式），检验组合元是否能完成各种预定的组合，最后设计组合元件，并制定相应的标准。除确定必要的结构型式和尺寸规格系列外，拼接配合面（接口）的统一化和组合单元的互换性是组合化的关键。此外，预先制造并贮存一定数量的标准组合元，根据需要组装成不同用途的物品。

（3）组合化的应用意义

❶ 依据对功能结构的分解而确定的单元能以较少的种类和规格组合成较多的制品，它能有效地控制零部件（功能单元或结构单元）的多样化，从而取得生产的经济性。

❷ 组合化开创了适应多种组装条件的可能性，从而为实现既能满足多种要求，又尽量少增加新的结构单元这样理想的生产方式奠定了基础。

❸ 按组合化原则设计的单元，以及单元的分类系统，为实行成组加工打下基础，批量较大的标准单元还可组织专业化集中生产。

❹ 由于通过组合化能更充分地满足消费者的要求，用户能及时地更换老产品（如设备更新），有时只需要换某些单元，不致全部报废，这同样会给消费者带来经济效益。

❺ 在基础件（单元）统一化、通用化的条件下，对产品的结构和性能采用组合设计，可以实现多品种、小批量、产品性能多变的生产方式，既满足市场需求，又保证零部件结构相对稳定，保持一定的生产批量，不降低生产专业化水平，这就为那些单一品种大批量生产的企业向多品种小批量生产的转变找到了一条出路，并且还可给加工装配型企业带来根本性变化。这种办法，对批量小、结构复杂、研制周期长、性能变化快的工业产品设计和制造具有特殊意义。

5.3.1.6　家居产品模块化

家居产品模块化是解决复杂系统类型多样化、功能多变的一种标准化形式，它是基于分解与组合原理、相似性原理和模数化原理，在综合了系列化、通用化、组合化等其他标准化设计方法特点的基础上发展起来的高级形式。模块化的对象是复杂系统，这个系统可以是产品工程或一项活动，这个系统的特点是结构复杂、功能多变、类型多变，如图5-6所示。

图5-6　金属框架模块化书架

（1）模块的概念

模块是模块化的基础，通常是由元件或子模块组合而成的具有独立功能、可成系列单独制造的标准化单元，通过不同形式的接口与其他单元组成产品，且可分、可合、可互换。

❶ 模块的特征。模块不同于一般产品的部件，它是一种具有独立功能，可单独制造、销售的产品，通常由各种元器件组合而成。高层模块还可包含低层模块，即由模块组成模块，是构成产品系统的完整单元（要素）。它与产品系统的其他要素可分、可合，通过各种形式的接口（刚性，柔性）和连接方式（单向，双向、多向）实现模块间的连接与组合。

❷ 模块的种类。按照其用途和特征可以划分许多种类：功能模块，如基本功能模块、辅助功能模块、特殊功能模块等；结构（分级）模块，如高层模块分模块（或子模块）；通用模块和专用模块等。

（2）模块化设计过程

模块化设计过程一般可分为两种形式：一种是为生产某种复杂产品或为完成某项工程，采用模块组合的方法，根据该产品或工程系统的功能要求，选择、设计相应的模块，确立它们的组合方式；另一种是在全面分析和研究客户需求的基础上，对各种不同类型、不同用途、不同规格产品进行功能分析，从中提炼出共性较强的功能，据此开发一些具有独立功能的模块，由这些模块组成完整的产品族。目的不仅是满足某种产品的需要，而是要它在更广的范围内通用。

产品模块化综合考虑了系统（产品）对象，把系统（产品）按功能分解成不同用途和性能的模块，并使模块的接口标准化，选择不同的模块便可以迅速组成各种要求的系统（产品）。模块化设计的程序与产品系列设计极其相似，在全面分析和研究客户需求的基础上，其设计程序依次为：

❶ 明确目标要求。性能、结构等。

❷ 确定拟覆盖的产品种类和规格范围。确定参数范围和系列型谱。

❸ 进行基型产品设计。确定基型产品的结构和功能，提出对高层模块的要求。

❹ 进行分系统设计。确定分系统的结构和功能，对构成分系统的模块提出要求。

❺ 模块创建。根据分系统的要求确定模块的结构和功能，对构成模块的标准单元提出要求。

❻ 接口设计。模块接口指模块间的结合部分，是模块组合的依据，确定接口的可靠性、可装配性、加工工艺等内容。

❼ 元件设计。根据模块的要求，设计或选用元件，按尺寸、性能、精度、材料等形成系列，并尽量标准化。

❽ 模块配置。在基型设计的基础上，根据需要发展变型，变型设计虽然可以基型为基础，尽量通用，但仍不能脱离功能分析。

需要注意的是，完成设计的各级各类模块要建立编码系统，将其按功能、品种、结构、尺寸等特点分类编码进行管理。产品模块化设计过程现可以借助大量成熟的工具和软件来实现。

5.3.2 家居工艺规划体系

所谓工艺，是依据产品设计要求，将原材料、半成品等加工成产品的方法和技术，具体包括生产准备工艺、加工制造工艺、测定工艺，检查工艺，包装工艺、运输或搬运工艺和储存工艺等。

家居工艺规划（或家居工艺过程规划）也称作工艺设计，是优化配置工艺资源、合理编排工艺过程的一门艺术，它是连接产品设计与产品制造的桥梁，是企业生产技术工作的主要内容之一。工艺规划范围很广，不同类型企业又会有不同的重点，一般来说主要包括：采取一切技术组织措施，保证产品质量编制，并贯彻工艺方案、工艺规程、工艺守则及其他有关的工艺文件，参加产品图纸的工艺分析，审查零件加工及装配的工艺性能、设计、制造及调整工艺装备，并指导使用编制消耗定额、设计及推行技术检查方法、生产组织、工艺路线、工作地组织方案，以及工作地的工位器具等，工具管理（工具的计划、制造和技术监督）、新技术、新工艺、新材料的试验、研究和推广等。

可以说，工艺规划是一个包括许多任务和制造信息（如加工路线、加工方法、机器工具、工艺参数等）的复杂过程，它对组织生产、保证产品质量、提高生产率、降低成本、缩短生产周期及改善劳动条件等都有直接的影响。因此，工艺规划是实现大规模定制生产模式的关键性工作。

基于大规模生产模式下，系列化、通用化、组合化和模块化的产品设计特点，产品的工艺规划由面向单一产品和零件转为面向产品族，这就要求零部件的制造和装配应努力实现工艺标准化、工艺规程典型化和典型工艺模板化等特性，用不断减少的工艺多样化满足不断增加的产品外部多样化，以适应灵活、快速的家居智能制造环境，如图5-7所示。

（1）工艺标准化

工艺标准化的目的就是以工艺为研究对象，将工艺的先进技术、成熟经验以文件形式统一起来，使工艺达到合理化、科学化和最佳化。工艺标准化，是标准化的原理在工艺工作中的具体应用。只有通过开展工艺标准化，才能简化工艺管理，建立正常的生产秩序；才能促进产品设计标准化，保证提高产品质量；才能降低人、财、物的消耗，提高经济效益；才能缩短生产周期，提高劳动生产率等。

工艺标准化主要包括工艺文件标准化、工艺术语与符号标准化、工艺要素标准化和工艺装备标准化等内容。其中，可将工艺文件标准化和工艺术语与符号标准化统称为工艺基础标准化，如图5-8所示。

（2）工艺规程的典型化

工艺规程的典型化（又称典型工艺），是反映工艺过程的文件，也是组织生产的基础资料。

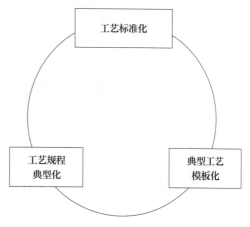

图5-7 家居工艺规划体系关键技术

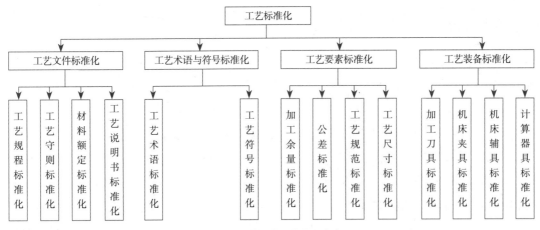

图5-8　工艺标准化的主要内容

它包括：产品及其各部分的制造方法与顺序，设备的选择，切削用量的选择，工艺装备的确定，劳动量及工作物等级的确定，设备调整方法，产品装配与零件加工的技术条件等。它的主要文件形式有：过程卡（或路线卡）、工艺卡（或零件卡）、操作卡（或工序卡）、工艺守则，以及检查卡、调整卡等。

工艺规程典型化通常称为典型工艺，它是从工厂的实际条件出发，根据产品的特点和要求，将众多加工对象中加工要求和工艺方法相接近的加以归类，也就是把工艺上具有较多共性的加工对象归并到一起，并分成若干类或组，然后在每一类或组中，选出具有代表性的加工对象，以它为样板，编制出的工艺规程叫典型工艺。它不仅可以直接用于该加工对象，而且基本上可以供该类使用。例如某一类零件的典型工艺，只需稍作调整，便可适用于该类中的每一种零件，所以它实际上是通用工艺规程。在产品品种多变的企业，典型工艺还可作为编制新工艺规程的依据，在一定程度上起着标准的作用。

典型工艺一般包括：相同零件组的典型工艺（对结构形式相似、尺寸相近，具有类似工艺特征的一组零件制定的供工艺人员编制工艺使用的工艺文件）；某工序的典型工艺（以工序为对象，对该工序所有零件中的同一工艺要素的制造工艺进行典型化）；标准件和通用件典型工艺（因为标准件的结构相同，只是尺寸不同，所以无须分类分组便可直接编成供操作者用的典型工艺过程卡，绘出结构简图，在表格中列出尺寸系列）。

典型工艺往往取决于产品及其零部件的标准化，反过来，工艺规程典型化又可以促进产品及其零部件标准化程度的提高。工艺规程典型化一般分两步进行：先是按零件的形状、结构和工艺特征等将零件分成若干类，并将每类分成若干组；然后在每组中选出有代表性的典型零件，根据编制工艺规模的方法和步骤，制定出典型工艺规程，并在分析研究中对其内容进行适当补充。

工艺规程典型化有利于改进企业工艺管理。首先是减少工艺文件的编制数量（工作量），简化工艺试验和验证，缩短生产准备周期；其次是提高工艺水平和工艺质量，为应用新技术、组织专业化生产创造条件（如采用成组加工工艺）；再次是减少工装的品种和数量，提高工装的通用化程度和利用率，节约加工工时，简化车间的生产组织和计划管理。

（3）典型工艺的模板化

面向大规模定制的设计过程主要立足于开发产品的主结构，以及各个模块的主模型，在实现工艺标准化和工艺规程典型化的基础上，通过建立基于零部件主模型的典型工艺模板，便可通过参数化的方式派生出各种不同零件或部件的工艺规划。例如，在产品系列化的条件下，影响同系列不同型号产品下的零部件工艺的特征只是零部件的几何形状及其相关尺寸，即同系列产品零件工艺中的可变部分随零部件的几何形状不同而不同。在特定的条件下，将这些可变部分事先提取完成，用参数表达式代替，这种提炼出来的带参数表达式的工艺规划就称为工艺模板。

具体而言，通过分析产品族或零部件族及其典型工艺特点，提取可参数化的属性，分别建立族的参量表，然后通过参数化的方法对每个典型工艺进行参数化，并建立两者之间的参数化关系，形成参数化典型工艺，也就是典型工艺模板。在此基础上，通过相应的参量驱动规则就可以自动生成新的工艺，而这些新工艺经优化后可以不断被纳入典型工艺模板库中，以备作为实例借用。

将经过长时间工艺知识（工艺经验）积累和应用验证且已经成熟规范的具有一定特点和代表性的典型工艺进行模板化，可以显著缩短工艺规划时间和工艺准备周期，避免重复型的工艺规划，促进工艺规范化和标准化，减少工艺的多样化，还可实现企业制造知识和经验的积累、共享、重用和传承。

5.3.3　家居管理体系

大规模定制的基本内涵是基于标准化原理，利用标准化、模块化等方法降低产品的内部多样化，增加顾客可感知的外部多样化，通过产品重组和过程重组将产品定制生产转化或部分转化为零部件的批量生产，从而迅速向顾客提供低成本、高质量、短交货期的定制产品。对于家具企业而言，一方面需要通过标准化技术来简化产品的结构和生产过程，减少产品的内部多样化；另一方面，还需通过标准化技术来优化企业管理、提高管理效率。

管理是协作劳动的产物，是在出现企业之后，为适应生产力的发展和调节人与人的关系的需要而发展起来的。在社会生产中，通过指挥、协调和执行生产总体的运动所产生的职能，就是管理。人们为了强化对象的有序性或组织程度，需要进行各种管理活动，如对管理对象和过程行使计划、组织、监督、指挥、调节、控制、决策等。从这个意义上来说，标准化管理就是对这些管理活动的内容、程序方式、方法和应该达到的要求进行统一的规定，即规定和衡量管理对象或过程的有序性（或组织程度）的标准。

（1）标准化管理体系组成

标准化管理是指以制订、贯彻管理标准为主要内容的全部活动过程，它是企业标准化的一个有机组成部分。推行企业标准化管理是适应大规模定制模式的客观需要，也是企业管理逐步走向科学化的必然结果。实施标准化管理，一般应同企业现存的管理系统相对应，即首先明确企业管理系统中的各管理部门（如计划、技术、生产、销售、财务、设备等部门）；再考查各部门内部的业务分工（有的部门业务内容较多、范围较广，还可能再设一个管理层次，如技术管理部门下设技术发展、产品设计、科技情报、科技档案、工艺等低层次的部门）；最后弄清每个管理部门（或层次）内部的各个管理环节（如设备管理部门可分设备购置、设备安装调试、设备使用、设备检查、设备维护保养、设备修理和设备改造等管理环节）。企业管理系统在被分析、细分和调整优化后，便可成为实施企业标准化管理的依据。

目前，家居企业标准化管理体系主要由以下几部分组成：标准化生产管理、标准化技术管理、标准化质量管理、标准化物资管理、标准化设备管理、标准化财务管理、标准化销售管理，如图5-9所示。

❶ 标准化生产管理。标准化生产管理是指企业对生产管理工作及其有关问题制定制度标准。它包括：生产过程组织管理标准（生产结构和生产调度规定）、生产能力标准（设计、查定、计划生产能力）、期量标准（生产周期批量、储备量）、资源消耗标准（工时、设备、物资、资金消耗定额及管理标准）、生产作业计划管理标准，在制品（半成品）管理标准、外协（外购）件管理标准等。

❷ 标准化技术管理。标准化技术管理是企业为了使其技术管理事项顺利展开，达到预期目标对技术管理工作及其有关问题所做的规定。它包括：新产品与技术开发管理标准，产品设计管理标准，工艺管理标准，能源利用管理标准，计量管理标准环境保护与卫生安全管理标准，产品图样，技术文件，标准情报，资料档案管理标准等。

❸ 标准化质量管理。标准化质量管理是指企业对产品质量管理工作及其有关问题所做的规定。它包括：质量管理和质量保证标准的选择和使用规定，质量体系及其管理规定，质量计划及其质量责任制规定质量控制方法与控制图，工序质量管理及其质量等管理规定，产品质量升级创优与质量监督规定，质量信息管理规定，质量手册的编制规定等。

❹ 标准化物资管理。标准化物资管理是企业对物资管理工作及其有关问题所做的规定。它包括：物资管理分类与物资目录规定，物资计划编制规定，物资采购、储备定额库存控制标准，物资进厂，入库验收，保管标准，物资分配与发放管理标准，能源供应管理标准等。

❺ 标准化设备管理。标准化设备管理是指企业对设备管理工作及其有关问题所做的规定。它包括：设备分类、档案管理标准，设备维修、定期保养管理标准，备件、工具管理标准，设备购置验收、更新改造、转移和报废规定，设备维修计划的编制与执行规定，设备完好标准的制定、实施及设备的检查、记录、报告规定等。

❻ 标准化财务管理。标准化财务管理是指企业对财务管理工作及其有关问题所做的规

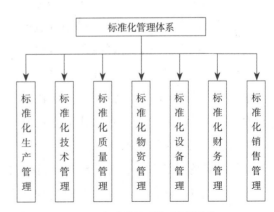

图5-9　标准化管理体系主要内容

定。它包括：财务收支预算管理标准，成本计划、成本核算、成本控制管理标准，固定资产管理标准，流动资金管理标准，现金及有价证券管理标准，工资、分配、奖励、福利方面的标准，物资、设备、资金、劳动力利用率标准等。

❼ 标准化销售管理。标准化销售管理是指企业对销售管理工作及其有关问题所做的规定。它包括：市场信息、市场调查研究与预测、销售计划、销售渠道管理、产品储存、运输管理、售后服务管理、信息管理标准、企业内部信息系统及其管理，企业外部信息系统及其管理等。

（2）实现标准化管理的信息化系统及工具

由于产品品种多，客户和供应商数目巨大，大规模定制面对的是海量的数据，这给标准化管理带来了很大的困难和挑战，只有将计算机技术和网络技术紧密结合，才能有利于保持信息流的畅通，将正确的信息在正确的时间送到正确的地方，唯有如此，标准化管理也才能得以实现，如图5-10所示。目前应用于大规模定制企业的信息化管理系统及工具主要有：客户关系管理、供应链管理、产品数据管理、计算机辅助工艺规划。

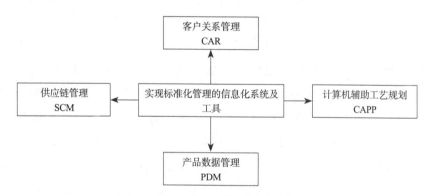

图5-10　实现标准化管理的信息化系统及工具

5.3.4　家居质量保证体系

家居大规模定制旨在通过尽可能减少产品的内部多样化，增加产品的外部多样化，以实现以大批量的低成本、高质量和短交货期向客户提供个性化的定制产品。然而客户对产品的质量要求并没有因为快速供货和个性化等得到满足而有所降低，如果缺少了良好的质量保证，客户显然不会对企业快速的反应和对他们提供的个性化产品感到满意。因此，大规模定制生产模式下的质量控制和保证措施成为近年来企业关注的重点内容之一。

众所周知，产品的质量与设计和制造过程密切相关，对于实行大规模定制的家具企业而言，由于基于以客户为核心，不断满足客户的产品定制需求，不仅采用了以系列化、通用化、组合化和模块化等为代表的标准化设计方法，而且原本稳定的生产过程也发生了显著改变，特别是多品种小批量的个性化定制生产模式，使工序控制过程变得复杂，监控困难，时常还需要根据顾客需求进行临时调整，这就使得大规模定制的工序质量控制较传统生产方式面临着更大的困难，对质量控制也有着更高的要求。因此，除建立涵盖标准化生产管理、标准化技术管理、标准化质量管理等在内的标准化管理体系外，企业还应重点建设面向大规模定制生产模式的质量保证体系，这既是现代企业实现质量保证的客观要求，也是推动产品质量持续改善和提升的必然途径。

质量是以一组固有特性满足顾客明示的通常隐含的或必须履行的需求或期望的程度，而质量保证体系是企业为了保证产品质量能够满足顾客的需求，将组织职责、过程活动、方法和资源等要素构成有机整体，来解决现代质量保证问题的一种系统方法。建立面向大规模定制生产模式的质量保证体系就是在设计、制造、销售等全过程循环进行建立标准、实施标准、按标准检验和肯定或修订标准的过程，这也是一个持续改善的动态过程。

被广泛采用的ISO 9000系列族标准，通过排除和预防错误或修改不恰当的设计等措施使产品和服务质量得到日益提高，已成为包括家具企业在内众多企业所认可的质量保证体系。ISO 9000标准将复杂的质量体系细分为若干过程和要素，并对每一过程和要素进行了详细的规定，其中ISO 9001《质量管理体系要求》概括出了管理职责、设计控制、客户提供产品的控制、过程控制、检验和试验等20个独立的质量体系要素，这些要素随后被"以顾客为中心"的ISO 9000：2000按过程模式重新组建为"管理职责""资源管理""产品实现"和"测量、分析和改进"四大管理过程。以下将围绕"测量、分析和改进"过程探讨建立大规模定制的质量保证体系要点。

"测量、分析和改进"过程要求生产企业策划并确实执行质量管理体系所需的测量分析和改进过程，确定过程和产品的监视、测量，证实产品的符合性，保持质量管理体系的有效性。具体包括顾客满意度、内部审核、过程监视和测量、产品监视和测量、不合格品控制、数据分析、改进、纠正措施和预防措施等条款。以下仅就与之密切相关的"检验和试验"要素进行分析。

5.3.4.1 检验

检验是通过观察和判断，适当时结合测量、试验或估量所进行的符合性评价，即借助某种手段或方法对成品、半成品或原材料的质量特性进行测定，并将测定的结果同规定的质量标准作比较，从而判断其是否合格的过程。ISO 9001标准则具体要求企业制定全套检验标准，包括各类原材料的进货检验标准、各类工序检验标准、最终成品检验标准。品管员应严格依照标准执行检验并进行记录，记录应妥善保存。

（1）家居企业检验方式

企业里的检验方式随企业的生产类型不同而不同，根据不同的分类原则可划分如下。

❶ 按检验主体分为自检、互检和专检的"三检制"。

a. 自检是指操作者对其所加工的制品（或零件）按图纸、工艺或标准进行的检查。经检验确认合格后送交下一工序或专职检查人员检查。虽然自检是初步检验，但很重要，通过操作工人的自检，不仅可以把不合格品挑出来，防止流入下一道工序，而且有利于操作者及时调整工装和设备，防止再次出现不合格品。这对提高工人的质量意识很有作用。

b. 互检是生产工人之间相互进行检验。如下道工序的工人对上道工序的检验、同工序工人的互检、班组质量管理员对本组工人生产的产品的抽验，以及下一班工人对上一班工作的检验等。

c. 专检，即企业专职检验机构的检验。如企业的技术检验科或检查科所进行的检验。这种方式的检验，不仅具有确保产品质量的作用，而且具有代表企业对产品进行验收的意义，因为既要防止不合格的产品流入下一道工序或流出厂外，又要防止不合格的原材料和零配件等流入厂内。

❷ 按检验特征分为以下几种方式。

a. 按工作过程的次序可分为：预先检验（加工装配前对原材料、半成品、外购件等的检验）、中间检验（加工过程中前后工序之间的检验）和最后检验（完成全部加工或装配程序后对半成品或成品的检验）。

b. 按检验数量可分为：全数检验（对检验对象逐一进行检验）和抽样检验（对检验对象按抽样方案规定的数量检验）。

c. 按预防性可分为：首件检验（对改变加工对象或改变生产条件后生产的第一件或头几件产品进行的检验）和统计检验（运用概率论和数理统计原理，借助统计检查图表进行的检验）。

这几种检验方式各有不同的适用条件，企业应根据本单位生产过程的具体情况和特点合理选择可以正确反映产品质量状况的检验方式。

❸ 按检验目的分为型式检验和出厂检验。

a. 型式检验，又叫例行检验。其目的是通过对产品各项质量指标的全面检验，以评定产品质量是否全面符合标准，是否达到全部设计质量要求。它主要用于新产品投产前的定型鉴定。但正式投产后，如果结构、材料等有重大改变，以及转厂生产或者长期停产后重新投产，也需进行型式检验。在工艺比较稳定的情况下，可重点选若干项目，包括某些过载试验、寿命试验和破坏性试验，进行周期性复查考核。型式检验除用于新产品鉴定外，通常属于制造厂的内部检验。工厂应根据试验结果在必要时调整工艺过程，以保证产品质量达到较高水平。

b. 出厂检验，又叫验收检验。它是对正式生产的产品在交货时必须进行的最终检验。其目的是评定已通过型式检验的产品在交货时是否具有型式检验时确认的质量，是否达到良好的质量特性要求。产品经出厂检验合格，才能作为合格品交付。用户认为必要时也可按出厂检验的项目进行接收检验。出厂检验项目是型式检验项目中的一部分，有的项目可以全检，有的项目可以抽检。对于平时已做过周期性检查的一些试验（如过载试验、破坏性试验、寿命试验），根据检验记录，如可证明生产过程稳定，则可以不再重复进行型式检验（用户提出要求时例外）。

对于列入产品标准中的质量检验，根据国家标准规定，一般采取型式检验和出厂检验这两种方式。它实际上是对产品实行最后检验的两种方式。

（2）企业检验标准

企业的检验工作是企业生产过程的一个工序，贯穿于生产的全过程，几乎在各个部门、加工车间、工艺环节和生产班组都有检验工序。为保证检验工作的严肃性和科学性，应制定相应的检验标准，作为操作工人自检、互检及专职检验的共同依据。企业检验不仅形式多样，而且对象多种多样。检验标准的种类也较多，不同行业又有所不同。就工业产品加工企业来说，如果按生产过程的次序划分，主要有以下检验工作及相应的检验标准。

❶ 接收检验标准，又叫入厂检验标准，主要是对进厂的原材料、外购件、外协件、外购工具、量刃具、仪表和设备等所规定的检验标准。其目的是保证不合格的原材料及工装设备不进厂。

❷ 中间检验标准，主要是生产过程中的检验标准。其目的是保证不合格的零部件、半成品不交给下一道工序。

❸ 成品检验标准，检验制成品的质量是否达到产品标准的要求。对成品进行检验，还可按不同时期分为最终产品检验、在制品出入库检验、长期库存品的在库检验、出厂时的出厂检验等。其目的是保证不合格产品不出厂。

5.3.4.2　试验

按照程序，对产品的一个或多个质量特性进行试验、测定、检查的确定方法统称为试验。它是对具体产品实现技术要求规定程度的定量鉴定方法。

从概念上来说，试验和检验都属于检查的范畴，但判定产品是否合格，必须通过检验。而对产品进行检验又必须以试验所得结果作为判定的依据，并且必须统一试验方法，才能保证试验结果的可靠性和可比性。所以，如图5-11所示，检验与试验在概念上既有区别又有联系。

当然，试验结果只能作为判定产品合格的依据，并不对产品合格与否进行判定。如何判定产品是否合格是检验规则的任务，所谓检验规则是产品制造部门和用户判定产品合格与否所共同遵守的基本准则。检验规则部分不包括具体的试验方法，检验中所用的试验方法可在标准中单独规定，也可制定通用的试验方法标准。

任何一个企业从原材料入厂到零部件和半成品往下一道工序转移，以至产品完工入库或出厂，都要经过严格的检验。只有严格的检验，产品质量才会有可靠的保证。当然，对保证产品质量来说，检查只能起到辅助作用，关键措施是把企业各部门、各环节的生产经营活动严密地组织起来，用现代化手段进行产品质量控制，确保产品质量稳定可靠，真正建立起面向大规模定制生产模式的质量保证体系，向着"零缺陷"和"零废品"的目标而持续努力。

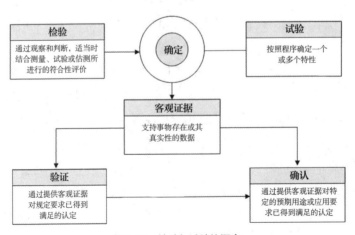

图5-11　检验与试验的概念

5.3.5　家居绿色低碳体系

中国家居行业绿色低碳制造正涌现出一批具有引领作用的绿色设计标杆企业。家具行业是与人民生产和生活息息相关的行业，绿色低碳的家具产品关乎保护生态环境和人民的健康与安全。当前我国正在推进实施"双碳目标"，对家具业绿色低碳升级转型起到了推动作用。同时，在国内低碳环保要求不断加强的大环境下，家具行业也在努力推动绿色发展、绿色制造体系建设，对家具行业绿色低碳制造体系的转型起到了助力的成效。

绿色低碳制造标准化体系框架分别从制造通用标准体系、绿色低碳制造保障标准体系，以及绿色低碳制造提供标准体系方面构建。以家具业为例，从以下五方面进行体系的搭建。

（1）家具资源属性

对资源属性、环境属性、品质属性提出标准要求。对材料的可循环性、家具材料的取材地点［除次生原料和回收原料外，木材、竹材应提供拉丁文名称和地理来源（国家或地区），不得来源于保护区或被授予保护区的状态、所有者或使用权不清楚的地方、转基因的树木或植物］进行规定，保证绿色低碳的家具制造业的可持续发展。通过对大理石粉尘、玻璃钢粉尘，以及木粉尘进行环境属性的标准要求，减少绿色低碳家具制造中的有害物散播。对床类、柜类、桌类的耐久性进行产品寿命的测试，对家具涂层可迁移元素，以及家具的有害物控制，进行了品质属性的标准规定。

（2）家具材料

从家具行业材料分类要求、工作场所粉尘容许浓度（木粉尘等）、产品寿命（耐久性等）、产品有害物质（甲醛、TVOC等）对纺织品、皮革中五氯苯酚（PCP）、可分解芳香胺染料等有害物遏制进行标准化管理规范，体系从材料的危害和质量的评定进行源头控制，减少家具材料对人体的危害。主要使用了以下标准：GB 18580—2017《室内装饰装修材料　人造板及其制品中甲醛释放限量》、GB 28008—2017《玻璃家具安全技术要求》、DB44/T 2027—2017《塑料家具质量检验及质量评定》、QB/T 1951.2—2013《金属家具　质量检验及质量评定》等。

（3）家具设计

为保证家具的使用寿命，从设计方式入手，对不同家具适用场景进行了分类设计规定，细化出婴童类、办公类、软体家具、塑料家具、玻璃家具、写字台、餐桌餐椅、厨房家具与金属家具等，使用团体标准、企业标准。拟制定《智能家具多功能床》《人体工学椅》《办公室隔断降噪屏风》标准，通过DB11/T 1418—2017《低碳产品评价技术通则》、GB/T 13471—2008《节电技术经济效益计算与评价方法》等，秉持绿色低碳制造的宗旨进行家具制造。

（4）家具制造

通过环境与能耗标准、安全卫生标准、设计标准，对绿色家具低碳制造进行规范要求。拟制定《绿色工厂运行规范》，通过已有标准WB/T 1098—2018《家具物流服务规范》、GB/T 26820—2011《物流服务分类与编码》等，在家具制造的过程中，从装备和工具，以及相关系统的配合，实现对物流标准化的系统化管理。

（5）家具使用

从回收可利用及环保方面进行家具使用过程中期与后期的规范要求，执行GB 5296.6—2004《消费品使用说明　第6部分：家具》。从回收再利用入手，主要从产品设计开发阶段开始，到原材料采购、制造、运输、使用等过程，能严格遵守绿色家具产品标准要求，一环扣一环，确保产品在最终失去整体使用价值后，能满足可拆卸、可回收、可循环利用、可降解等要求，并满足环保、健康的生态环境标准。

5.3.6　智能家具标准化应用

人工智能与传统家具的结合将优化家具结构、工艺和功能，不仅可以极大提高居家生活和办公质量，还为传统家具行业的转型发展带来希望。我国智能家具的研究最早开始于2005年，截至目前，智能家具还主要停留在起步阶段，既没有统一的技术标准，也没有统一的判定标准。学术领域对智能家具的研究停留在简单的技术开发层面，缺乏系统的理论架构做指导。企业研发并生产各自感兴趣的产品，技术与技术之间以及产品与产品之间不能实现互通，一定程度上阻碍了智能家具行业的整体发展。因此，智能家具标准的制修订工作刻不容缓。智能家具是家具"拟人化"的结果，既在传统家具的基础上丰富其功能，又会衍生出新的产品。综上，智能家具应结合家居智能制造通用基础标准和技术标准，构建标准体系，综合家具、材料、电器和软件信息等相关内容共同制定。与传统家具相比，智能家具标准应在信息安全、电器安全、环保节能、噪声、人体工程学等方面重点深入，如图5-12所示。

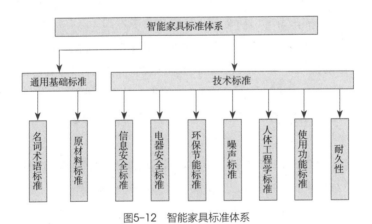

图5-12　智能家具标准体系

（1）信息安全

目前智能家具系统的协议都由厂家定义，后期维护和升级服务受限。越来越多的智能家具连接到互联网，在方便使用的同时，也存在泄漏用户家庭隐私和财产安全的风险，需要采用身份认证、访问控制和数据加密等技术来提升系统安全性。因此，智能家具标准应从物理风险、生物识别（指纹识别、虹膜识别、面部识别）、密码、云终端安全等方面规定信息安全检测要求。现行的GB/T 20271—2006《信息安全技术　信息系统通用安全技术要求》、GB/T 28448—2019《信息安全技术　网络安全等级保护测评要求》、GB/T 31722—2015《信息技术　安全技术　信息安全风险管理》，以及国际信息安全标准体系的智能家居信息安全标准技术规范已正式公布，可供智能家具信息安全标准参考。

（2）电器安全

智能家具运行能量来源于电，属于电器的一种，用电安全应成为标准中的强制性条款。为减少触电危险，智能家具应尽可能采用人体安全电压36V，规定安装漏电保护装置、过载保护，采取接地措施，优化线路布置等。此外，智能家具还应规定特定的用电安全项目，如表面采用多层高绝缘材料，接电口应配置保护外壳，避免分布在承受人体压力和人正常活动的范围，且尺寸应足够小，以避免儿童手指伸入。

（3）环保节能

一方面，为实现现代化、智能化、舒适化的效果，智能家具对原材料和零部件的要求均较高，生产过程也较复杂，对能源的消耗也较大。另一方面，智能家具在运行过程中也造成能量消耗。因此，智能家具的环保节能要求不仅应包含使用过程中的耗电量，也应包含生产过程中的能耗。目前，电器相关标准的使用能耗限定已较成熟，可为智能家具提供参照。生产过程中能耗的限定存在难点，比如原材料的生产能耗和产品生产能耗，应成为未来关注的重点。

（4）噪声

智能家具在使用过程中产生噪声，为确保室内噪声保持在宜居范围内，应对智能家具噪声做出规定。智能家具的噪声标准可参照GB 19606—2004《家用和类似用途电器噪声限值》和GB/T 4214.1—2017《家用和类似用途电器噪声测试方法　通用要求》制定，但不可直接引用。GB 19606—2004只确定了比较常见的电冰箱、空调、洗衣机、微波炉、吸油烟机和电风扇6类家电产品。在近20年中，家用电器种类已经得到极大发展，外加智能家具以及其他智能产品的使用，标准对噪声的要求将更严格。

（5）人体工程学

智能家具比传统家具更注重舒适性，因此，人体工程学在智能家具中会得到更多体现。然而我国家具人体工程学标准存在滞后现象，应当考虑基本要求、目标人群、使用状态、功能、使用环境等，并应根据中国人身高的变化及时修订。目前，人体工程学的研究已经普遍应用在家具设计、室内设计、汽车设计和医疗设计中，研究方法也较成熟，为人体工程学标准的制定提供了技术支持。人体工程学标准应包含测量和参数的选择方法，为智能家具的制造和选择提供指导。

（6）使用功能

使用功能是消费者最关心的产品性能，也是智能家具最大的亮点，是产品质量的重要部分。智能家具的使用功能应与工作、生活和休闲娱乐等融为一体，达到方便使用和舒适健康的效果。例如，智能床垫推出阅读模式、按摩模式和休息模式。在两种模式切换过程中，床垫能否记忆并保持人体所适用的长度、角度、柔软度等，以确保用户真正感觉舒适。再比如，智能座椅是否能记忆并根据不同使用者脊柱形状、肢体尺寸、坐姿等调整座椅形态，并提供必要的支撑点。智能沙发内置感应系统，检测并记录使用者的身体状况、语音提醒饮食或用药时间、与饮水设备连接实现自动供水等。智能家具多功能化，为标准的制定和检验方法选择带来困难，但也有规律可循。该部分标准的制定重点在于记忆功能、调整功能和固定功能。

（7）耐久性

耐久性即产品的使用寿命。在不同使用者不同功能下快速切换，使得智能家具零部件之间频繁位移和摩擦，再考虑到电路腐蚀和电路板老化等一系列问题，其耐久性要求较常规家具更高，为此，智能家具整体耐久性和零部件的剪切强度、抗弯强度、抗压强度等力学性能，以及表面涂镀层的耐酸碱性、硬度、耐划痕和耐磨性等理化性能，重点零部件的防潮性等，都应是智能家具检验的重点。

✎ 思考题

1. 家居智能制造标准体系构建目的是什么？
2. 家居智能制造标准体系构建的基本原则是什么？
3. 家居智能制造标准体系架构内涵是什么？
4. 家居智能制造标准体系包含哪些方面内容？
5. 家居产品设计体系包含哪些方法？
6. 家居标准体系的应用有哪些？如何应用？

第 6 章 家居智能工厂与智能生产

🎯 学习目标

了解家居数字化工厂与智能工厂，以及家居智能生产系统的基本概念和特征；了解数字化工厂如何完成向智能工厂的转变；掌握家居智能工厂的核心、构成，以及如何进行建设；学习家居智能生产的场景与实现。

6.1 数字化与数字化转型

6.1.1 家居数字化关键技术

随着步入工业4.0时代，数据已经变成新的动力、新的经济。在《2016政府工作报告》中提出"壮大网络信息、智能家居、个性时尚等新兴消费。鼓励线上线下互动，推动实体商业创新转型，完善物流配送网络，促进快递业健康发展。"为此，在家居行业开展个性化定制、柔性化生产，培育工匠精神，增品种、提品质、创品牌；深入推进"中国制造+互联网"；提高家居生产专业化、精细化水平，已是家居行业发展大趋势。同时，现代家居企业受互联网思维互联、融合、协同、互动和去中介、快捷高效等影响，家居生产制造转向服务制造，由家居产品制造商转向家居系统解决方案服务商。

现代家居企业进行数字化关键手段包括：数据的设计、挖掘、采集、分析、传递、识别、应用。相关技术包括：数据库、云计算、互联网、物联网、虚拟现实、多媒体、移动终端、界面交互、人工智能等技术研发。在家居企业进行数字化转型的过程中，用于家居生产和控制的工业大数据特点为准确率高、实时性强、适用性好和安全性高。

家居企业为实现数字化转型，需要具备相关数字化技术，如图6-1所示。基础技术包括数控装备研发及应用、数据库管理系统研发及应用；单元技术包括三维CAD产品研发及应用、ERP产品研发及应用、MES系统研发及应用；集成技术包括网络制造系统研发及应用、企业集成系统研发及应用。通过以上数字化相关技术实现家居企业中家居产品设计数字化、家居企业管理数字化、家居生产过程数字化、家居制造装备数字化，以及家居企业整体数字化。

家居企业具备数字化相关技术后，在进行数字化转型时，其决定性力量主要包括：方法论

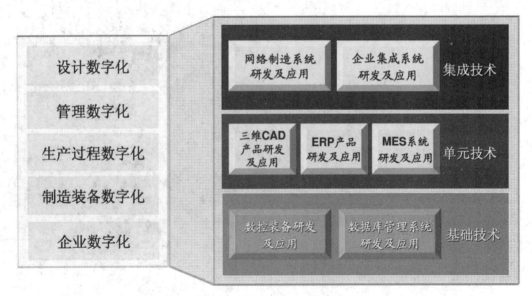

图6-1　家居企业数字化相关技术

（思维、模式）、云平台（软件、系统）、大数据（标准、管控）三个方面。而进行数字化转型的关键核心技术包括以设计为中心的数字化设计技术、以控制为中心的数字化制造技术、以管理为中心的数字化管理技术，如图6-2所示。

家居企业在进行数字化转型时需要经历数字化转换、数字化升级和数字化转型三个阶段。同时，家居企业进行数字化转型时，应利用信息技术和通信手段（ICT），以数字化手段为客户创造价值方式，并将数字技术融入产品、服务与流程中，以转变业务流程及服务交付方式，实现数字化转型。家居企业的数字化转型是客户参与方式的变革，涉及核心业务流程、员工，以及与供应商、合作伙伴交流方式的变革。

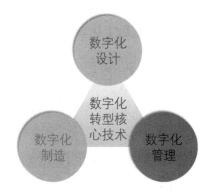

图6-2 家居企业数字化转型核心技术

家居企业完成数字化转型，成为数字化企业后，其核心特征主要包括九个方面，如图6-3所示。即创新化、数字化、知识化、集成化、虚拟化、网络化、模块化、智能化、敏捷化。其中，数字化企业创新化包括市场创新、管理创新、产品创新、过程创新；数字化包括设计和制造数字化、信息高度集成化、市场运作数字化以及专业知识的高度集成；知识化是指知识是企业的财富，包括高素质的知识员工和建设学习型企业；集成化包括家居企业集成、企业与环境集成、管理与技术集成；虚拟化是指商务协同以及自组织能够打破时空阻隔；网络化体现在设计、营销、采购等方面；模块化是指产品模块化、企业模块化、过程模块化，进而能够实现快速配置；智能化体现在动态自适应、自协调、自学习等方面；敏捷化体现在其能够做到快速响应，以用户为中心，实现效率与效益的统一。

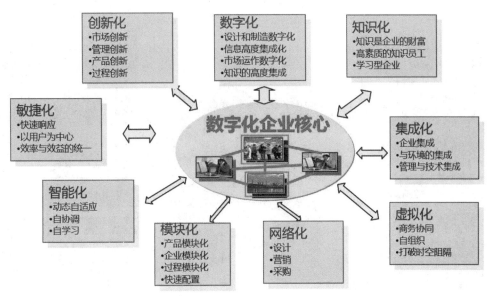

图6-3 数字化企业核心特征

6.1.2 家居数字化转型发展趋势

未来家居企业数字化转型的发展趋势将体现在:家居企业业务由信息化向数字化升级,家居企业架构整体向平台化发展,家居企业业务向数字化转型聚焦,数据驱动家居企业运营创新,实现数据价值化,家居企业数字化以整体效果和价值为导向,家居企业数字化转型已成为家居智能制造高质量发展的内在需求。

同时,家居数字化将赋能家居产品设计与制造一体化,其涵盖相关内容与技术,如图6-4所示。其中,包括数字化家居设计、数字化家居企业运营、数字化家居制造、家居数字化加工、数字化服务、数字化家居制造装备六个板块,这六个方面又围绕大数据(数据库)展开。

数字化家居设计相关技术包括:数字化家居产品定义(MBD)、数字家居模型或样机(DMU)、三维虚拟家居设计与分析、数字化家居制造工艺规划、家居虚拟制造与虚拟工厂。

数字化家居企业运营技术包括:数字化供应链管理(SCM)、数字化客户管理(CRM)、全生命周期管理(PLM)、家居产品数据管理(PDM)、企业资源计划管理(ERP)。

数字化家居制造包括:高级计划排程(APS)、制造执行系统(MES)、仓储物流管理(WMS)、家居数字工厂可视化监控等相关技术。

家居数字化加工相关技术包括:家居数字化加工技术、家居数字化装配技术、家居数字化在线检测,以及数字化物流与包装。

数字化服务相关技术包括:数字化质量标准档案、数字化运维服务、家居产品数字化追踪溯源,以及远程诊断服务。

数字化家居制造装备主要涵盖:数控机器、工业机器人、数字化检测设备、数字化物流装备等相关技术。

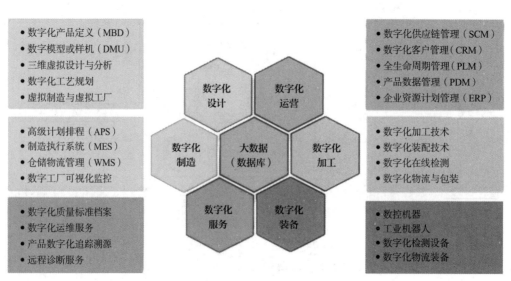

图6-4 数字化赋能家居产品设计与制造一体化

6.2 数字化工厂与智能工厂

随着全球化竞争的加剧，家居产品的更新换代和设计制造周期的缩短，以及客户化定制生产方式的形成，给制造企业带来了越来越大的竞争压力，促使家居数字化工厂及家居智能工厂概念的产生。以前家居产品设计完成后，没有一个科学的转化渠道，仅凭借工艺人员、家居制造工程师和管理人员的经验知识进行生产工艺安排、生产计划制订，然后直接投入家居制造系统进行制造，对出现的问题只有在生产过程中解决，造成家居产品上市时间的延长，设计和生产的不断返工，甚至设计的家居产品无法制造。

面向家居工厂规划的家居数字化工厂与家居智能工厂技术就是为解决以上问题而提出，实现家居产品生命周期中的制造、装配、质量控制和检测等各个阶段的功能。主要解决家居工厂车间和生产线，以及家居产品的设计到制造实现的转化过程，使家居设计到生产制造之间的不确定性降低；在数字空间中将家居生产制造过程压缩和提前，使家居生产制造过程在数字空间得以检验，从而提高家居制造系统的成功率和可靠性，缩短从家居设计到生产的转化时间。

6.2.1 数字化制造系统与数字工厂

狭义的数字工厂，指的是以制造资源、生产操作和产品为核心，将数字化的产品设计数据在现有实际制造系统的虚拟现实环境中，对生产过程进行计算机仿真和优化的虚拟制造方式。狭义数字工厂除了要对家居产品的开发过程进行建模与仿真外，还要根据家居产品的变化对家居生产系统的重组和运行进行仿真，使家居生产系统在投入运行前就了解系统的使用性能，分析其可靠性、经济性、质量、工期等，为家居生产过程优化和网络制造提供支持。

在广义的数字工厂中，数字工厂以制造产品和提供服务的企业为核心，由核心企业以及一切相关联的成员构成。参与对象包括家居制造企业、材料供应商、软件系统服务商、合作伙伴、协作厂家、客户、分销商等。广义的数字工厂是对家居产品设计、零件加工、生产线规划、物流仿真、工艺规划、生产调度和优化等方面进行数据仿真和系统优化，实现家居虚拟制造的系统。各个组成成员之间进行相关业务信息交流，主要都是基于高效的计算机通信网络环境。

现在的家居数字工厂，是一种以资源、操作和家居产品为核心，在实际家居制造系统所映射的虚拟现实环境中，对家居产品的生产过程进行计算机仿真和优化的虚拟家居制造系统环境。今天，家居数字制造已成为家居智能制造发展的关键性驱动因素。图6-5展示了家居数字工厂覆盖的家居企业层级和生命周期。横坐标对应的是家居产品的生命周期，从家居设计，到家居制造工艺，再到家居生产。纵坐标对应的是相关对象的层级，从家居企业层的规划，到家居生产车间层的执行，再到家居生产设备层的控制。

综上，可以将家居数字化工厂理解为：

❶ 家居数字化工厂是工厂基于数字化制造原理的一套数字模型，这个模型能在数字空间对实际家居工厂的运作情况进行仿真模拟或者监控。

❷ 家居数字化工厂是一个面向家居工厂全生命周期的概念。在家居工厂设计规划阶段，

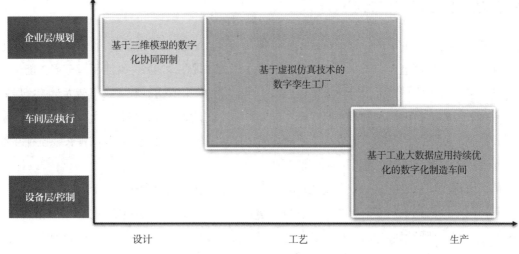

图6-5 家居数字工厂覆盖的家居企业层级和生命周期

利用仿真手段，对将来的家居工厂进行分析与优化；在家居工厂建设阶段，可以指导家居工厂的建设调试；在家居工厂运维阶段，可以利用模型结合实际运行数据，对家居工厂进行管理优化。

❸ 家居数字化工厂是实际家居工厂的"数字孪生"，通过数字孪生的分析优化，可以有效指导实际家居工厂的运行。

❹ 对于家居这种离散制造和流程制造行业，"数字化工厂"技术应用的重点在于如何更好地实现家居产品的客户化定制，保证新家居产品快速上市。因此，家居数字化工厂技术更多在于架构出从家居产品设计到家居产品量产的一个桥梁。

在数字化生产、虚拟企业技术概念提出后，家居生产系统的布局设计与仿真变得日益重要，合理的系统布局不仅可以减少系统运行成本和维护费用，提高家居生产设备利用率和系统生产效率，而且对系统的快速重组和提高家居企业的快速响应特性均具有十分重要的意义。相对于传统家居工厂而言，数字工厂是一项融合数字化技术和创造技术，而且以制造工程科学为理论基础的重大制造技术革命。其目的是在家居产品设计阶段，通过建模与仿真技术，及时并行地模拟出家居产品未来的制造过程，以了解家居产品全生命周期的各种活动。综合来说，数字工厂具备以下特点：

❶ 信息数字化。从家居生产到管理的所有数据都以计算机信息的形式在网络及存储媒介上进行记录、传递、运算、分析和应用。

❷ 家居企业所有活动过程都可以仿真。从家居设计到加工，从家居组装到家居产品检验，从家居生产计划到家居物流运输，从销售到服务过程，都可以在计算机上进行模拟仿真。

❸ 家居工厂信息的粒度比传统家居工厂的要精细很多。

❹ 与ERP、MES系统等紧密结合。关注家居公司的业务流程，不但可以提供基础参考数据，还可以提供决策信息。

❺具备灵活的特点。可以通过数据接口输出信息给其他系统，可以扩大信息范畴，可以在原有数据基础上细化，可以重新设计和改造。

因为数字工厂具有以上特点，家居数字工厂与传统的家居制造企业相比较，具有如下优势：

❶明显缩短家居产品的研制和开发周期，加快新产品面市的进程，从而增强企业的市场竞争能力。

❷减少开发过程中消耗的样品数量，从而也减少新产品的开发成本，并降低风险。

❸尽早优化家居产品的设计，改善产品的工艺性，有利于家居生产加工。

❹通过仿真提前优化家居生产线的配置和布局，在正式投产后，减少生产线维护和停机的时间。

❺对作业计划、生产调度进行优化，大大提高家居产品生产率。

❻改善工人劳动环境，提高家居产品质量。

❼具备完整的家居工厂三维数据信息，易于查询和检索，出现故障和解决特种事务时可以准确、快速地定位和处理。

❽能够集成智能化和家居制造信息系统，具有自动和智能的特点，如能够及时提醒维护信息和提供升级改造的建议方案等。

数字化工厂的基本架构及研究对象分别为产品、资源和操作过程。其中，产品是家居企业要制造的对象；资源是家居制造系统中的生产设备、工装夹具，以及人力资源等；操作过程是完成家居产品制造的家居生产工艺过程和相关操作。这三种对象为家居数字化工厂软件的基础对象，通过这三种对象间的相互关系和不同组合来描述一个制造系统。

数字化工厂构成模型如图6-6所示，该图为一个家居数字化工厂构成框图，其核心是基于数据分享的协同制造平台。而家居产品全生命周期管理（PLM）、制造执行系统（MES）和工业自动化集成系统（Industrial Automation Integration，IAI）是主要组成部分。PLM提供CAD、CAE、CAM等计算机辅助软件工具，以支持用户进行数字化产品设计、工程分析和工艺规划；MES提供了高度灵活、标准导向和可扩展的MES解决方案。IAI遵循统一的数据管理、统一的标准和统一的接口原则，提供集成工程组态、家居生产数据管理、工业通信、工业信息安全和安全集成等功能，可实现家居数字化工厂里所有自动化组件的高效交互协作。协同家居制造平台和PLM、MES、IAI可将生产者与用户、供应商共同组成"家居数字化工厂"，从而实现家居产品从研发设计到售后服务的全生命周期数字化管理。包括生产执行过程中自动化设备与制造执行系统的数据实时互通和共享。

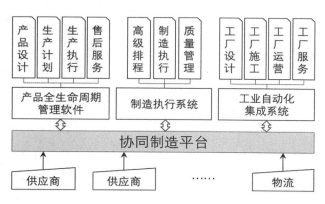

图6-6　基于协同制造平台的家居数字化工厂构成

6.2.2 家居数字化工厂应用

家居数字化制造系统是一种以制造信息集成与信息流自动化为特征，利用数字化装备自动完成各种家居制造活动的系统。家居数字化制造系统涉及的范围很广，一方面，包括以数控机床为典型代表的数字化装备、分布式计算机网络控制系统、物料存储与输送系统、数字化检测与监控系统等物化的基础装备；另一方面，也包括CAD、CAM、CAPP、CAE等各种计算机辅助工业软件系统（CAX）及其在设计制造过程的广泛应用；此外，还包括MES、PDM、MRPⅡ、PLM等管理系统的集成与应用。

家居数字化制造采用基于计算机的集成系统（包括仿真、三维可视化、分析和协同工具等），同时创建家居产品设计和家居制造过程的定义，它是从面向家居制造的设计（DFM）、计算机集成制造（CIM）、家居柔性制造和精益制造等早期的先进制造技术不断演进而来，以满足对家居产品和工艺设计、制造过程执行或管控等进行协同的需求。图6-7给出了从初期的2D绘图CAD，向3D实体模型的CAD、CAM、产品数字化定义、数字化样机与协同设计、协同PLM和云互联数字化业务等发展演进的历程。

6.2.3 从数字化工厂到智能工厂的发展

（1）数字化工厂与智能工厂对比

随着工业4.0的提出、新一代智能制造支撑技术的发展和应用，家居数字化工厂进一步向家居智能工厂演进发展。表6-1为现代家居数字化工厂与基于工业4.0的未来家居智能工厂在关键属性和技术方面的对比。可以看出，相对于当前家居数字化工厂（即工业3.0的工厂），基于工业4.0的未来家居智能工厂将出现下列新的变化：

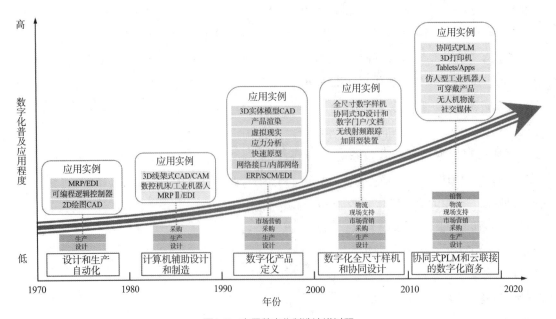

图6-7　家居数字化制造演进过程

❶ 家居生产元（部）件采用自感知或自预测特性传感器，可进行性能衰减监测和剩余可用寿命预报。

❷ 设备控制器具有自感知、自预测、自诊断能力，可以预知工作时间和防止失效。

❸ 家居生产系统具有自配置、自维护、自组织特性的网络系统，可以通过具有弹性可恢复能力的控制系统获得极高的生产率。

表6-1 家居数字化工厂与工业4.0未来家居智能工厂比较

项目		数字化工厂		智能工厂	
对象	数据来源	属性	技术	属性	技术
零部件	传感器	准确度	智能传感器失效检测	自感知 自预测	衰退监测 剩余寿命预测
机器	控制器	可生产性和性能	基于状态的监测和诊断	自感知 自预测 自比较	正常工作时间预测 失效预防
生产系统	网络化系统	生产率和综合能效	精准运营 减少劳动 降低浪费	自配置 自维护 自组织	具有韧性控制系统的生产率保证

（2）家居智能工厂的内涵及发展

对于家居智能工厂的定义，目前工业界普遍可以接受的是：家居智能工厂是以实施家居智能制造为任务的现代化工厂、数字化工厂。显然，家居智能工厂是在家居数字化工厂的基础上，利用物联网技术和监控技术加强信息管理服务，提高设备智能化、生产过程可控性、减少生产线人工干预，以及合理计划流程。同时，它集新产品、新技术于一体，并被构建成为高效、节能、绿色、环保、舒适的人性化工厂。

家居智能工厂已经具有自主管理能力，可采集、分析、判断、规划；通过整体可视技术进行推理预测，利用仿真及多媒体技术，将系统扩增展示设计与制造过程。家居智能工厂各组成部分可自行组成最佳系统结构，具备协调、重组及扩充特性，系统具备了自我学习、自行维护能力。因此，家居智能工厂实现了人与机器的相互协调合作，其本质是人机交互。同时，家居智能工厂是在数字化工厂的基础上，利用物联网技术和设备监控技术来加强信息管理和服务，清楚掌握产销流程，提高家居生产过程的可控性，减少生产线上的人工干预，及时正确地采集生产线数据，以及合理地编制生产计划与控制生产进度，并将绿色智能手段和智能系统等集于一体，构建高效节能、绿色环保、环境舒适的人性化工厂。

智能工厂可以被广义地理解为"物理工厂+数字化工厂"。现阶段绝大多数的家居制造企业转型升级的方向是实现生产自动化。家居数字化工厂是在家居生产自动化的基础上，应用物联网和大数据技术，以端到端数据流为基础，以互联互通为支撑，构建高度灵活的个性化和数字化智能制造模式，实现信息深度自感知、智能优化自决策、精准控制自执行。这是家居制造企业在家居生产自动化程度达到较高水平后，将装备优势转化为家居产品和市场优势，实现升级转型的必然结果。

家居企业将物理工厂中的业务及实体转化为数字化虚拟工厂，并建立数字化工厂与物理工厂之间实时、紧密的映射关系。充分利用虚拟工厂强大的仿真计算能力，评估工厂现状，并模拟未来的运营状态，以最优化的仿真结果来调配工厂的制造资源，并开展相应的活动。

另外，家居数字化工厂模型要在整个家居生产过程中得到维护，以确保模型与工厂或车间的有效连接。由于有建模和模拟工具，新的配置方案可以在数字化工厂进行测试，以便在验证后更快地在物理工厂中实施。同时，物理工厂的完善可以在工厂虚拟模型上得到反馈和保存。

（3）家居智能工厂的特点

家居智能工厂是一个柔性系统，能够自行优化整个网络的表现，自动适应和实时或近实时学习新的环境条件，并自动运行整个家居生产流程。由于家居产品对象、家居生产线布局和自动化设备等方面的差异性，家居智能工厂并没有唯一的结构和解决方案。建设家居智能工厂有许多不同的途径，每个家居智能工厂可能不尽相同，但一个家居智能工厂要获得成功，在数据、技术、流程、人员和网络安全等方面的一些必要元素却大致相同，而且每个元素都很重要，这些即为家居智能工厂的基本特征。家居智能工厂的基本特征可以从三个层面表述，如图6-8所示。

❶ 在建设目标层面，家居智能工厂具有敏捷化、高生产率、高质量产出、可持续性和舒适人性化等特征。

❷ 在技术层面，家居智能工厂具有全面数字化、制造柔性化、工厂互联化、高度人机协同和过程智能化（实现智能管控）五大特征。

❸ 在集成层面，家居智能工厂应具备产品生命周期端到端集成、工厂结构纵向集成和供应链横向集成三大特征，这一层面与工业4.0的三大集成理念是一致的。

从家居工厂生产活动方面来看，家居智能工厂的主要特征可以集中概括为五个方面：互联化、最优化、透明化、前瞻性和敏捷性，如图6-9所示。

❶ 互联化。互联是家居智能工厂最重要的特征，也是家居智能工厂的基础。家居智能工厂中的互联主要涉及三个方面：一是家居工厂与家居材料供应商和客户相关的实时协作数据的互联互通，以保证家居工厂与外部的协同；二是通过传统数据和遍布各项资产的传感数据，确保数据持续更新，实现基本家居生产流程与物料之间以及人、机、物之间的及时互联互通，以生成实时决策所需的各项数据；三是通过融合来自运营系统、业务系统以及供应商和客户的数据，实现各环节数据的反馈，从而全面掌握供应链上下

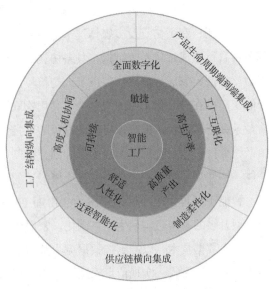

图6-8 家居智能工厂特征三个层面

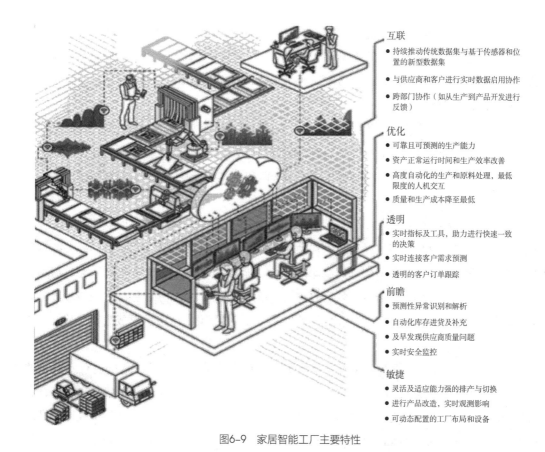

图6-9 家居智能工厂主要特性

游流程，全面提高供应网络的整体效率。

❷ 最优化。通过对家居工厂各层级的数字孪生建模、仿真，家居智能工厂实现优化运行，即可以最低限度的人机交互、最小化的生产成本、最佳的生产效率，实现高度可靠且可以预测的运行。基于互联，家居智能工厂具备自动化工作流程，可同步了解所有资产和生产过程的状况，可追踪家居制造系统与执行进度计划并加以优化，从而使能源消耗更加合理，有效提高产量、运行效率以及产品质量，并降低成本，避免浪费。

❸ 透明化。家居智能工厂的各种数据应具有透明和可视化特性，从生产流程以及半成品、成品获取的数据，分析处理后转换为实施洞察，即具备可行性且有价值的信息，从而协助家居智能工厂中人工或自主决策流程。透明化的数据和网络还将增强对各种设施、装备状况的认识，并通过基于角色的视图、实时报警和提示，以及实时追踪与监控等手段，确保家居企业决策更加精准。

❹ 前瞻性。在家居智能工厂中，员工和系统可预见将出现的问题和挑战，并提前予以应对，而非静待问题发生再做响应，如识别异常状况、重新存储补充库存、识别和预防质量问题、监控安全和维护问题。家居智能工厂具有基于历史和实时数据预测未来结果的能力，从而改善运行时间、产量和质量，并预防安全问题。在家居智能工厂中，还可以利用数字孪生技术，使相关操作数字化，建立模型，并可仿真预测，赋予家居智能工厂预测能力。

❺ 敏捷性。敏捷性使家居智能工厂能够以最少的干预来适应计划和产品的变化。先进的家居智能工厂也可以根据产品要求和计划变更,自行配置设备和材料流,然后实时查看这些变更的影响。此外,当计划或家居产品改变而导致变化时,敏捷性可使这种变化最小化,并通过灵活调度来提高生产率。

同时,也可将家居智能工厂总结为以下五个关键词:互联互通、数字化、大数据、家居智能装备与家居智能供应链。其中,互联互通的概念与上文家居智能工厂基本特征中互联化一致,因此,下文主要介绍数字化、大数据、家居智能装备与家居智能供应链四个关键词的主要内涵。

❶ 数字化。数字化包含两方面内容:一方面,家居智能工厂在工厂规划设计、工艺装备开发及物流等环节全部应用三维设计与仿真;通过仿真分析,消除设计过程中的问题,减少后期改进改善的投入成本,从而达到降低设计成本与提高质量的目的,实现家居数字化制造和灵活生产的目标。另一方面,家居数字工厂的建设采用传感器、定位识别、数据库分析等数字化技术,即数字化贯穿于整个生产环节。从某种程度而言,数字化的实现程度成为家居智能制造战略成功的关键。

❷ 大数据。大数据的战略意义不在于掌握庞大的数据信息,而是对数据进行专业化处理,将来自各专业的各类型数据进行提取、分割、建立模型,并进行分析,深度挖掘数据背后的信息及价值。现阶段虽然有很多家居企业在数据采集方面已经取得一定成就,但仅停留在形成报表的层面,采集的数据无法直接用于分析,反映了采集的数据质量不好或数据分析人员的能力不足,这是大数据分析领域面临的重要挑战。

❸ 家居智能装备。家居智能装备是指具有感知、分析、推理、决策、控制功能的家居制造装备。它是先进制造技术、信息技术、智能技术的集成和深度融合。家居智能装备具备深度学习的功能,可以根据实际形势自动分析判断、逻辑推理,其象征着计算机技术已进入人工智能的新信息技术时代。

❹ 家居智能供应链。家居智能供应链包括供应物流、家居生产物流、整车物流。各环节的物流信息实现实时采集、同步传输、数据共享,确保订单准时交付,达到准时化、可视化的目的。

6.3 家居智能工厂的关键技术

家居智能工厂中互联互通的主要特征是通过CPS与CPSS技术核心实现,即将人、物、机器与系统进行连接。以物联网为基础,通过传感器、射频识别、二维码和通信网等实现信息的采集,通过PLC和本地及远程服务器实现人机界面的交互,在本地服务器和云存储服务器上实现数据读写,与ERP、PLM、MES和SCADA等平台实现无缝对接,从而实现信息畅通及人机智能,进而帮助家居智慧工厂实现从订单、采购、生产到设计等环节信息的实时处理与传输。此外,相关设计供应商、采购供应商、服务商和客户等与智慧工厂实现互联互通,可共享生产信息、服务信息。采购供应商可以随时提取生产订单信息；客户可以随时提交自己的个性化订单，且可以查询订单的生产进度；服务商可以随时与客户进行沟通，并进行相关事务的处理。

6.3.1 CPS与CPPS技术

CPS是工业4.0的核心，是由计算（Computational）和物理组件（Physical Components）无缝集成所构造的并依赖于这种无缝集成的工程化系统。在CPS中，物理组件是由"计算"控制，并可互相协作和监控；计算被深深嵌入每一个物理成分，甚至可能进入材料，这个计算的核心是一个嵌入式系统，通常需要实时响应，并且一般是分布式的。

CPS的"3C"概念模型如图6-10所示，即CPS由"3C"——计算（Computation）、通信（Communication）和控制（Control）构成，包含嵌入式计算、网络通信和网络控制等系统工程，使物理系统具有计算、通信、精确控制、远程协作和自治等功能。CPS应用于家居制造系统则是将物理空间的家居元件、家居材料、家居生产制造机器、家居工厂、家居产品等信息通过传感器网络感知传递给赛博空间，可进行数据存储、分析和决策，并将优化决策通过控制网络反馈给物理对象和过程，进行控制。

面向家居生产应用过程构建的CPS就是CPPS。CPPS由自主、协同、相互依存和互联的子系统组成，它们遍布家居生产的各个层级——从家居生产工艺到家居生产机器，再到家居生产和家居物流网络。CPPS需要满足各层级鲁棒性、自组织性、自维护性、自修复性、安全性、远程诊断、实时控制自主导航、透明性、可预见性、效率和模型正确性等要求。

以CPS为核心的5层级家居智慧工厂结构和相关技术如图6-11所示，其五个层级可以由"5C"——互联（Connection）、转换（Conversion）、赛博（Cyber）、认知（Cognition）和配置（Configuration）表示。

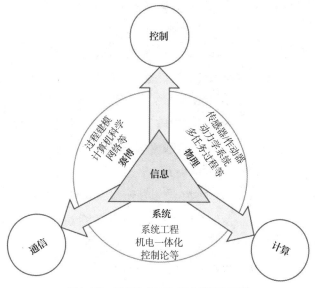

图6-10 CPS的"3C"概念模型示意图

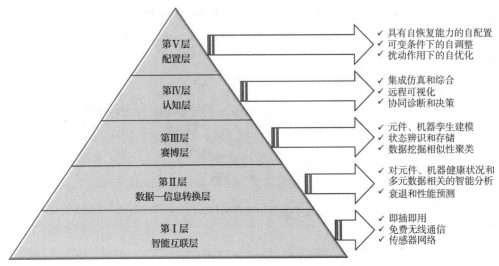

图6-11 CPS的5C应用结构和相关技术

❶ 互联层。获取来自机器及其组件的准确可靠数据，包括基于物联网的机器控制器、附加传感器、质量检测、维护日志和企业管理系统（如ERP、MES和CMM）。数据管理和通信、传感器、数据流是这一层级的重要考虑因素。

❷ 转换层。转换属于本地机器智能，数据被处理并转换为有意义的信息。采用信号处理、特征提取和常用的预测与健康管理算法（如自组织映射、Logistic回归、支持向量机等）以及预测分析等，实现组件和机器级别的自我感知。

❸ 赛博层。信息在该层汇集和处理，对等比较、信息共享、协同建模以及使用记录和健康状态记录等都被用于分析处理。相似性数据和历史信息可用于预测机器的未来性能、评估机器健康状况以及同类机器的进一步比较。

❹ 认知层。生成所监测系统的完整知识，提供与系统中的不同组件具有关联效果的推理信息，适当的知识组织与呈现将支持进行做出适当决策。

❺ 配置层。从赛博（Cyber）空间向物理空间形成反馈，可以通过"人在环路"或监督控制的活动使机器进行自配置、自适应和自维护。

图6-12所示为家居智能工厂进行CPPS设计的方法架构，该架构给出了运营设计框架、建模框架和知识框架。可以看到，CPPS设计是以家居生产运营过程任务计划、家居产品设计、家居生产工艺设计为中心，以建模为工具，以知识处理为决策依据，对CPPS进行综合设计和评估，经过反馈和迭代，最终输出综合的解决方案集合。

如图6-13所示，未来家居智能工厂CPPS研究领域所面临的挑战主要有以下6个方面：

❶ 环境自适应和自主系统。将发展全面、持续的感知和分析技术，用于识别、分析和解释对象、系统、参与用户的计划及意图，建立模型。

❷ 协同家居生产系统。需要取得新的理论成果，开发有效算法，如一致性搜寻、协作学习、分布式检测、自适应补偿等算法。

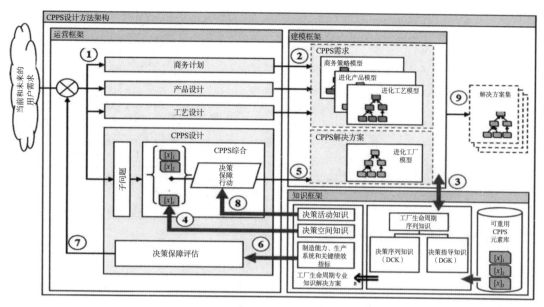

图 6-12　家居智能工厂 CPPS 设计方法架构

❸ 动力系统的辨识与预测。需要扩展现有的辨识和预测方法，以及在对动力系统和扰动过程的假设条件下可以应用的新方法。

❹ 鲁棒调度。在家居生产进度执行过程中，可有效处理家居生产过程中的各种扰动，使家居智能生产系统在不确定和时变的环境中具有鲁棒性。

❺ 物理系统和虚拟系统的融合。需要开发出支持虚拟子系统和物理子系统融合的新结构和新方法。如：参考体系结构和模型、家居生产系统的虚拟模块和实体模块的同步，以及交互具有环境自适应和高效利用资源的车间控制算法。

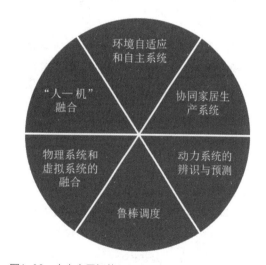

图6-13　未来家居智能工厂CPPS研究领域所面临的挑战

❻ "人—机"融合。在人与机器、人与机器人、机器与机器、机器与机器人等多种混合场景下的家居制造，需要开发出软、硬件结合的"人—机"融合协同操作算法、平台和系统，并确保生产过程中的人、机安全。

6.3.2　三大集成技术

（1）纵向集成和网络化制造系统的技术实现

依据《ANSI/ISA-95企业控制系统集成》标准的4层级结构如图6-14所示。纵向集成和网络化制造系统将家居智能工厂或家居生产设备的所有要素从现场层级的底层感知和家居生产

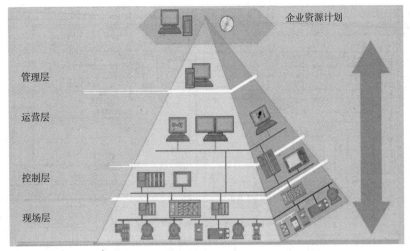

图6-14　纵向集成和网络化制造系统4层级结构

执行设备开始，通过控制层级的PLC和操作层级的SCADA、HMI、DCS等，连接到家居企业顶层管理层级的MES和ERP，构建成一个网络化家居制造系统，从而实现各个资源要素的纵向贯通和集成。

纵向集成和网络化制造系统各个层级的主要技术要素如下：

❶ 现场层。它定义了家居生产过程及其感知、操作的工艺和设备，如家居生产系统中的数控机床、机器人、ACGV、在线检测装置等，可以通过标准化现场工业总线，如Proinet、CAN Open、Ethernet、SERCOS等，实现对家居生产工艺过程的自动控制，同时具备通用网络化接口功能，如OPC UA、MT Connect、MQTT、UDP/TCP 等，可与控制层级建立双向通信和数据交换。随着新一代信息通信技术的快速发展和应用，现场层级的技术途径包括边缘计算、工业物联网、云计算和大数据等技术。

❷ 控制层。它定义了感知和操纵物理过程所涉及的活动，主要实现对家居生产车间底层各种现场设备运行的自动化控制。一般采用可编程序逻辑控制器（Programmable Logic Controller，PLC）和成分布式控制系统（Distributed Control System，DCS）实现控制功能。

❸ 运营层。它定义了生产运营所涉及的活动，其任务是实现对家居生产过程进行监测、管理和自动控制。

❹ 管理层。它定义了家居生产所需最终产品的工作流活动、管理家居制造过程所需的与业务相关的活动等。其中相关技术包括：制造执行系统、制造运营管理、企业资源计划。

（2）端到端集成的技术实现

贯穿全价值链的端到端工程指实现从价值链上游的家居生产系统规划到最终家居产品消费整个价值链的端到端的家居数字化工业设计开发。

在RAMI4.0参考模型的生命周期和价值流维度上，家居产品生命周期划分为样机开发和家居产品生产两个大阶段。对这两个大阶段进一步展开即是家居产品生命周期，分为家居需求分析、家居产品设计、家居生产制造、家居产品销售、服役维护和家居回收处理六个阶段，如图6-15所示。

实现端到端集成的技术核心是家居产品全生命周期管理（PLM）数字化技术。在网络环境支持下，以家居产品数字化和家居产品数据集成技术为基础实现管理与协同，关键技术包括：

❶家居产品全生命周期数字化建模技术。数字化建模技术为家居产品全生命周期建立一个统一、开放的产品信息模型，确保对家居产品定义、过程和资源等描述的一致性。其中关键技术包括：家居产品几何建模方法、家居产品模型数据交换标准、家居产品制造信息表示方法。

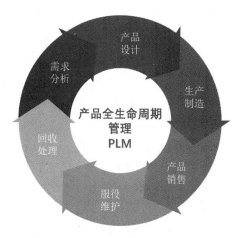

图6-15　家居产品全生命周期管理

❷家居产品数据管理技术。家居产品数据管理技术是管理家居产品全生命周期中与家居产品相关信息和所有与家居产品相关过程的技术。

❸家居产品信息集成技术。家居产品信息集成技术是对异构应用系统产生的数据进行统一管理，使实际家居生产系统中各种异构应用系统之间能够共享信息，并将外部应用系统封装到PLM系统之中，且在PLM环境下运行。

（3）横向集成的技术实现

价值网络的横向集成是指跨越家居企业边界的一体化网络，以分享家居产品设计、家居产品数字模型以及家居生产工艺细节。横向集成可能发生在一个家居企业的内部，也可能发生在家居企业外部，因此，它要求能在异构环境中实现业务流程工作流和规则的协同、关键数据转换、双向的互操作等。

在家居智能制造中，家居产品设计开发、家居生产制造和家居销售售后服务等涉及一系列跨专业领域的技术，如CAX、PDM、QME（Quality Management Engineering）等，其核心是对家居产品开发、家居生产制造过程和家居销售售后服务中的数据和过程的管理，如图6-16

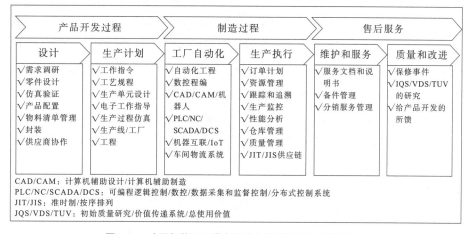

图6-16　家居智能工厂横向集成中涉及的跨专业领域技术

所示，这些可以通过PLM和MES等应用程序来实现集成。通过PLM和MES系统的集成，能够简化复杂的工作流程，提高家居制造流程中的集成和协作程度。

云架构和数字孪生将为跨多个家居企业间的横向集成提供新的技术，它可以把实时现场数据与结构化家居产品设计或家居生产制造计划数据集成在一起。采用数字孪生概念和技术，将家居设计、家居生产制造和服务等业务以数字孪生形式集成，将会是极有应用前景的新型集成方式。

6.3.3 设备与算法配置

（1）家居智能工厂设备配置原则

设备是工厂构成中不可或缺的，在家居智能工厂中，设备的配置原则可以总结为以下五个方面：

❶ 具有网络化功能的设备。在家居智能制造车间，数控锯、车、铣、刨、磨、铸、锻、铆、焊、加工中心等是主要的生产资源。在家居智能制造过程中，必须将所有设备及工位统一联网管理，使设备与设备之间、设备与计算机之间能够联网通信，设备与工位人员紧密关联。

❷ 能适应家居生产现场无人化的设备。家居智能工厂推动了工业机器人、机械手臂等智能设备的广泛应用，使家居制造工厂无人化制造成为可能。在家居生产现场，数控加工中心、智能机器人和三坐标测量仪以及其他所有柔性化制造单元进行自动化生产调度，工件、物料、刀具进行自动化装卸调度，可以达到无人值守的全自动化生产模式。

❸ 具有"神经"系统的设备。家居智能工厂一般都可以通过家居制造工艺的仿真优化、数字化控制、状态信息实时监测和自适应控制，进而实现整个过程的智能管控。家居制造这种离散制造行业中，家居企业发展智能制造的核心目的是拓展产品价值空间，侧重从单台设备自动化和家居产品智能化入手，基于生产效率和家居产品效能的提升实现价值增长。因此，家居智能工厂建设模式为了推进家居生产设备（生产线）智能化，通过引进各类符合家居生产所需智能装备，建立基于制造执行系统MES的车间级智能生产单元，以提高精准制造、敏捷制造、透明制造的能力。

❹ 能进行数据分析的设备。在家居生产现场，每隔几秒就收集一次数据，利用这些数据可以实现很多形式的分析，包括设备开机率、主轴运转率、主轴负载率、运行率、故障率、生产率、设备综合利用率、零部件合格率、质量百分比等。首先，家居生产工艺改进方面，在家居生产过程中使用这些大数据，就能分析整个生产流程，了解每个环节是如何执行的。一旦有某个流程偏离了标准工艺，就会产生一个报警信号，能更快速地发现错误或瓶颈所在，也就更容易解决问题。利用大数据技术，还可以对家居产品的生产过程建立虚拟模型，仿真并优化生产流程。当所有流程和绩效数据都能在系统中重建时，这种透明度将有助于家居制造企业改进其生产流程。

❺ 家居智能工厂中的机器人技术。机器人、信息软件系统、数字化、物联网等先进技术，正在将家居制造从劳动密集型时代带往"智慧制造"时代，家居企业生产管理和竞争格局因此发生巨变。此时，家居智能工厂将朝着"人机协作工厂"与"无人工厂"的方向发展。

随着全自动化家居生产和装配流水线的高效应用，不久之后，人与机器之间的任务分配将成为一个普遍性的问题，尤其是那些任务量不足以采用全自动化方案而采用人工方案又过于繁重的应用，或者零部件差异对人工方案来说过小，而对全自动方案又太大的应用。在这种情况下，人机协作工厂具有决定性优势：可提高生产效率，提供高度灵活性，减少以往非自动化或不符合人体工程学的手工作业给工人带来的繁重工作量。自主运行的人机协作机器人将接手那些不符合人体工程学或单调乏味的工作，根据各种传感器和智能程序实现人机协作，从而帮助员工减少身体劳损，同时提高工作效率和灵活性。

家居无人工厂是指全部家居生产活动由电子计算机进行控制，家居生产第一线配有机器人而无须配备工人的工厂。这种工厂，生产命令和原料从工厂一端输入，经过家居产品设计、工艺设计、生产加工和检验包装，最后从工厂另一端输出产品。所有工作都由计算机控制的机器人、数控机床、无人运输小车和自动化仓库来实现，机器人也不再被固定在安全工作地点，而是按照智能程序运行。人在无人工厂里更多起的是监视照看作用。在劳动力成本上升和要求改善劳动条件的背景下，在我国会诞生越来越多的家居无人工厂，实现家居制造的转型升级。

（2）家居智能工厂设备算法应用

在家居智能工厂中，设备常应用的算法主要有：模糊控制算法、人工神经网络算法、粒子群算法。

❶ 模糊控制算法。模糊控制的主要思想是在控制中引入模糊控制理论，从而作用于难以建立数学模型和缺乏精确模型的复杂系统。模糊控制不依赖于精确的数学模型，而是通过总结知识和积累经验对复杂的系统进行控制，因而对具有不确定性对象的系统具有很强的适应能力。简而言之，模糊控制理论就是模仿人的思维方式和经验来实现自动控制的一种控制方法。

❷ 人工神经网络算法。人工神经网络是由大量处理单元（人工神经元）广泛互连而成的网络，是对人脑的抽象、简化和模拟，反映人脑的基本特征。它按照一定的学习规则，通过对大量样本数据的学习和训练，抽象出样本数据间的特性——网络掌握的"知识"把这些"知识"以神经元之间的连接权和阈值的形式储存下来，利用这些"知识"可以实现某种人脑的推理、判断等功能。人工神经网络（Artificial Neural Networks，ANN）算法是一种普遍而且实用的方法。ANN算法对于训练数据中的错误鲁棒性很好，且已经成功地应用到家居智能工厂中的很多领域，如PID控制噪声分类、振动分析、机器人控制等。

❸ 粒子群算法。在智能工厂设备应用中，粒子群算法在函数优化、神经网络训练调度问题、故障诊断、建模分析、电力系统优化设计、模式识别、图像处理、数据挖掘等众多领域中均有相关研究应用报道，取得了良好的实际应用效果。在家居智能工厂的电源配置方面，家居智能工厂经常需要对未来1日至1周的电力短期负荷进行预测，以确保电力设备的稳定运行。短期负荷预测技术经过几十年的发展，已经提出了许多预测方法，包括经典的数学统计方法及各种人工智能方法。采用神经网络方法可以快速而准确地预测出负荷值。逆变电源是智能工厂重要的电源设备，主要应用在移动式设备、电力控制系统控制电源等方面。针对恒压恒频交流逆变器的缺点（如输出电压存在一定幅值和相位稳态误差等）提出了最优控制。家居智能工厂的

电源系统中，经常会出现采用同步发电机的PV类型电源节点和光伏发电系统、部分风力发电机组等的PI类型电源节点，并提出了具体的处理办法。针对电池提出了RM电池模型，相比线性模型，其能更准确地描述电池放电过程，从而更准确地估算电池寿命，即节点寿命。

6.4 家居智能工厂的建设架构

家居智能工厂是一种赛博（Cyber）物理深度融合的生产系统。它通过数字孪生、CPS等技术的设计与实施，进行工业4.0的横向集成、纵向集成和端到端集成，实现家居制造系统构成可定义、可组合；从而在家居个性化生产任务驱动下，可自主重构家居生产过程和场景，构建高效、节能、绿色、环保、舒适的个性化家居智能工厂，降低家居生产系统组织难度，提高制造效率及家居产品质量。

6.4.1 家居智能工厂总体架构

家居智能工厂的基本架构可通过图6-17所示功能维度、结构维度和范式维度三个维度进行描述，此处重点讲解功能维度和结构维度。

（1）功能维度

该维度描述家居产品从虚拟设计到物理实现的过程，与工业4.0三大集成中的端到端集成相关联。功能维度主要包含：家居智能化设计、家居智能化工艺、家居智能化生产以及家居智能化物流四个方面。

❶ 家居智能化设计。通过大数据分析手段准确获取用户对于家居产品需求与设计定位，通过创成设计方法进行家居产品概念设计，通过虚拟仿真和优化实现家居产品性能最优化，并通过并行、协同策略实现家居设计制造信息的有效反馈和共享。家居智能化设计保证了设计出适合市场需求的精良家居产品，快速完成家居产品开发上市过程。

❷ 家居智能化工艺。家居智能化工艺包括家居工厂生产过程建模和虚拟仿真，家居生产工艺仿真分析与优化，基于知识和规则的家居工艺创新，基于数字孪生的家居工艺过程感知、预测与控制等。家居智能化工艺保证了家居生产过程的可靠性和家居产品质量的一致性，降低了家居制造成本。

❸ 家居智能化生产。通过家居智能化运营和管控手段，实现家居生产资源最优化配置、家居生产任务和物流实时优化调度、家居生产过程精细化管理和智慧科学管理决

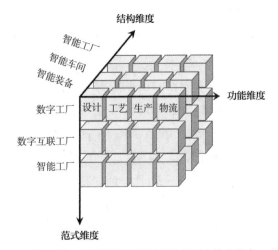

图6-17　家居智能工厂基本架构的三个维度描述

策。家居智能制造保证了设备的优化利用，从而提升了对市场的响应能力，摊薄了在每件家居产品上的设备折旧。家居智能化生产保证了敏捷生产，做到准时制（JIT）；其保证了家居生产线的足够柔性，使家居企业能快速响应市场的变化，有效提高实际竞争力。

❹ 家居智能化物流。通过物联网技术，实现物料的主动识别和物流全程可视化跟踪；通过智能仓储物流设施，实现物料自动配送与配套防错；通过智能协同优化技术，实现家居生产物流与计划的精准同步。家居智能物流保证家居生产制造准时制，从而降低在制品的成本消耗。

（2）结构维度

该维度描述从家居智能制造装备、家居智能车间到家居智能工厂的进阶，其实质上与工业4.0三大集成中的纵向集成是一致的。

❶ 家居智能制造装备。家居智能制造装备作为最基本的制造单元，能对装备自身状态、加工对象、制造过程和环境实现自感知，能对感知获得的有关信息和数据进行自分析，根据家居产品设计要求与现场实时动态信息进行自决策，依据动态优化的决策指令完成自执行，通过"感知—分析—决策—执行—反馈"的家居制造过程大闭环，保证装备性能及其适应能力，实现优质、高效及安全可靠的家居制造过程。例如，在家居实际生产制造中的机械制造领域，常用的家居智能制造装备有数控机床、工业机器人、AGV运输车、3D打印装备和增减材复合加工装备等，如图6-18所示。

❷ 家居智能车间（生产线）。家居智能车间（生产线）一般由多台（条）智能装备（产线）构成，除了基本加工、装配活动外，还涉及计划调度、物流配送、质量控制、生产跟踪、设备维护等业务活动。家居智能生产管控能力体现为形成"优化计划—智能感知—动态调度—协调控制"的大闭环生产流程，提升家居生产线的可配置性、自主化和适应性，从而对异常变化具有快速响应能力。

一个家居智能生产线架构如图6-19所示。家居生产线的设备、加工、工艺、检测等状态和参数通过家居生产线上的状态感知传感器采集并进入制造数据库，用于支持对家居生产线的数据分析和工艺设计。智能管控系统的优化决策通过作业指令和控制命令下达到家居生产线上

（a）多轴联动数控机床

（b）工业机器人

（c）AGV运输车

（d）3D打印装备

（e）增减材复合加工装备

图6-18 家居智能制造装备实例

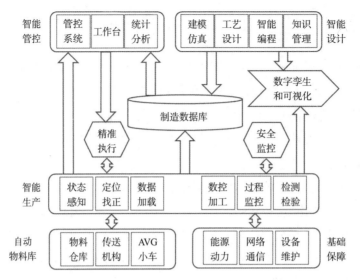

图6-19 家居智能生产线架构示意图

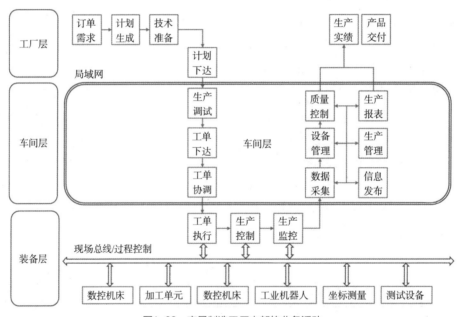

图6-20 家居制造工厂内部的业务活动

的设备,完成精准执行并实时反馈执行情况。自动物料库和保障服务模块为家居生产线提供物料供应、能源、通信、设备维护等服务。

❸家居智能工厂。从结构维度的角度,家居制造工厂除了生产活动外,还包括家居产品设计与家居工艺工厂运营等业务活动,如图6-20所示。家居智能工厂是以打通家居企业生产经营全部流程为着眼点,实现从家居产品设计到销售,从设备控制到家居企业资源管理所有环节的信息快速交换、传递、存储、处理和无缝智能化集成。图6-21所示为定制家居典型智能工厂示意图。

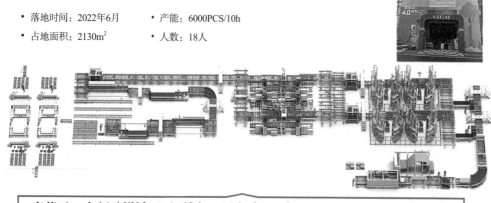

- 落地时间：2022年6月
- 占地面积：2130m²
- 产能：6000PCS/10h
- 人数：18人

索菲亚4.0车间（增城工厂D线）—国产（80%）智能装备间串联及系统集成

图6-21 定制家居典型智能工厂

6.4.2 家居智能工厂建设内容

家居智能工厂建设内容主要有以下五个方面：实体工厂、工业物联网、信息化应用系统、基于云的网络协同系统、家居智能制造标准体系和安全体系。

（1）实体工厂

实体工厂是整个家居智能工厂的基础层，主要包括家居工厂的工艺设备、公用设施设备和信息基础设施，如图6-22所示。

（2）工业物联网

工业物联网是整个家居智能工厂的控制层，主要完成数据的传输、传递以及集成等任务。工业物联网主要包括数据采集与监控系统、设备设施能源监测系统、机器视觉识别系统、在线家居质量检测系统、家居生产车间环境监控系统、设备联网系统以及人机交互系统等。

（3）信息化应用系统

❶ 车间级信息化应用系统。该系统是整个家居生产车间的执行层，主要完成订单的接收，并将其转化为生产指令。该系统由家居制造执行系统、高级排程系统、仓储管理系统、智能能源系统等组成。

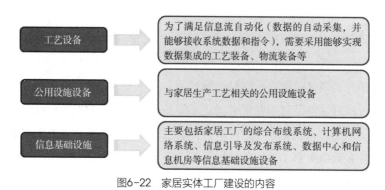

工艺设备	➡	为了满足信息流自动化（数据的自动采集，并能够接收系统数据和指令），需要采用能够实现数据集成的工艺装备、物流装备等
公用设施设备	➡	与家居生产工艺相关的公用设施设备
信息基础设施	➡	主要包括家居工厂的综合布线系统、计算机网络系统、信息引导及发布系统、数据中心和信息机房等信息基础设施设备

图6-22 家居实体工厂建设的内容

❷ 企业级信息化应用系统。该系统是整个家居企业的决策层，主要包括企业资源管理系统、计算机辅助设计系统、家居产品生命周期管理系统、服务生命周期管理系统、应用生命周期管理系统等。该系统主要完成订单接收、家居产品全寿命管理和家居产品工艺研发等任务。

（4）基于云的网络协同系统

网络协同系统要求家居制造系统具有开放的即插即用结构。在家居制造资源动态变化时，如加入、撤销、更改服务等，这些信息可动态刷新，并被所有资源所利用。基于云的网络协同系统能够迅速集结所需家居制造资源，并组织家居生产，完成客户所提交的制造任务；甚至可以让客户参与到家居产品的设计与制造工作中，以及客户订单任务执行状态的跟踪等。

（5）家居智能制造标准体系和安全体系

家居智能制造标准体系是家居智能制造工作的顶层设计和基础保障。标准化工作是家居智能制造工作成功的关键，通过标准化的推广和应用，技术创新才能迅速扩散，并转化为现实生产力。同时，需要构建与业务融合的多重、多维度内生安全防御体系，保障家居智能工厂建设的顺利进行。家居企业的家居智能制造标准体系和安全生产体系，用于保障家居生产工厂智能制造系统的运行。

6.4.3 家居智能工厂建设规划

家居智能工厂的建设，必须从投资预算、技术先进性、投资回收期、系统复杂性、生产柔性等多个方面进行综合权衡，统一规划，避免产生"信息孤岛"。这样才能确保做出真正可落地、既具有前瞻性又有实效性的家居智能工厂规划方案。家居企业在进行家居智能工厂的规划时要充分考虑以下事项。

（1）家居制造工艺的分析与优化

在建设新的家居工厂时，家居企业首先需要根据自身在产业链中的定位和拟生产的主要家居产品、生产类型、生产模式、核心工艺，以及家居生产纲领，对加工、装配、包装、检测等工艺进行分析与优化。家居企业需要充分考虑智能装备、智能生产线、新材料和新工艺的应用为家居制造工艺带来的变化。同时，基于绿色制造和循环经济的理念，通过家居生产工艺改进，实现节能降耗，减少污染排放；还可以应用工艺仿真软件，对家居制造工艺进行分析与优化。

（2）数据采集

家居企业在家居生产过程中需要及时采集产量、质量、能耗、加工精度和设备状态等数据，并将其与订单、工序、人员进行关联，以实现家居生产过程的全程追溯。有些家居企业还需要采集环境数据，如温度、湿度、空气洁净度等。

家居企业需要根据采集的频率要求来确定采集方式，对于需要高频率采集的数据应当从设备控制系统中自动采集。家居企业在进行家居智能工厂规划时，要预先考虑好数据采集的接口规范，以及（监控和数据采集）系统的应用。不少厂商开发了数据采集终端，这种采集终端可以外接在机床上，解决老设备数据采集的问题，家居企业可以选择应用。

（3）设备联网

家居企业若要实现家居智能工厂，推进工业互联网的建设，实现家居制造执行系统的应用，最重要的是要实现设备与设备之间的互联，建立家居制造工厂网络。那么，设备与设备之间如何互联？采用怎样的通信方式（有线、无线）、通信协议和接口方式？采集的数据如何处理？家居企业应当针对这些问题建立统一的标准。在此基础上，家居企业可以实现对设备的远程监控。机床联网之后，可以实现DNC应用。设备联网和数据采集是家居企业建设工业互联网的基础。

（4）家居生产工厂智能物流

家居企业要推进家居智能工厂的建设，家居生产现场的智能物流十分重要，尤其是对于家居制造企业。家居企业在进行家居智能工厂规划时，要尽量减少无效的物料搬运。很多家居制造企业在装配车间建立了集中拣货区，根据每个客户订单进行集中配货，并通过数字分拣的方式进行快速拣货，将其配送到装配线，消除了线边仓。

家居制造企业在两道机械工序之间可以采用带有导轨的工业机器人、架式机械手等方式来传递物料，还可以采用AGV、有轨穿梭车或者悬挂式输送链等方式传递物料。家居生产车间现场，还需要根据前后道工序之间产能的差异，设立家居生产缓冲区。立体仓库和辊道系统的应用，也是家居企业在规划家居智能工厂时需要系统分析的问题。

（5）家居生产质量管理

提高家居产品质量是家居工厂管理的主题。家居企业在进行家居智能工厂规划时，家居生产质量管理更是核心的业务流程。必须在建设家居生产管理信息系统时统一规划质量保证体系，同步实施质量控制活动质量保证体系，贯彻质量是设计、生产出来的，而非检验出来的理念。

（6）设备管理

设备是家居生产过程的必备要素，发挥设备综合效率（Overall Equipment Effectiveness，OEE）是家居智能工厂生产管理的基本要求，OEE的提升标志着产能的提高和成本的降低。家居生产管理信息系统需设置设备管理模块，家居工厂通过该模块使设备释放最高的产能并合理安排家居生产流程，提升关键、瓶颈设备的生产效率。设备管理模块中设置了各类设备数据库，这些数据库可存储各类数据。家居企业应建立设备健康管理档案，并根据设备运行数据建立故障预测模型，该模型可进行预测性维护，最大限度地减少设备的非计划性停机。

（7）家居智能厂房的设计

在设计家居智能工厂厂房时，需要引入建筑信息模型，通过三维设计软件设计水、电、气、网络等管线。同时，还要规划家居智能厂房的智能视频监控系统、采光与照明系统、通风与空调系统、智能安防报警系统、智能门禁一卡通系统、火灾报警系统等。智能视频监控系统通过人脸识别技术以及其他图像处理技术过滤掉视频画面中的干扰信息，自动识别不同物体和人员，并从中分析抽取关信息，判断监控画面中的异常情况，并以最快和最佳的方式发出警报等。

整个家居生产厂房根据工业工程的原理进行分区（加工、装配、检验、进货、出货、存储等），可以使用数字化制造仿真软件仿真设备布局、家居生产线布置、家居生产车间物流。在设计家居厂房时，还应当考虑如何降低噪声、如何灵活调整布局设备、多层厂房如何进行物流输送等细节问题。

（8）**智能装备的应用**

家居企业在规划家居智能工厂时，必须高度关注智能装备的最新发展。机床设备正从数控化走向智能化，一些家居企业开始应用智能化设备，并在下料时采用工业机器人。

未来的家居工厂中，金属增材制造设备将与切削加工（减材）、成型加工（等材）等设备组合，极大地提高材料的利用率。家居智能工厂除了使用六轴工业机器人外，还应该考虑应用并联机器人、协作机器人等。

（9）**智能家居生产线的规划**

智能家居生产线是家居企业规划家居智能工厂的核心环节，家居企业需要采用价值流图等方法合理规划智能家居生产线。智能家居生产线的特点：通过传感器、数控系统或射频识别自动采集各种数据，并实时显示家居生产状态；家居生产线能够实现自动化快速更换模具功能；支持多种相似家居产品的混线生产和装配，工艺灵活，适应小批量、多品种的生产模式；如果某台设备出现故障，家居生产任务可切换至其他设备。

（10）**能源管理**

对于高能耗的家居生产工厂，进行能源管理的工作是非常有必要的。能源管理工作是指相关设备采集能耗监测点（变配电、照明、空调、电梯、给排水、热水机组和重点设备）的能耗和运行信息，这些信息可以帮助家居企业分类、分项、分区域分析能耗，统一调度能源、优化能源的介质平衡，达到优化使用能源的目的。同时，通过对重点设备的实时能耗监测，家居企业可以准确了解设备的运行状态，从而自动计算OEE。通过设备能耗的突发波动，企业还可以预测刀具和设备故障。

（11）**家居生产无纸化**

家居工厂在家居生产过程中会给工件配备图纸、工艺卡、生产过程记录卡、变更单等纸质文件，用其作为生产依据。随着信息化技术的提高和智能终端成本的降低，家居企业在规划家居智能工厂时，可以将信息化终端普及到每个工位上。结合轻量化三维模型和MES，操作工人可在信息化终端接收工作指令，接收图纸、工艺、变更单等生产数据；还可以灵活地适应家居生产计划变更、图纸变更和工艺变更。目前，很多厂商提供工业平板显示器，有些工厂甚至可以将智能手机作为终端，完成生产信息的查询等工作。

（12）**工业安全**

家居企业在规划家居智能工厂时，需要充分考虑各种设备是否存在安全隐患，在有可能存在安全隐患的位置设立安全报警装置等安防设施。同时，随着越来越多的家居企业应用各种智能装备和控制系统，各智能装备也相继联网。因此，安全隐患和风险也迅速增加，现在已出现了专门攻击工业自动化系统的病毒。家居企业在规划家居智能工厂时，必须将工业安全作为一个专门的领域进行规划。

（13）**精益生产**

精益生产的核心思想是消除浪费，确保工人以最高效的方式协作。很多家居企业采取按订单内容生产的方式，以满足小批量、多品种的生产要求。为达到这一目的，家居智能工厂需要准时配送零部件和原材料。因此，需要采用拉动方式组织家居生产及时解决家居生产过程中出现的异常问题。很多家居企业采用U型家居生产线和组装线，并建立家居智能制造单元。

（14）人工智能技术的应用

人工智能技术被应用到图像识别、语音识别、智能机器人、故障诊断与预测性维护、质量监控等领域，覆盖研发创新、生产管理、质量控制、故障诊断等多个方面。家居企业在建设家居智能工厂时，应充分应用人工智能技术。家居企业可利用机器学习技术，分析家居产品缺陷与历史数据的关系，从而提高家居产品的质量；利用机器视觉代替人眼，提高家居生产的柔性和自动化程度，进而提升家居产品质检效率和可靠性。

（15）数据管理

数据是家居智能工厂的"血液"，在各应用系统之间流动。家居智能工厂在运转的过程中，会产生设计、工艺、制造、仓储、物流、质量、人员等业务数据，这些数据分别来自ERP、MES、APS、WMS等应用系统。因此，家居企业在建设家居智能工厂时，需要一套统一的标准体系管理数据，建立一系列管理数据的规范，以保证数据一致性和准确性。另外，家居企业还应当建立专门的数据管理部门，该部门按照数据管理规范解决各类问题，并定期检查、落实、优化数据管理的技术标准、流程和执行情况。

（16）人员管理

在规划家居智能工厂时，家居企业还应当重视员工绩效的提升。通过分析整体劳动效能指标，家居企业可以清楚了解员工的绩效，找到人员绩效改进的方向和办法。分析劳动力绩效的基础是及时、完整、真实的数据。家居企业通过考勤机、排班管理软件、MES等实时收集考勤、工时和车间生产的基础数据，使用数据分析手段衡量人与资源（如库存或机器）在可用性、绩效和质量方面的相互关系，从而实现真正的人力资本最优化和整体劳动效能的提高。

6.4.4　家居智能工厂建设案例

（1）案例一：家居智能工厂余料处理流程智能规划案例

家居智能工厂给家居车间板材余料再处理带来时代化的解决思路，利用家居智能工厂可精确化管理生产余料。同时，为余料再利用提供科学筛选和数据参考，为余料的再生产布局路径，为企业减少能耗、降低成本，使其具有巨大的竞争优势。

目前，家居企业在余料处理上智能化不足，多采用人工形式，不可避免地产生大量板材浪费。家居智能工厂模式下，可在余料处理全流程进行系统管控，主要包含全局把控、智能筛选、智能归类运输、智能再利用等。

❶ 全局把控。通过虚拟仿真模拟当前生产区域各生产线板材加工情况，虚拟计算板材余料的形状及尺寸，对多产线的生产余料类型总括，云端布局并评估余料暂存空间的合理性。同时，对余料堆叠高度、摆放方式和暂存时长实验测算，最终在匹配运输机器人的活动路线及主生产线的情况下，高效展开板材余料处理实施。

❷ 智能筛选。运用机器视觉技术对生产余料进行再检测。检测包括余料的尺寸、形状、

纹理、颜色、缺陷等，通过与云端材料库比对，评判余料的二次利用程度，分析并标注二次利用率极低的余料为废料。同时，利用二维码技术定位余料的当前状态，为余料处理的其他步骤提供精确化的信息支持。

❸智能归类运输。定位标注将废料集中，而余料可自主分类，分类条件以数据化形式上传系统库，利用算法调试实现其功能。运用AGV物流车配合二维码、RFID、传感器等实现自动精确搬运，余料运输全程数据实时更新，平台实时监管优化物流车的运输路线。运输完毕后，系统自动更新余料最新状态，以便后续信息管理。

❹智能再利用。加工新产品时，开料端将匹配余料数据库，以匹配余料为优先级，再采购新板料。确定余料后，系统搜索虚拟工厂数据，自动定位余料位置。同时，对余料生产过程再评估，以保障余料生产安全性，评估通过后即可再利用。

（2）案例二：索菲亚家居智能工厂智能物流系统规划案例

随着居民收入水平的不断提高以及对居住环境舒适度的重视，定制家具凭借高效利用空间、能充分满足消费者的个性化需求等特点，成为家具市场新的快速增长点。以索菲亚家居股份有限公司（以下简称"索菲亚家居"）为代表的定制家具企业，专注于全屋定制家具和配套家居产品的设计、生产及销售。其在国内较早实施数字化战略，通过引入信息化管理系统与自动化物流系统，实现了定制家具的大规模、柔性化生产。索菲亚家居的全资子公司——广州宁基智能系统有限公司（以下简称"宁基智能"），作为家居行业自动化生产设备、信息系统和一体化智能制造解决方案的专业服务提供商，负责索菲亚家居工厂的智能生产线与物流系统的整体规划与实施。

多年来，索菲亚家居一直在不断探索实现柔性生产，解决个性化定制与规模化生产的矛盾。2008年，索菲亚家居开始进行家居智能工厂战略布局，在行业内率先引入世界先进的ERP系统，同时自主开发OMS系统、TMS系统、MES系统、IGT系统、WMS系统、WCS系统。目前，各个系统已无缝对接，让物流体系覆盖了原材料管理、订单处理、生产制造、物流配送等各个环节，形成了完善的物流生态体系。为解决个性化定制与规模化生产的矛盾，索菲亚家居前后经历了三个生产阶段，如图6-23所示。

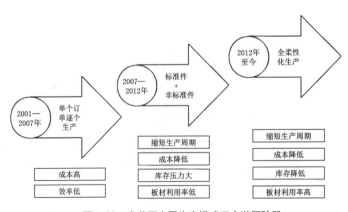

图6-23　索菲亚家居生产模式三个发展阶段

2007年以前，索菲亚家居处于单个订单逐个生产阶段，面临高成本、低效率等问题。2007—2012年，索菲亚家居进入"标准件+非标件"的生产模式，先后应用条形码系统，实现后台数据追踪，应用生产管理系统，实现系统计料，缩短了生产周期，成本有所降低，但仍旧面临库存压力大、板材利用率低等问题。从2012年开始，索菲亚家居信息化与自动化手段双管齐下，ERP系统改造，柔性生产线投入使用，实现了包装自动化，信息化系统全面覆盖，柔性生产线全面推广。近两年，索菲亚家居提出了"智能制造"+"智慧物流"的战略布局，借助信息系统、生产制造系统、自动加工系统，将数字控制加工设备转变为能根据加工指令智能操作的自动化机械制造系统。在智慧物流系统建设方面，率先引进自动化仓储系统，再逐步推进跟OMS系统、MES系统、TMS系统物联互通，打通订单信息、生产信息、仓储信息、物流信息各个环节，构建了索菲亚家居的物联网雏形。这不仅实现了柔性化生产，还解决了物流订单齐套、按单发货等难题。

（3）案例三："大信橱柜"智能工厂订单生产、快速响应和零库存管理

从2005年开始，"大信橱柜"自主研发云计算系统，实现了智能工厂大规模定制，有效破解了橱柜行业在定制过程中的成本高、周期长、质量差、规模生产难等难题。在成本控制上，通过快速周转、精细管理、减少浪费等，产品的零售价格是同等品牌的1/2不到，材料的利用率达到90%以上；在交货速度上，国际平均水平为30～45天，"大信橱柜"把交货周期控制到4天以内；在产品质量上，日韩和欧美发达国家产品的次品率一般在6%～8%，而"大信橱柜"能够控制到0.5%以内；在规模生产上，"大信橱柜"每天可生产1000套橱柜。这些都归功于"大信橱柜"自主研发的信息系统构建的智能工厂"模块化"生成数据，存储于公司的云计算中心，从客户下单到生产全过程进行信息化管理。根据客户需求，智能工厂做出生产计划和排程进行规模化生产。"大信橱柜"智能工厂的主要特征可以总结为以下三个方面：

❶ 智能化客户交互。通过各种平台与客户互动，客户参与设计。个性化定制离不开客户的共同设计。为了促进与消费者的交流和加强与消费者的紧密联系，在利用信息化手段提升规模生产的同时，"大信橱柜"充分运用互联网思维，探索通过"文化+自媒体"传播来提升品牌；还通过微信、微博、论坛、SNS等进行产品推广，开通了公众号，定期发布产品推介、行业动态、公司状况等信息，利用朋友圈与客户互动交流，以一种更加时尚的方式扩大传播人群。

❷ 产品模块化。经过多年不懈的探索，"大信橱柜"通过对传统、现在和未来生活方式及厨房设计的研究分析，形成基于整体厨房的"大数据"系统。一是基于我国不同地区生活方式、风俗文化、饮食习惯的差异，对现有国内橱柜产品进行拉网式收集。"大信橱柜"共收集了14365个整体厨房样式，把收集到的样式划分成六种模块化类型进行梳理归纳、交叉对比和分项合并，归类生成了480个标准化模块，建立了整体厨房的模块化数据库。二是通过研究国内市场的老龄化、快餐化等趋势，面向未来丰富产品样式、完善产品功能。480个标准化模块可根据用户要求自由组合，还原成14365个橱柜样式，从而满足了不同家庭的厨房尺寸和功能要求。在信息系统的云端，消费者通过订单管理系统下单，云计算中心会将整体橱柜进行编

码，并将整体橱柜拆分成不同的模块。根据每天1000套橱柜的生产量，将标准化的模块合并同类项，每天由电脑计算出同类模块需要生产的数量，再组织规模化生产。

❸ 生产流程柔性化。个性化定制的成功，离不开智能工厂柔性生产和供应链系统。具体来说，一个成功的个性化生产系统大体上有以物料需求计划为核心的推动生产系统和以准时制生产方式为核心的拉动生产系统结合而成。在标准化模块生产管理上，主要以MRP系统为主，而客户的个性化定制零部件生产，则以拉动式JIT生产系统为主，如图6-24所示。

在信息系统的生产端，零部件的生产指令发送到分布在全国各地的各代工厂商，板材部分在总部进行封边、钻孔等一系列加工，通过流水线批量生产。模块生产后，工人手持智能终端对编码进行扫描，按编码打包后发送到消费者家中进行组合安装大数据、云计算的运用，实现了订单生产，整合了以快速响应为目标的供应链、生产链和物流链，基本做到了零库存。

同时，"大信橱柜"建立了品质控制中心和24h即时视频监控中心，对供应商生产时的层层工序进行严格监督。在物流整合中，充分整合供应系统，一头连着供应商、一头抓着市场，将各配套厂商的产品集中到总部，经过严格的品质检测后进行总配，再发往全国各门店。在内部整合中，对自主生产的环节，公司总部建设了立体化标准厂房，由上至下按生产过程紧凑设计、流水作业，最大限度地节约了内部物流成本。

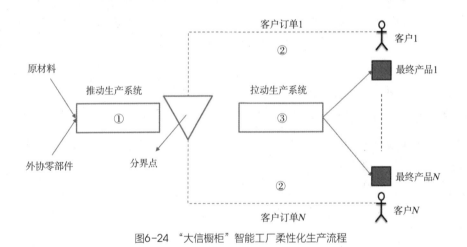

图6-24　"大信橱柜"智能工厂柔性化生产流程

6.5 家居智能生产系统

家居智能生产系统对家居产业竞争格局有着深刻影响，它是改变家居企业核心竞争力所依赖的资源基础。家居智能生产系统，使得家居制造数字化、智能化有利于家居产品性能产生质的飞跃，有效提高家居产品设计质量与效率，大大提高加工质量、效率与柔性，有效降低资源与能源消耗，使家居企业资源实现最优化。同时，家居产品制造模式、生产组织模式以及家居企业商业模式等众多方面发生了根本性变化，它将引发家居制造的革命性变化。家居智能生产系统的应用将推动家居制造生产方式变革，引领家居制造服务化转型，加速家居制造企业成本再造。

6.5.1 家居智能生产系统架构、模型和接口

6.5.1.1 家居智能生产系统架构

家居智能生产的实现离不开家居智能生产系统，家居智能生产系统以车间级的制造自动化系统为基础，根据产品工程技术信息（材料、结构、工艺和装配等设计要求）、车间层加工执行指令，结合车间物流管理、工艺管理、设备管理、刀具管理等系统，优化家居制造活动和家居生产过程、完成对家居产品零件制造过程的作业调度及加工。

家居智能生产系统主要由车间控制系统、加工系统、物料运输与存储系统、刀具准备与配送系统、检测与监控系统五个部分组成，如图6-25所示。

（1）车间控制系统

车间控制系统由车间层、单元层、工作站层和设备层以及车间涉及的生产和管理人员等组成，如图6-26所示。

❶ 车间层的核心是车间控制器，实现计划、调度和监控等功能，其主要任务是根据家居企业下达的生产计划进行车间作业分解和作业调度，并监控、反馈家居车间的生产状态和数据等信息。

❷ 单元层的虚拟单元即单元控制器，兼有计划和调度功能，完成任务的实时分解、调度、资源需求分析，向下一层工作站分配任务及监控任务执行情况，并向上一层车间控制器反

图6-25　家居智能生产系统架构

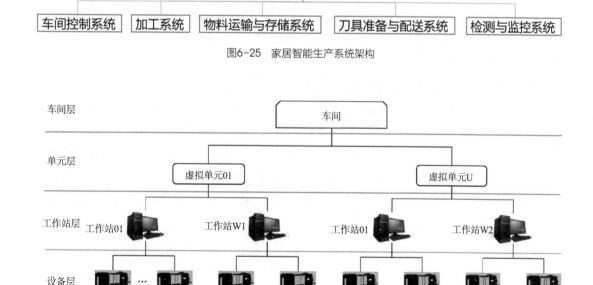

图6-26　家居智能生产系统中的车间控制系统构成

馈执行情况和单元状态。

❸ 工作站层负责具体指挥和协调家居车间中某个设备单元或小组的生产活动，如加工工作站、毛坯工作站、刀具工作站、夹具工作站、测量工作站和物料存储工作站等，向它们下达工作指令，完成加工准备、物料具配送、加工过程监控、加工检验等任务。

❹ 设备层包括机床、加工中心、工业机器人、坐标测量机、AGV等设备及其控制器。其功能是实时执行操作、运行命令或程序，完成实际运送装卸、加工、检验等工作任务，并通过各种传感感知装置反馈位置、速度、尺寸、表面质量等参数和任务状态信息。

（2）加工系统

加工系统是指由机床、机器人、AGV等硬件设备构成的用于完成具体家居零件加工任务的单元/线。常见家居加工系统类型有：刚性自动线、柔性制造单元、柔性制造系统、柔性制造线、柔性装配线和脉动生产线等，如图6-27所示。

❶ 刚性自动线（TL）是一种由预定顺序的自动化机器组成的制造系统，这些机器通过自动化的物料处理系统（如工件自动输送系统）相连接，主要针对某一种或某一组零件的加工工艺而设计和构建，是适合实现高效率家居大批量生产的加工系统，但由于其刚性结构导致难以适应家居产品品种变化。

❷ 柔性制造单元（FMC）一般由1~3台数控机床、工件自动输送更换系统、刀具存/配送/更换系统、设备控制器和单元控制器等组成，具有独立自动加工的能力，可适应不同零件的家居多品种、小批量加工需求。图6-27（a）所示为一个由1台工业机器人和3台数控车床组成的轴类零件柔性制造单元示例。

❸ 柔性制造系统（FMS）是一个由计算机控制的具有高度自动化集成技术的加工系统，包括数控机床、工件储运系统、刀具/工具储运系统、自动化测量/测法设备等，并在加工自动化的基础上实现物料流和信息流的自动化。柔性制造系统可根据制造任务和家居生产状态变化即时调整，具有柔性好、工艺适应性强、方便调整和维护、可混合加工不同零件等特点，适合多品种中、小批量家居零件生产。

❹ 柔性制造线（FML）由自动化加工设备、工件储运系统和花制系统等组成，兼具FMS柔性和TL高生产率的特点。图6-27（b）所示为一个由多台数花机床、AGV和可交换托盘系统组成的家居柔性制造线。

❺ 柔性装配线（FAL）通常由装配站、物料输送装置和控制系统等组成。装配站可以是可编程序的装配机器人、自动装配装置（如自动钻铆机）和人工装配工位；物料输送装置由传送机构组成，根据装配工艺规程，物料输送装置将不同的零件或半成品输送到所需的装配站，进行自动化/半自动化装配作业。图6-27（c）所示为定制家居柔性分拣线示例。

❻ 脉动生产线（PPL）是按给定家居生产节拍将家居产品对象移动到固定站位的脉冲式生产模式，目前多用于定制家居批量化生产（装配）。它是从连续的汽车生产线衍生而来，但与之不同的是脉动装配生产线可以设定缓冲时间，对生产节拍要求不高，当某个家居生产环节出现问题时，整个家居生产线可以不移动或留给下一个站位去解决，当家居产品的装配工作全部

（a）柔性制造单元示例　　　　　　（b）柔性制造线　　　　　（c）定制家居柔性分拣线

图6-27　家居加工系统

完成时，生产线就脉动一次。一条PPL由4部分组成：脉动主体、物流供给系统、可视化管理系统、技术支持系统。

（3）物料运输与存储系统

物料运输与存储系统负责家居生产过程中各种物料（如工件刀具、夹具、切屑等）的运送与流动以及将工件、毛坯或半成品及时准确送达指定的加工位置，并将加工完成的成品送入仓库或装卸站，以保证自动化生产过程正常运行。物料运输与存储系统包括运输设备和存储设备。常用工件输送设备有：传送带、运输小车、工业机器人、托盘及托盘交换装置等；常用物料存储系统有：工件进出站、托盘站、自动化立体仓库等。

（4）刀具准备与配送系统

刀具准备与配送系统负责为加工设备及时提供各种刀具并可在机床间进行刀具交换，具有刀具运送、管理、检测、预调和监控等功能。一般包括：刀具组装台、刀具预调仪、刀具进出站、中央刀具库、机床刀库、刀具配送装置和刀具交换机构、计算机管理系统等。

（5）检测与监控系统

检测与监控系统的功能是保证家居智能生产系统正常可靠地运行及满足加工质量要求。检测与监控的对象包括：加工设备及加工过程、工件输送设备、刀具配送系统、工件加工质量、环境及安全参数等。传统的检验检测装置有各种量具、量仪（如卡尺、千分尺、指示表等）和自动化测量装置（如三坐标测量机）。随着智能检测技术和家居产品的发展，各种智能化传感器和感知技术、智能仪器仪表、边缘计算和加工大数据分析技术等开始应用，将有效监控家居生产系统的可靠运行，保证产品质量，并为家居智能生产系统提供各种数据反馈。

6.5.1.2　家居智能生产系统模型

（1）家居生产系统功能模型

采用集成化计算机辅助制造定义方法（IDEF）中的功能建模（IDEF0），对家居生产系统建立的功能模型如图6-28所示。该模型描述了家居生产系统的功能：车间层生产管理与调度控制（如生产计划、调度指令等）、工作站层家居生产管理与调度控制（如家居产品质量信息、调度单等）、加工系统（如刀具管理、物料管理、数控程序管理等）、家居生产过程监测与故障诊断等。同时，该模型还清晰地描述了各个功能模块的输入、输出，以及各功能模块之间的相互关系。

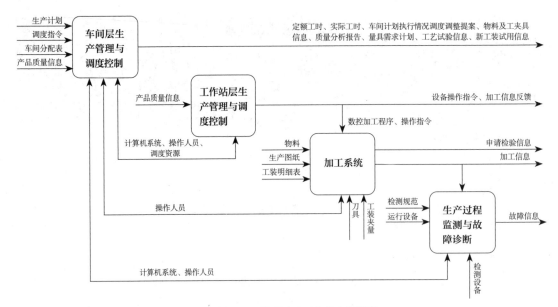

图6-28　家居生产系统的功能模型

（2）家居生产系统的物料流模型

家居生产系统物料流是指在家居生产过程中作为实体流的原材料、预制件、零件、组件、集成对象和最终产品的运输流转过程。

外购的原材料、燃料、外购件等物料接收后，经过仓库储存和运输后投入生产，经过下料、发料运送到各加工站点和存储站点，以在制品的形态从一个生产单位流入另一个生产单位，按照规定的家居工艺过程进行加工、储存，借助运输装置（托盘、输送带/链、小车、AGV等），在某个站点内流转，又从某个站点流出，始终体现物料的实物形态流转过程。

图6-29所示为家居企业在仓库管理系统和制造执行系统中集成的物流，外购的材料和外购件入库后，根据生产需求，通过在制品、生产、在制品、运输等不同的站位运输流转，最后

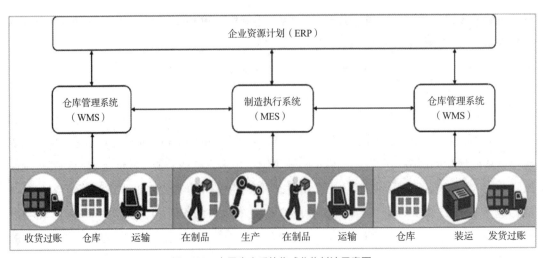

图6-29　家居生产系统集成化物料流示意图

的家居产品（制成品）再运送到仓库，进行装运和发货。家居生产物流和生产工艺流程同步，是从原材料购入开始直到制成品发货为止的全过程物流活动，原材料、半成品等按照工艺流程在各个加工点之间不断移动、转移，形成家居生产物流过程。

（3）家居智能生产系统成熟度模型

家居智能生产系统成熟度评价是依据家居智能生产能力成熟度模型要求，与家居企业实际情况进行对比，得出家居智能生产能力水平等级，有利于家居企业发现差距，结合智能生产战略目标，寻求改进方案，提升智能生产水平。

家居企业首先结合自身的发展战略及目标，选择适宜的模型（整体或单项），根据家居离散型行业特点选择评价域，通过"问题"调查的形式来判断是否满足成熟度要求，并依据满足程度进行打分计算，给出结果。

针对每一项能力成熟度要求设置不同的问题，对"问题"的满足程度来进行评判，作为家居智能生产评价的输入。对问题的评判需要专家在现场取证，将证据与问题比较，得到对问题的评分，也是对成熟度要求的评分。根据对问题的满足程度，设置0、0.5、0.8、1共四档进行打分。若问题的得分为0，视为该等级不通过。

6.5.1.3 家居智能生产系统接口

家居生产系统中的数据和信息流是支持家居制造自动化的技术基础，也是建立家居生产系统模型和数字孪生、构建CPPS、实现家居智能制造的关键。

家居智能生产系统的信息可分为静态信息和动态信息、输入信息和输出信息、实时信息和非实时信息等。信息类型有数据、文字、图形等。图6-30给出了以车间层家居制造自动化系统为核心的家居智能生产系统中各类信息的输入、输出流向及接口。

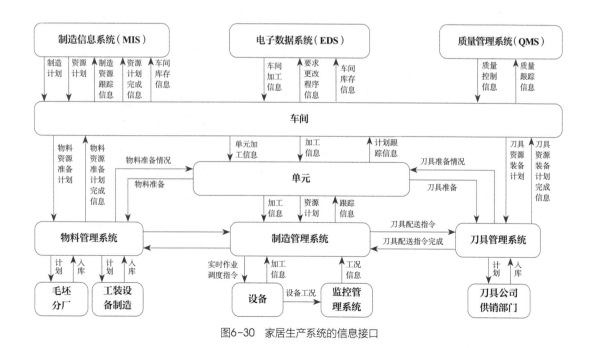

图6-30　家居生产系统的信息接口

同时，工业互联网将提供有线、无线等通信技术，为家居智能生产系统中的设备之间、设备与控制系统之间、设备与人之间实现互联互通。在家居生产制造的实际应用中，家居车间生产控制系统通过工业以太网、工业现场总线、光纤宽带实时环形网和互联网，连接家居生产设备、控制单元、操作员或工程师工作站、MES或ERP或PLM等，可实现家居生产系统中各种数据信息的传递和报送。

6.5.2 家居智能生产系统的应用

在家居企业中，家居智能生产系统的应用体现在家居生产设备网络化、家居生产过程透明化、家居生产数据可视化、家居企业经营智能化、家居生产现场无人化。

（1）家具生产设备网络化

家居制造大部分客户自动化程度不够，所以应优先完成家居产线自动化。一些家居厂商以工业以太网和板卡实现设备互联，打通设备级数据，经过MES反馈到平台层，在不更换原有工控设备的基础上实现初步物联，用户接受度很高。这类模式被称为"以M2M设备物联为核心的系统集成"。

通过物联网、服务网将家居制造企业设施、设备、组织、人互通互联，集计算机、通信系统、感知系统为一体，实现对物理世界安全、可靠、实时、协同感知和控制，对物理世界实现"感""联""知""控"。

在家居企业生产制造车间，数控编程人员可以在自己的计算机上进行编程，将加工程序上传至DNC服务器；设备操作人员可以在家居生产现场通过设备控制器下载所需要的程序，待加工任务完成后，再通过DNC网络将数控程序回传至服务器中，由程序管理员或工艺人员进行比较或归档。整个家居生产过程实现网络化、追溯化管理。

（2）家居生产过程透明化

家居制造企业生产现场，MES在实现生产过程的自动化、智能化、数字化等方面发挥着巨大作用。首先，MES借助信息传递对从订单下达到家居产品完成的整个生产过程进行优化管理，减少家居企业内部无附加值活动，有效指导工厂生产运作过程，提高家居企业及时交货能力。其次，MES在家居企业和供应链间以双向交互的形式提供生产活动的基础信息，使计划、生产、资源三者密切配合，从而确保决策者和各级管理者可以在最短时间掌握生产现场的变化，做出准确的判断并制定快速应对措施，保证家居生产计划得到合理而快速的修正、生产流程畅通、资源充分有效地得到利用，进而最大限度发挥家居生产效率。

（3）家居生产数据可视化

随着信息化与工业化快速融合，信息技术渗透到家居制造企业产业链的各个环节。条形码、二维码、射频识别、工业传感器、工业自动控制系统、工业物联网、ERP、CAD、CAM、CAE、CAI等技术在家居制造企业中得到广泛应用。尤其是互联网、移动互联网、物联网等新一代信息技术在工业领域的应用，家居制造企业也进入了互联网工业的新发展阶段。

应用CAD、CAE、CAPP、CAM、PDM技术，在设计知识库、专家系统的支持下进行家居产品创新设计。在虚拟环境下设计出数字化样机，对其结构、性能、功能进行模拟仿真、优化设计、实验验证；支持并行设计、协同设计；在工艺知识库的支持下进行工艺设计、工艺过程模拟仿真；最大限度缩短家居产品设计、试制周期，快速响应客户需求，提高家居产品设计的创新能力。家居制造企业生产线处于高速运转状态，由生产设备所产生、采集和处理的数据量远大于企业中计算机和人工产生的数据，对数据的实时性要求也更高。

能耗分析方面，在设备生产过程中利用传感器集中监控所有家居生产流程，能够发现能耗的异常或峰值情形，由此便可在家居生产过程中优化能源消耗，对所有流程进行分析，将大大降低能耗。

（4）家居企业经营智能化

家居企业经营智能化是指在物联网和互联网支持下，对整个价值链从客户需求、产品设计、工艺设计、智能制造、进出厂物流、生产物流等全过程的协同供应链进行优化和管理，使得任何客户的需求、变动、设计的更改在整个供应链的网络中快速传播，从而得到及时响应。家居企业智能化经营对制造服务的全过程进行管理，着眼于家居产品全生命周期，提供从用户需求、设计制造、卖方信贷、产品租赁、售后服务，直至回收再利用全过程的管理和服务。不仅对在上述全流程过程中的契约、协议、交易、法律、互联网金融提供支持，而且提供全价值链上资源优化利用、意外处置、生产安全、信息安全、绿色环保等一系列保障措施。

（5）家居生产现场无人化

在不间断单元自动化生产的情况下，管理家居生产任务优先和暂缓，远程查看管理单元内的生产状态情况，如果生产中遇到问题，一旦解决，立即恢复自动化生产，整个家居生产过程无须人工参与，真正实现"无人"智能生产。

✒️ 思考题

1. 什么是数字工厂？
2. 简述家居智能工厂的主要特征。
3. 如何理解CPS和CPPS是智能工厂的核心？
4. 简述家居智能工厂中实现工业4.0三大集成技术的内容。
5. 简述家居智能工厂的建设架构。
6. 简述家居智能生产系统的内容。

第7章 家居企业智能制造演进

🎯 学习目标

学习家居智能制造的演进，掌握制造的进化过程、家居企业智能制造的演变过程；了解智能化背景下的智能家具及家居产品，以及企业生态的发展与模式。

7.1 制造过程的进化

7.1.1 制造过程进化的目的

没有制造过程的进化，就不会有企业的进化。家居企业进化的最大工作量在于制造过程的进化。过程的进化当然不是企业的目标，然而企业为了实现更好、更高的目标，除了考虑经营战略方向外，还需要落实在企业制造生产的各个环节和过程。正如智能制造本身也不是目标，家居企业之所以推进智能制造，也是希望以数字智能技术去改善企业的各种过程，达到相应目标。

家居企业过程进化的目的就是更好地实现企业的目标。在数字化、智能化时代，家居制造企业希望通过数字智能技术实现转型，实质上是谋求企业进化。但在实施家居智能制造的过程中，有的企业专业人员更多地聚焦在数字智能技术上，如此很容易流于为数字化而数字化，为智能化而智能化。无论是从学术上还是实践上，都不能忘记企业转型、企业过程进化、企业智能制造必须围绕企业的目标。一般而言，企业目标是高效低成本、高质量、绿色等。

（1）高效低成本

高效是企业追求的目标，它和低成本紧密联系在一起。降低成本主要有两个途径：科技创新和管理创新。自动线、机器人等技术是实现高效的常用方式。例如，索菲亚通过对定制家具板件材质与尺寸的研究，研发了适用于任意板件材质与尺寸的工装夹具、柔性化缓存装置与存放架；还研发了定制家具部件动态规划分拣技术，构建了基于六轴工业机器人的多机器人协同货架式板件分拣包装技术与装置，攻克了定制家具产品板件出入库拥堵的难题，可实现六台工业机器人协同工作，分拣速度达到25件/min，分拣包装效率提升33%以上。如索菲亚还研发突破了基于算法模型实时优化的智能仓储与物流技术。通过对定制家具包裹规格、数量、产出时间和运输路线的研究，研发了适用于不同包裹尺寸的搬运输送机构和基于运筹学规划算法、有向图算法的拼单规则、按包入库规则、按客户码垛库存规则，创新了最短路径的物流路线自动寻优与规划技术，实现了生产线与智能立体仓库的有机衔接，以及产品的入库、库存、发送等整个流程的数字化管理，发货准确率达99%，产品出入库复合效率达472包/h，板材出入库复合效率达49托/h。

（2）高质量

质量是企业的生命线。数字智能技术的应用可以更好地控制加工过程，或者说让加工过程进化，达到提高加工质量的目的。例如，在板式家具生产工艺中，开料是最为基本的环节，使用数控开料机能够对板材进行高质量的切割开料，可通过机械手代替人工下料，同时也可与其他板式家具自动化生产设备连线，用于全屋定制板式家具生产。现有数控开料机在设备精度、自动换刀刀库和控制系统效能提升等方面有较大发展和进步。全自动开料机的加工效率高，节省人工成本；其加工精度高，在定制板式家具制造中应用较多。目前使用的全自动开料机通过使用配套软件，实现在线设计、呈现3D效果图、一键拆单、优化排版等功能，大大提高了加工效率。

（3）绿色

绿色应该成为现代企业的基本要求。绿色制造不仅要解决污染问题，还要考虑减少能源和原材料消耗。如今越来越多生产企业将板式家具设计与制造的重点放在低碳可持续和功能材料研发的技术应用上。例如，表面装饰材料的研发，对板式家具组合应用具有很强的实用价值，可有效降低生产和制造成本，提高产品附加值。同时，能够减少资源消耗和环境污染，积极响应绿色低碳的环保先行政策。如中国林业科学研究院木材工业研究所研发的一种无醛浸渍胶膜纸，无甲醛释放，安全环保，纸张间无破坏，耐刮擦性能好，可实现连续化生产。广东天安新材料股份有限公司研发的电子束辐射固化聚丙烯装饰膜，表面立体效果较好，纹理清晰，且耐磨性大大提升。夏特股份有限公司研发的仿大理石、仿皮革、仿金属等装饰面板，可用于板式家具表面饰面的个性化设计。德华兔宝宝研发的不同类型科技薄木，经旋切、双偶氮低分子高渗透染料高温染色，通过计算机多次模拟设计，结合自动雕刻模具，多次重组、胶合、刨切而成，产品纹理逼真、色牢度高、韧性强，可适用于板式家具的个性化设计。广东瀚秋智能装备股份有限公司研发的基于准分子线的木饰面开放肤感板等，实现了板式家具表面装饰半透板材的逼真效果。南京林业大学联合宜华生活科技股份有限公司研发的家具与木制品表面数字化木纹UV数码喷印装饰技术，利用UV固化油墨在家具表面数码打印，木纹纹理和色泽逼真、自然。

7.1.2　制造过程进化的载体

企业过程的进化，除了要围绕目标外，还要落实在具体的载体：人、先进的分析和智能机器，如图7-1所示。各种先进的分析基于大量的数据，使机器之间、机器与人之间更好地连接起来，从而使各种过程尽可能优化，以达到相应的目标。所以，可以认为过程进化的载体主要

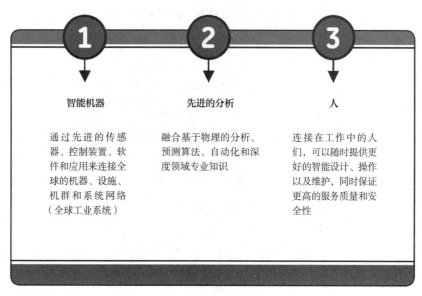

图7-1　过程进化载体

是机器或设备（含工具和产品）与人。很多情况下，产品是提供给客户的设备，企业的制造设备也可视为生产产品的工具。任何一个过程至少包含其中一个载体，过程进化需要能力支撑，实施智能制造就应该向这些载体赋能。

数字化和智能化技术越来越多地被用到装备上。在一些家居企业，有的传统设备也被赋予自动化、数字化的功能，从而显著提高系统性能，大大改善加工过程。如在板式家具封边工序中，封边技术向智能制造方向发展是必然趋势，采用激光封边技术，即通过激光束将热能快速集中，融化表层厚度仅 $0.1 \sim 0.2mm$ 的功能层来胶合封边带板材。其作业效率高，封边质量好，可实现无缝封边。以德国豪迈集团有限公司激光封边 KAL370、威力（烟台）木业技术有限公司豪赛尔 LUMINA 系列激光封边机、武汉华工激光工程有限责任公司 LASER HEAD 激光封边机等具有代表性。其中，华工激光封边机采用特有的飞行激光控制系统，可根据产品尺寸和板件类型，依托完善的工艺参数库，快速选择加工程序，设置机器加工单元，使用预先涂好胶的激光封边带，通过带有近红外光谱模块的激光封边单元进行加工，实现 25m/min 高速加工封边生产。

智能制造系统无论多"智能"，不能不考虑人。家居企业中的大量软件信息系统，实际上也是释放人的能力。如 CAD 软件帮助设计师更快更好地完成设计工作；MES（制造执行系统）帮助车间人员完成调度工作。家居企业中信息的互联，不仅是机器之间，而且机器与人、人与人之间都需要信息的交换。各种工作过程中的人，只有充分掌握信息，才可能使过程最快、最好。因此，进行任何过程的优化，一定要体现在人这一载体上，在某种意义上，给设备赋能也意味着给人赋能。

7.1.3 家居制造过程进化

7.1.3.1 家居制造过程进化方式

在家居企业中，不同业务活动的过程千差万别，这里仅讨论家居制造过程中两个主要的共性进化方式：互联和重组。

（1）互联

融合就需要互联，尤其是物联网技术出现之后，互联技术深刻地改变着世界，当然也深刻地改变着制造业。

互联能使过程进化。互联主要表现在两个方面，即过程内部的互联和不同过程之间的互联。过程内部的各环节各要素的信息要互联。如在家具加工过程中，家具材料、制造刀具、加工温度、振动、电流、功率、尺寸，甚至噪声、图像，这些信息并不是相互独立的，而是耦合在一起的，通过互联，再加上大数据分析、智能分析工具，人类就有可能更深刻地洞察过程的规律，从而使家居制造过程进化。

处于一个系统中不同的过程之间也有关联，因此，不同过程之间也应该有信息互联。如某一家具零件的加工过程，家具制造车间里其他很多过程与其相关，如物流过程、生产计划过程、质量监控过程等。更有甚者，不同家居企业之间可能存在过程联系，如远程诊断服务。例如，在大规模定制家具生产模式下实施MES系统进行组织与管理，可将成千上万种具有差异化特征的家具零部件统一整合到一条生产线上进行生产。一方面对生产过程实时进行优化、管理和协调，另一方面对成千上万个异形零部件的设计、生产、工艺、检测（CAD、CAM、CAPP等）的海量数据进行管控、流转和共享，能够充分利用生产资源合理安排生产、实时监控订单生产进度等，从而达到规模化生产的效率，实现和获取"基于定制的敏捷制造"能力。第一，MES系统能够进行生产指导，依据客户订单需求，制订计划、生产任务及工艺流程，从而进行合理的生产过程优化。大规模定制家具MES的关键技术架构如图7-2所示。第二，进行生产监控，实时监控生产现场，了解与掌控定制家具产品的生产设备、工序等全部生产过程。第三，实现信息共享，采用自动识别技术（条形码或RFID）对产品生产加工过程、质量等信息进行追溯，并将各类信息在企业内进行资源共享。

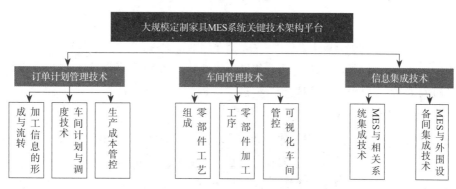

图7-2　大规模定制家具MES的关键技术架构

（2）重组

现在的个性化定制以及大批量个性化定制与大批量流水线模式有很大区别，其过程自然不同。业务过程的重组是家居企业过程进化的一个重要方面。重组可因技术变化而自然演进，也会因为管理理念或模式的改变而催生。

家具制造工艺相关的技术发展可能直接改变工艺流程，如增材制造（3D打印）技术，尤其是金属增材制造技术的发展。以前因为制造工艺的限制，可能一个小部件要拆成很多个零件，分别加工后再装配而成。增材制造技术在一定程度上消除了这种限制，原来分成多个零件的部件有可能变成一个零件，尤其在单件小批量或者试制时，这种方法具有明显的优越性。它不仅能提高效率，而且对于保证家居产品质量和可靠性都有优势。

数字化、网络化技术也带来某些过程的改变。如配备MES系统后，车间的物料运送、质量管理、生产计划排程等过程与未配备之前相比简化很多；有了供应链管理系统（SCM），家居企业的物料采购过程同样相对简化。值得注意的是，数字化技术不仅用于企业的设计、生产等业务，包括家居企业一些事务活动，也可以通过信息技术的应用而简化过程，节省人力，提高效率。

1990年，美国著名企业管理学者迈克尔·汉默（Michael Hammer）提出了企业流程重组（BPR），也被称为业务流程重组、企业流程再造。企业流程的改变自然引发组织再造，最常见的组织再造有以下几种形式：

❶ 合并相关工作或工作组，即把相关工作合并，由更少的人形成团队去做，这样既可提高效率，又容易使人产生成就感。

❷ 非直线化工作方式，即在一定程度上同时进行或交叉进行，可提高效率和质量。

❸ 改变细分的业务部门。很多企业按细分的业务组成部门或小组，如产品开发，分别按从事机械、控制、计算机等工作性质分成很多组。在具体的工作任务中，这种方式增加了协调的难度。

❹ 模糊组织界限。在传统的组织中，工作按部门划分；为了减少多部门的协调工作，可以使组织界限模糊，甚至超越组织界限。需要注意的是，为了使工作更加高效和高质量，成员之间需要一起分享信息，及时沟通。因此，流程重组和组织再造需要数字化技术支撑，如建立数据库、网络协同平台等。

7.1.3.2 家居制造过程进化内容

在家居企业实际生产制造过程中主要包括三方面的进化，即家居产品设计开发过程进化、家居工艺过程进化，以及家居车间生产过程进化。

（1）家居产品设计开发过程进化

传统的家居设计制造过程是串行的，即"需求分析—概念设计—初步设计—详细设计—工艺设计—加工—装配"，很难保证设计中的考虑很周全。如果在设计的后续环节发现问题，要么将就，要么修改设计。串行模式不仅导致开发周期长，而且影响产品质量，增加成本。20世纪80年代，美国国家防御分析研究所（IDA）提出了并行工程（CE）的概念："并行工程是集成并行地设计产品及其相关过程的系统方法。产品开发人员从设计初期就开始考虑从产品概念形成到报废的全生命周期中所有因素，包括质量、成本、进度计划和用户要求。"此定义意味着，既然在设计开发初期就考虑产品全生命周期的各种因素，当然容易及时发现后续过程中可能出现的问题，从而缩短产品开发周期，提高产品质量，降低成本，最终增强企业的竞争力。特别注意的是，并行工程的理念强调来自多领域的开发人员需要在集成环境下并行工作。在数字化和网络化时代，多领域的人员可以在网络环境中协同工作。图7-3所示为家居产品数字化设计的基本过程，其主要包括运用具体的三维软件工具，通过设计数据采集、数据处理和数据显示，实现家具模型的虚拟创建、修改、完善、分析与展示等一系列数字化操作。在家居企业的实际应用中，这种数字化设计的进化主要分为以下四个阶段：

❶ 以家具数字化设计软件研发为主。自主开发了家具零部件及结构CAFD系统、家具结构设计FCAD系统、室内设计和家具造型设计CAD系统、刨花板家具结构强度有限元分析SFCAD系统和32mm系列板式家具设计DLFDH系统、家具造型设计FCAD系统等。数字化设计软件系统理论研究取得一定的成果，但由于缺少软件维护与技术升级措施，数字化设计的功能受限，推广和应用范围有限。

❷ 以国外设计软件的引进及软件间的接口分析为主。引进Autodesk公司AutoCAD计算机

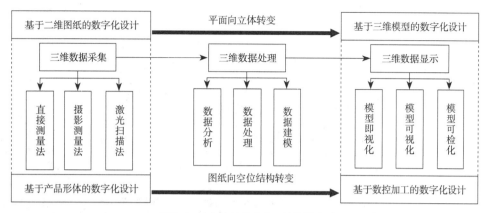

图7-3　家居产品数字化设计的基本过程

辅助设计通用平台，由于其易学、易用，且具有二次开发接口，得到家具企业的认可；同时，一些橱柜设计专业软件陆续被引入，如 KCD Cabinet Designer、Cabinet Pro、Cabinet Vision Solid等，由于软件格式不兼容或未汉化、价格贵、售后服务及技术支持渠道不畅等问题，此类数字化设计系统多仅限于少数外资或OEM企业使用，但为我国家具行业数字化转型和数字化设计快速发展奠定了一定基础。

❸ 以国内外家具数字化设计软件定制开发为主。如2020、Imos 3D、TopSolid Wood、Microvellum等，此类设计软件的共同特点是能提供家具数字化设计的解决方案和技术支持，因而深受家具企业的喜爱，并逐渐成为一些定制家具企业的必备设计工具。随着大规模定制家具和数字化管理的快速发展，家具企业的数字化设计和制造转型成为企业生存和发展的核心竞争力。在此背景下，国内的SAP、Oracle、Epicor、WCC、2020、IMOS、TopSolid、鼎捷、金蝶、用友、广州伟伦、广州华广、造易、商川等通用软件，逐渐成为制造行业常用数字化设计和管控系统的主要代表。同时，国内家具企业和软件企业也开始结合定制家居的特点，开发家具企业专用软件，如东莞数夫、广州联思等。

❹ 以家具数字化设计在线展示为主。国内部分专业软件企业开始结合定制家具设计过程中的不同功能特点，开发家居数字化设计的拆单、渲染等功能软件。以广州犀牛R5、圆方、三维家、酷家乐等为代表，逐渐在家具行业中取得了相对稳固的地位，形成了国产家具数字化设计功能软件多足鼎立的局面。与引入国际化成熟的软件及作业标准（标准化导入式）相比，国产软件由于是为企业量身定制，更加适合我国家具企业数字化设计的实际需求，迅速打开了我国家具产品数字化设计的市场。

此外，未来的家居产品设计开发过程会在数字（虚拟）空间中进化。既然人类正在迎来一个数字和物理世界深度融合的年代，这就注定了人类的很多活动会在虚拟世界中进行。工业正是虚实融合的前沿领域，而产品设计开发自然是最先应用虚拟技术的领域之一。家居产品数字化设计与制造需要从家居产品全生命周期角度进行考虑，包括需求与计划分析、概念设计、仿真与分析、工艺验证、测试和质量验证，乃至运维服务以及报废处理，如图7-4所示。

（2）家居制造工艺过程进化

家居制造工艺（这里包括装配工艺）过程至关重要，直接影响产品质量和生产成本。利用数字化技术改善工艺过程有多种方式，如在大规模定制化生产的模式下，板式家具拆单技术。板式家具企业需要对设计订单进行高效、准确、及时的拆解，从而能够为生产制造提供所需的各类信息。其通过特定的方法和规则，将设计软

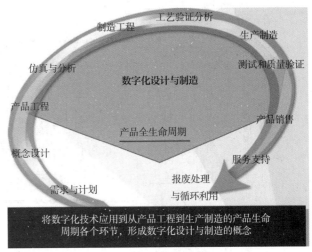

图7-4　数字化设计与制造

件生成的订单信息文件（如xmlison、skp 、dxf、3ds、obj等格式）进行解析，并将其拆分成生产过程所需的料单文件、加工图纸和五金数量等信息的过程。拆单在板式家具制造过程中具有重要的意义，拆单软件不仅能够将订单文件转换成生产所需的具体信息，而且提高了产能和效率，增强了生产精确性和生产调度协调性等。

首先，拆单软件能够自动化解析订单文件，减少人工操作和错误，从而提高产能和效率。通过快速、准确地处理订单，生产过程可以更快启动，节约生产时间，提高交付效率。其次，拆单软件能够准确生成板件清单、加工图纸和五金数量信息，从而提高生产精确性，确保产品尺寸和质量的一致性。这些准确信息能够指导生产工序，保证产品符合设计要求，避免尺寸误差和装配问题，提高产品质量。此外，拆单软件生成的料单文件中包含板件具体信息和工艺路线，能够提高生产调度协调性。这些信息能够帮助生产调度人员了解生产所需材料和工序，通过合理分配资源并做出相应安排和调整，以满足交付期限和优化生产效率。拆单软件在板式家具设计制造一体化的过程中起到关键作用，提高了效率、精确性和生产调度的协调性。通过拆单软件的应用，家具制造企业可以实现更高效、精确、经济的生产流程，提升企业竞争力，并满足客户需求。图7-5所示为家居拆单软件系统基本架构。

（3）家居车间生产过程进化

图7-6所示是三一集团智能工厂数字化车间总体架构。通过全三维环境下的数字化工厂建模平台、工业设计软件以及产品全生命周期管理系统应用，实现了研发数字化与协同。多车间协同制造环境下，计划与执行一体化、物流配送敏捷化、质量管控协同化，实现了混流生产与个性化产品制造，以及人、财、物、信息的集成管理；并基于物联网技术的多源异构数据采集和支持数字化车间全面集成的工业互联网络，驱动部门业务协同与各应用深度集成，自动化立体库、AGV、自动上下料等智能装备的应用，以及设备的M2M智能化改造，实现了物与物、人与物之间的互联互通及信息握手。

图7-5 家居拆单软件系统基本架构

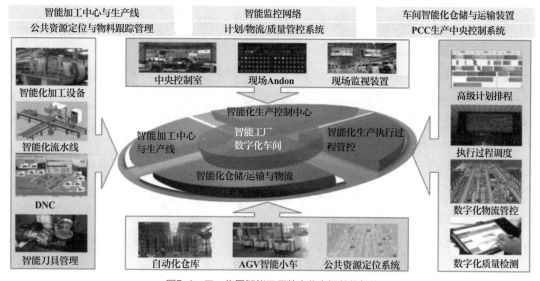

图7-6 三一集团智能工厂数字化车间总体架构

7.2 家居企业智能制造的演变过程

7.2.1 推进和实施家居智能制造的基本原则

北京航空航天大学刘强等学者提出了推进和实施智能制造的"三要三不要"原则。一要标准规范先行；二要支撑基础强化；三要对CPS理解全面。不要在落后的工艺基础上搞自动化；不要在落后的管理基础上搞信息化；不要在不具备数字化网络化基础时搞智能化。"三要三不要"原则在制造业界得到广泛认同，达成了共识。在遵循这些原则的基础上，结合家居智能制造的现状和特征，提出家居智能制造的"三要三不要"原则。

7.2.1.1 家居智能制造的"三要"原则

（1）设计标准要先行

先进设计标准是指导智能制造顶层设计、引领智能制造发展方向的重要手段，必须前瞻部署、着力先行。要制定、遵循家居产品的设计标准和规范，保证家居产品的美观和耐用。这是因为家居产品的设计标准和规范是保证产品质量和安全的基础，也是提升产品形象和品牌影响力的重要手段，只有遵循设计标准和规范，才能实现家居产品的高品质和高水平。

（2）生产基础要强化

我国家居企业在智能制造支撑基础方面虽然已取得长足的进步，但仍面临关键技术不足、核心软件缺失、支撑基础薄弱、安全保障缺乏等问题。要建设和完善家居生产设备和工艺，提高家居生产的技术和质量。这是因为家居生产的设备和工艺是保证产品性能和功能的关键，也是提升产品效率和降低成本的重要途径，只有强化生产基础，才能实现家居生产的高效和高质。推进和实施智能制造必须加强基础性支撑技术和关键技术的研究开发，加强智能制造基础能力建设，自主研制智能化重点关键技术装备，自主开发智能制造核心支撑软件，建立高效可靠的工业互联网基础和信息安全系统，"软硬并重"发展，为家居智能制造发展提供坚实的支撑基础。

（3）CPS理解要全面

CPS是虚拟空间中的数字化建模、仿真、优化等"计算（Computing）"功能及活动与物理空间中实体对象的各种设备、单元、生产线、工艺过程等的"控制（Control）"的深度融合，在赛博（Cyber）和物理这两个空间之间的连接，是经由网络化的"通信（Communication）"来实现的，工业互联网、物联网、新一代移动互联网等通信网络将在其中发挥极其重要的作用。

在智能制造实践中建立和应用CPS，是一个从低到高、从小到大、从简单到复杂、从局部到全局的循序渐进的发展过程，需要根据行业特点、技术能力、装备水平、工艺水平、投入产出等条件，明确目标、统筹规划、分步实施、量力而行，不能期望一蹴而就。

7.2.1.2 家居智能制造的"三不要"原则

（1）不要在落后的设计基础上搞数字化

在大规模定制模式的背景下，要先提升设计的创新性和个性化，满足用户的多样化和定制化需求。这是因为家居产品的设计是影响用户购买意愿和满意度的重要因素，如果设计落后于市场和用户的需求，那么即使采用了数字化技术，也难以提升产品竞争力和价值。

（2）不要在落后的生产基础上搞网络化

制造业信息化是工业3.0时代的主题内容，它是将信息技术、自动化技术、现代管理技术与制造技术相结合，实现产品设计制造和企业管理的信息化、生产过程的自动化、制造装备的数控化以及制造服务的网络化。其能有效改善家居企业的经营、管理、产品开发和生产等各个环节，提高产品质量、生产效率，降低成本。

要先建立生产的协调性和灵活性，适应市场变化和波动，这是因为家居产品的生产需要根据不同订单和规格进行调整和优化。如果生产过程缺乏协调和灵活，那么即使采用了网络化技术，也难以提高生产的效率和质量。应该准确把握现代制造工艺及装备的发展趋势，掌握先进适用的加工工艺技术，解决好在自动化过程中的工艺优化和工艺创新，只有这样家居企业才能推动制造过程自动化、信息化和智能化发展。

（3）不要在不具备数据化分析基础时搞智能化

要先实现数据的获取、处理、优化和反馈，提升生产效率和质量。这是因为家居产品的智能化需要依赖于大量数据和信息，如果数据来源、质量、流程和应用不完善，那么即使采用了智能化技术，也难以实现智能化目标和效果。家居企业的工业4.0、智能制造不可能一蹴而就，必须经过数字化、网络化阶段，进行信息化和工业化的深度融合，要先解决好制造技术、制造过程、制造系统和生产管理中的数字化、网络化等问题，才能奠定迈向智能化的基础。

7.2.2　家居企业智能制造的新形态和新特征

德国工业4.0描绘未来工厂的生产场景：规模化定制、移动互联/工业物联网、云制造、赛博物理融合生产等；"智能制造"提出的信息化与工业化深度融合下的数字化制造、网络化制造、智能化制造的发展主线，也与其有异曲同工之妙。2018年，欧盟发布的《制造未来——愿景2030》中，将未来欧洲制造的愿景定位在具有竞争力的（Competitive）、可持续的（Sustainable）和韧性的（Resilient）制造，也让人们看到了未来制造的新形态和关键特征。如本书前文所述，工业4.0、家居智能制造的内涵和特征非常丰富，且仍在研究发展过程中，但考察工业社会新技术革命历程和未来人类社会的发展需求，结合日新月异的新一代信息技术和人工智能技术发展状况，家居企业未来制造形态和特征方面可能出现的新趋势如下，包括混合制造、移动制造、韧性制造以及可持续制造四个方面。

（1）混合制造

混合制造是在近10年里发展迅速的一种新制造模式，它是指在单台机床上将增材制造与传统加工方法相结合的一种新制造模式。其中，增材制造，用来在一个零件上快速成型所需零件或结构的基体，同时采用传统的减材制造（例如效控铣削）进行切削、磨削、抛光等加工，最终获得满足设计要求的零件。未来混合制造将可能进一步发展为"增材（Additive）+等材（Formative）+减材（Sub-tractive）"多工艺混合制造、"数控机床（CNC）+机器人（Robot）"多机一体化混合制造、"金属材料（Metal）+复合材料（Composit material）"多材料混合制造、"光（Optical）+机（Mechanical）+电（Electrical/Electronic）"多能源复合制造等更多形式的混合制造模式。

（2）移动制造

移动制造的主要思想是开发和使用可移动的制造模块，这些模块可以迅速组合成一个完整的制造系统，并被重新配置为新产品和（或）进行缩减，以处理新的生产需要。在移动制造模式中，生产能力可以作为一种可移动和灵活的资源来提供，这种资源可以快速定制，以满足客户的需要。移动制造的一种应用场景是大型/超大型零部件的现场加工，由于这类零件尺寸、重量过大而不便于移动和安装到加工装备的工作台上，因此，利用可移动的加工装备，在被加工对象所在场所进行配置、校准和定位，现场对大型或超大型零部件进行加工。

（3）韧性制造

未来家居制造业体系必须是一种韧性制造系统，即具有韧性、适应性和可恢复力，以应对快速变化和难以预测的环境，克服混乱，适应不断变化的市场需求。韧性制造具有如下关键特征：

❶ 技术和供应链整合。

❷ 使用关键的性能指标来衡量韧性——质量Q（Quality）、成本C（Cost）、交货周期D（Delivery）、柔性F（Flexibility）、安全S（Safety）。

❸ 需要旨在实现制造供应链韧性的运作模式，模型需要包含战略和业务两方面的内容。

❹ 缩短了的新产品的上市时间。

❺ 系统可重构、供应链重组、基于系统的韧性视图。

❻ 敏捷性、业务灵活性、制造策略和新产品开发。

❼ 改善安全性；降低流程可变性；编纂和分享隐性生产知识；提高反应能力；提高劳动力和机器效率。

❽ 精益化，整合精益、敏捷性和可持续性，以实现制造业的韧性。

❾ 知识管理和公司核心竞争力，以及公司的变革过程。

❿ 基于知识的视图。

（4）可持续制造

可持续制造系统的边界已从工厂大门扩展到外部更广阔的空间，能源和资源效率在生产实施中起重要作用。同时，工厂的生态系统也已成为具有决定性影响的关键因素，人们越来越关注制造业在资源利用和减少消耗方面的运作效率和效益，以保护自然环境生态，实现可持续发展，可持续制造和生态型工厂的概念应运而生。

图7-7所示为工厂中主要的能源和资源消费者、工厂环境影响因素以及导致消费行为变化的内外部参数。为了以正确的时间、正确的制造成本生产出质量和数量正确的商品及提供服

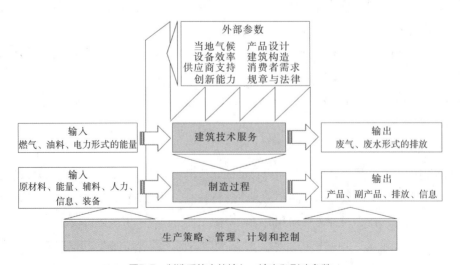

图7-7 制造系统中的输入、输出和影响参数

务，需要从机器设备行为和能源相关的关键性能指标、基于技术的服务、生产系统规划、生产管理、再制造和回收等方面入手，将传统的线性生产过程智能化地重组为循环和网络化的"生产消费—再循环"系统，建设生态型工厂，实现生态、高效、可持续性制造。

7.3 家居产品的进化

7.3.1 智能家具产品与智能家居产品

制造技术的转型深刻影响着家居产品进化的速度，家居产品从单件产品向系统（系列）产品的模式进行转变，形成了定制化、个性化、功能化的家居产品。同时，智能产品近几年的兴起及发展加速了家居产品的进化，数字化、网络化、智能化是当下家居企业发展的趋势，智能家居产品的出现也是时代之必然产物。

智能家具是构成智能家居最重要以及最基础的模块。智能家具在现代时尚家具的基础上，将组合智能、电子智能、机械智能、物联智能等智能元器件巧妙地融入家具产品中，使其具有自适应、自感应、智能化、时尚化、多功能化和使用更加便捷、舒适、安全的一类新型家具产品，是满足人们美好生活需求的一类重要智能产品，也是未来家具产业功能性产品发展潮流和方向。

从广义上讲，凡是将高新技术通过系统集成融汇到家具设计的开发过程中去，实现对家具类型、材料、结构、工艺或功能的优化重构，使其代替"人"部分操作的这类家具，称之为智能家具。从狭义上讲，将机械传动、传感器、单片机及嵌入式系统等技术原理运用到家具实体中，使之融入智能家居系统，变身智能单品，形成"人—家具—环境"多重交互关系的这类家具属于智能家具。

智能家具是在现代家具的基础上，需要多学科和多领域技术成果的综合运用，目前还未形成相对专业的研究领域，仍处于研究和试验开发的初级阶段。主要是将一些电动或自动遥控器件或简单的智能元器件植入沙发、座椅、办公桌、衣柜、橱柜类等家具中，市场上真正体现自适应、自感知的智能家具品种很少。除家具主体之外，按智能家具的智能控制系统，可将其分为组合智能类、机械智能类、电子智能类、数字控制智能类，见表7-1。

表7-1　不同类型智能家具的比较

智能家具种类	实现智能的途径	具体案例
组合智能类	通过拉伸、折叠、翻转、旋转、移动等技术实现拆分或组合	 折叠式多功能桌

续表

智能家具种类	实现智能的途径	具体案例
机械智能类	将机械装置或传动机构植入家具本体之中，通过手动操控实现家具、部件（构件）或组配件的拉伸、折叠、翻转、旋转、移动等功能变换	抽拉式折叠沙发
电子智能类	将先进的电子科技产品或机电一体化配件植入家具本体之中，通过触控、轻按、动作、有线或无线的电子遥控等方式，实现多种特定功能	电动升降智能桌
数字控制智能类	将智能系统或智能元器件（如嵌入式系统、传感器等）植入家具本体之中，以网络中心、数据中心为核心，利用移动终端（如手机、平板电脑等）与无线网络或动作、触碰等，实现对家具的功能控制	传感器干预的智能床

　　智能家居是以住宅为平台，通过家庭总线技术（综合布线技术、物联网技术IoT、信息通信技术ICT、安全防范技术、自动控制技术、音视频技术等），将各种家电、家具或生活设施连接集成，构成功能强大、高度智能的智能家居系统，提供家电控制、照明控制、窗帘控制、防盗报警、环境监测、暖通控制、音视频控制、三表抄送、家具操控、远程控制、室内外监控、红外转发及可编程定时控制等多种功能和手段，使生活更加舒适、便利和安全。智能家居系统如图7-8所示。

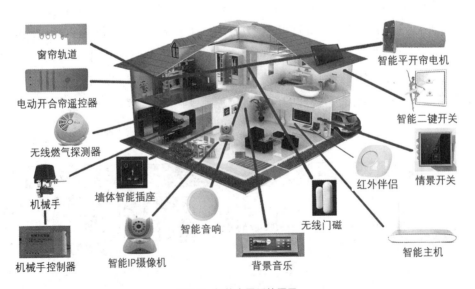

图7-8　智能家居系统展示

智能家居是在物联网、务联网影响下的物联化、务联化体现。智能家居相较于普通家居有如下优势：具有传统的居住功能；兼备建筑住宅、室内装饰、网络通信、信息家电、功能家具、自动化设备等；实现系统、服务、管控一体化的高效、舒适、安全、便利、环保的居住环境；提供全方位的信息交互功能；帮助家庭与外部保持信息交流畅通；优化人们的生活方式；帮助人们有效安排时间；增强家居生活的安全性；节约各种能源消耗费用。

智能家居根据其使用范围可以分为三大类：第一类为单品智能，即产品智能，如智能家电、智能家具、智能马桶、智能扫地机等；第二类为局部智能，即小系统智能，如智能厨房、智能照明、智能暖通等；第三类为整体智能，即大系统智能，如智能住宅、智能家庭等。

7.3.2　智能家居产品的特征

（1）智能家居产品的技术构成

智能家居产品是通过数字和智能技术的应用呈现出其所需要的智能属性。这就意味着，一个智能家居产品应该具备下述能力中的一部分：对外部世界的感知能力、记忆和计算能力、学习和自适应能力、行为决策能力、执行控制能力等。一般来说，人工智能分为计算智能、感知智能和认知智能三个阶段。第一阶段为计算智能，是指通过快速计算获得结果而表现出来的一种智能。第二阶段为感知智能，即视觉、听觉、触觉等感知能力。第三阶段为认知智能，即能理解、会思考。认知智能是目前机器与人差距最大的领域，让机器学会推理决策且识别一些非结构化、非固定模式和不确定性问题异常艰难。

现在市场上的智能产品多用计算智能和感知智能技术，这类技术的应用通常给人们带来方便或解决人难以解决的问题。一是智能产品的计算智能高于人类，可用在一些有固定模式或优化模型、需要计算但无须进行知识推理的地方。如现在市场上已经有的扫地拖地机器人，它拥有高精度LDS激光导航系统，能快速精准构建并记忆房间地图，同时搭配智能动态路径规划，合理规划扫拖路径，高效完成清扫任务。二是智能机器对制造工况的主动感知和自动控制能力高于人类。以数控加工过程为例，"机床、工件、刀具"系统的振动、温度变化对产品质量有重要影响，需要自适应调整工艺参数，但人类显然难以及时感知和分析这些变化。因此，应用智能传感与控制技术，实现"感知—分析—决策—执行"的闭环控制，能显著提高机床加工质量。

一般而言，一个智能家居产品往往包括物理部件和智能部件。物理部件包括机械和电器零部件，如机器人的手臂、手爪、减速器、电机等。又如一个简单的智能产品扫地机器人就包括外壳、边刷、主轮、主刷、万向轮、充电触片等机械电器件，如图7-9所示。

智能部件通常指传感器（尤其微传感器）、微处理器、MEMS（微电子机械系统）器件、数据储存装置、控制器等。图7-9所示扫地机器人就有激光测距、碰撞、沿墙、回充电传感器等。

互联部件指互联网接口、天线、联通产品的网络以及远程服务器运行，并包含外部操作系统的产品云等。智能互联已经在智能家居系统开始应用（图7-10），如环境监测、影音娱乐、家电照明控制等。

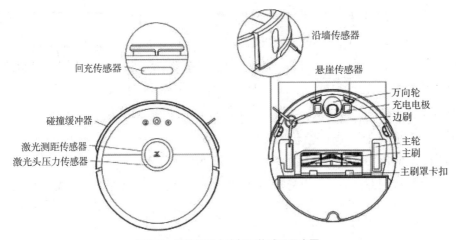

图7-9　扫地机器人主机及传感器示意图

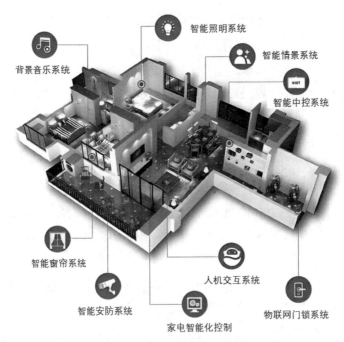

图7-10　智能家居系统的互联示意

　　软件部分是智能家居产品必不可少的，一般包括内置操作系统、数字用户界面、计算优化等，如手机中就有操作系统、扫地机器人中靠软件进行路径规划等。多数智能家居产品中都含有嵌入式软件，有些看起来依赖智能部件的功能（如感知）还是需要软件支撑。

　　（2）智能家居产品的功能要素

　　❶ 感知。现在很多装备产品，转换到智能家居而言，尤其是单件家居产品，需要考虑其与运行时客户的适配度以及后期维护，其基础便是状态感知。家居产品需要告知自身的状态，所谓"聪明的产品会说话"，正在进行什么工作？需要用户协同做什么？运行状态如何？通过

主动感知从而使设备能以一个比过去更经济、更高性能的方式运行。微处理器芯片持续发展已经达到一个转折点，仪器仪表的成本持续下降。尤其是近些年来MEMS器件的成熟，使微传感器在很多设备和产品上（包括家居、汽车等）得到应用，大大提升了产品主动感知的能力。比如智能家居系统上用到的众多传感器，有温度自动调控、自动照明等。感知的目的往往是产品自身的行为控制或状态监测，也有感知获得的某些数据以供外部大系统作相关分析用，如设备的感知数据用于车间质量分析。

❷ 控制。控制是多数智能产品都具有的基础功能。经典的智能产品的自动控制此处不再赘述。下面简单介绍家居智能产品中常见的智能控制形式。

a. 补偿控制：在智能感知的基础上，基于检测到的误差，实施相应的补偿。补偿对象可以是综合的，如温度变化、振动等引起的偏差，最终施加的控制可直接针对目标功能。需要注意的是，通过一定的模型，可以实施预测补偿控制。这才是真正有智能意义的补偿控制。

b. 远程控制：有些设备需要远程操作，如在危险场地工作的机器人，人可以远程控制，或者人机协同控制。目前很多家电的智能控制就包含远程控制功能，如对灯光照明进行场景设置和远程控制、家用电器（如电饭煲、空调）的远程控制等。

c. 交互式智能控制：可以通过语音识别技术实现智能家电（如彩电）的声控功能；通过各种主动式传感器（如温度、声音、动作等）实现智能家居的主动性动作响应。

d. 环境自动控制：一般的空调系统都带有环境温度自动控制。鉴于人类生活环境舒适度的需要，希望室内温度恒定在某一范围，这就需要相应的环境温度控制措施。像如今高级住宅中采用的六恒系统，通过恒温、恒湿、恒氧、恒洁、恒静、恒智，满足客户健康舒适的居家体验。

❸ 互联。微电子、物联网、无线等技术飞速发展，导致对互联的需求越来越强烈。设备与产品、产品与人、虚拟和现实、万物之间都需要互联，无线通信、万物联网（IoE）是基本手段，也是智能家居产品的基本功能要素。

用于互联的元器件进化非常快，如3D打印技术的出现，使人们重新思考天线和电磁元件的制造。应用多工艺3D打印技术，把导线、网格、金属箔片嵌入一个元件中，以消除绝缘和导体结构受空间条件限制的影响，这样可以随意地制造把绝缘体和导电体交织在一起的带有复杂网格拓扑结构的元件。而且这样制造的天线性能胜过传统方法制造的天线。智能控制系统越来越关注网络的无线化，为了保证环境质量、绿色以及用户体验感，必须对很多节点上的参数进行监测。围绕着系统传感器节点的互联互通、异构感知网络信息集成与应用，必须解决传感器的高可靠和动态组网、测控网络的无线化、跨尺度的感知信息融合等问题。如今互联已经成为智能消费品中用得越来越多的基础功能。通过智能感知与移动互联网结合，智能家居产品可以与用户交互，如前面提到的扫地机器人。

❹ 记忆。记忆、识别和学习都是某些智能产品所具有的功能，从学术上讲都属于人工智能范畴的内容。像一些智能家居产品中也具备相关人工智能手段，关于记忆、识别和学习，这里只作简单介绍，详细方法可参阅相关人工智能文献。

人们日常生活中使用的智能手机就已经具有初步记忆功能。如在手机上搜索，之后它能向用户自动推送其常常使用的搜寻，这就说明它留下了记忆。当然，这只是最简单的记忆功能。复杂的记忆是与学习联系在一起的。不能把记忆简单理解成存储，记忆是为了能够有效回忆。记忆需要存储，但存储并非一定带来记忆。人工智能中有一些记忆方法，如长短期记忆网络，由被嵌入网络中的显性记忆单元组成，以记住较长周期的信息；弹性权重巩固算法，目的是让机器学习、记住并能够提取信息，在一个需要记忆的新任务中把每个事件连接所附加的保护（为了记忆）比作弹簧，弹簧的刚度，也就是连接的保护值正比于其连接的重要程度。

❺ 识别。识别的内容很多，文字识别、语音识别、图像识别等，一些简单的识别技术已经走进我们的生活。如手机上的"全能扫描王"能够识别图片上的文字，并处理成可以编辑的文字；语音识别在家用电器中多有应用；图像识别在工业场景中的应用也日渐增多。

利用计算机视觉模拟人类视觉的功能，对采集的实物图像进行处理、计算，进而作出相应的判断。随着视觉技术的发展，人工检测的精度已经远远不及机器视觉检测。产品表面缺陷检测是机器视觉检测应用最广的一部分，其检测的准确程度直接影响产品质量。机器视觉检测技术已被广泛用于产品或工艺的缺陷检测中。如用视觉体系检测电子部件的缺陷或针脚的偏移，发现、检查安装错误等。华星光电公司与腾讯合作，对面板海量图片进行快速学习与训练，实现机器自主质检，分类识别准确率达88.9%，节省人力60%。据前瞻产业研究院的数据，中国每天在产线上进行目视检查的工人超过350万，但人工检测准确度不高，而且强度大。尤其未来工业高清视频经过5G和边缘计算与中心云相连，结合AI能力，其识别能力将大大提高。可见，此技术在家居领域的应用前景非常广阔，将此技术应用于智慧家居系统可极大地提升居住的安全性和便利性。

❻ 学习。从某种意义上说，学习是智能最重要的标志。真正意义上的智能产品在于是否具有学习功能，这也包括智能家居产品。

华中科技大学李德群等把智能技术用于塑料注射成型工艺及装备，取得了非常好的效果。根据注塑产品典型外观缺陷，如飞边、短射、划痕，构建其专有卷积神经网络结构，从大样本中提取样本图像初级特征（如边缘、纹理等），组合形成高级缺陷特征，解决了模板匹配等常规检测方法漏检、误检率大的问题，大幅提高了产品自动检测中的缺陷识别率。他们发明了成型过程数据的自编码特征提取模型，采用自稀疏编码与卷积神经网络相结合的无监督学习，解决了注射成型多工序批次过程数据时序相关、维度高的难题，实现了成型过程特征的降维。此外，应用产品质量统计模式分析方法，实现了生产过程监控。

这样一种机器视觉深度学习的模式同样能够应用于智能家居系统中。通过学习用户的生活模式，包括灯光模式、适宜温度、行走路径等构成相应的数据集，生成更有利于用户体验感的调节方式。

7.3.3　智能家居产品的发展趋势

考虑前面介绍的产品目标功能以及基础功能要素等，对家居企业产品进化、产品创新非常重要。但是，若深入分析产品成功的因素，还可以发现成功的产品创新中往往隐含着包括如用户体验、产品服务等某些非技术的观念和思维，智能家居作为直接与用户体验、生活息息相关的产品，更应把握技术与服务的结合，进一步更新、进化产品的形式与功能。

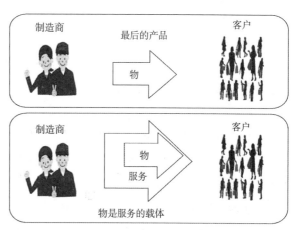

图7-11　产品是提供服务的载体

（1）产品服务化

传统家居企业给客户提供其所需要的物品（产品）。现在的理念则不同，除了提供物品还要提供相应的服务，即提供"产品+服务"，如图7-11所示。当然，传统方式提供的家居产品也能够为客户服务，即产品特定的目标功能服务，如洗衣机执行"洗衣"的服务。但现在很多家居企业已经意识到，只是特定目标功能服务是不够的，还需要提供家居产品使用环节的服务。例如，为了让用户充分利用产品功能且使用方便，嵌入某种附加功能，使用户非常方便调用或者寻求特别指导；还有产品的状态监测、故障诊断以及保养维修服务等，这些都需要产品的附加功能去支撑。也就是说，开发人员考虑产品进化时，不能忽略产品使用过程中的服务环节。要做到这一点，一般需要数字化、网络化和智能化等技术的应用。服务是产品的附属部分，是产品的延伸。之所以如此，除了基于客户的考虑之外，也是差异化竞争的需要。差异化是战胜竞争对手的最好利器，也带来顾客忠诚度。顾客心里认同感的来源总的来说还是源自商家的服务，服务越细忠诚度就越高。

此外，家居企业将更加注重用户的体验，即现在的"体验经济"一说。体验经济与传统工业经济最大的区别在于，消费者从被动的价值接受者转为积极参与价值创造的各个环节，成为创造独特体验的参与者，就如当前家居行业的全屋定制一般。传统的以企业为中心的价值创造观念正在转向企业与消费者共同创造价值的观念，体验经济有3个关键因素。

❶ 向消费者开放价值创造过程。传统意义上，企业是价值的创造者，而消费者只是价值的接受者。而在体验经济中，消费者需要参与到价值链的各个环节，与企业共同创造价值。比如在宜家的展厅中，不同标准化家具的组合为消费者提供了接近实际生活的各种体验环境。而消费者可以根据自己的实际情况和喜好对设计进行调整。比如，宜家提供了标准化产品（家具）和体验空间（不同设计的隔间），而消费者实际承担的设计工作是其创造属于自身价值的独特体验的过程。

❷ 超越预期。消费者对于交易过程所能够得到的价值通常会有一个判断，而当从实际消费中得到的体验超过了期望值时，所形成的溢价会带来特别的喜悦，并提升重复体验的可能性。

❸ 延伸价值链。在传统经济中，企业的价值创造过程随着交易完成，商品或服务转移给

消费者而终止。但在体验经济中，交易完成可能意味着更多共同体验的开始。虽然说消费者需要参与到价值创造的环节，但产品的用户体验方式、环境还需要产品开发者去构思和设计。用户体验设计的核心和本质，就是研究目标用户在特定场景下的思维方式和行为模式，通过设计提供产品或服务的完整流程，去影响用户的主观体验。

需要注意的是，不同用户使用相同的产品应该有不同的体验。家居企业应提供标准的平台化产品，消费者能根据自身需求，形成独特的体验。如酷家乐设计平台提供标准的设计模式和操作界面，但不同消费者的使用情况可能大相径庭。原因在于海量市场产品、模型的应用创造了无限可能性，为用户的体验带来广阔的空间。

（2）网络互联化

自然生态系统呈现生物多样性。一个生态系统中有不同类型的生物，即使同一个类型中又有不同的物种。生态系统中的不同生物相互依存，也有竞争。家居产品也一样，如电视机、冰箱、空调、微波炉等形成一个家电产品生态，即通过网络进行互联，每一种家电，如电视机，又有不同厂家、不同型号。企业应当思考，在社会一个大类产品生态中，自己的产品是否有可能形成一个健壮的生态系统？另外，一种产品本身也形成一个生态，因为零部件、原材料等可能来自不同供应商。如何为家居产品构建一个好的生态？从家居产品生态互联的角度审视智能家居产品进化需要考虑以下问题。

❶构建家居产品集群生态互联。一些有条件、有实力的企业很自然地考虑到能否使自己的主要产品在行业里形成一个健壮的生态。在家居行业中，如果某家居企业的产品群都具有很好的性价比，如此形成的家居产品生态无疑极具竞争力。

海尔以前的主要产品是冰箱、空调、洗衣机。随着技术的发展以及人们生活水平的提高，大家对家用电器的需求越来越多，质量要求越来越高。海尔以自己的实力顺应大众需求，推出其"5+7+N"智慧家庭方案，如图7-12所示。"5"指5大物理空间：智慧客厅、智慧厨房、智慧卧室、智慧浴室、智慧阳台；"7"是7大全屋解决方案：全屋空气、全屋用水、全屋洗护、全屋安防、全屋娱乐、全家美食、全家健康；"N"是变量，代表用户可以根据生活习惯自由定制智慧生活场景，实现无限变化的可能。处于这样场景中的产品，自然需要数字化、智能化技术。小如一个灶具，也能时刻智能地感知锅底温度，防止干烧。

❷建立家居产品的伙伴生态互联。一般而言，影响一个产品的关键件往往有多个，一个企业很难做到掌握所有关键件的技术。因此，对于一个家居企业而言，围绕某一个智能家居产品的良好生态有助于其产品的进化。换言之，寻求优秀的伙伴企业以形成良好的产品生态。如华为推出的全屋智能"1+2+N"解决方案，如图7-13所示。其中，智能主机采用AI、互联双中枢对全屋总指挥，其搭载HarmonyOS AI引擎，让家拥有集学习、计算、决策、控制于一体的智慧大脑。针对空气、阳光、水等家居条件进行动态预判，进而照顾用户生活起居的各处细节。

❸开放。兼容并蓄是如今世界发展的主体，任何单一形式的独大对于任何行业而言都是闭门造车，难以进步。因而对家居企业和家居产品设计开发者而言，都应该具有开放意识，这也是智能家居产品进化的重要因素。

图7-12 海尔智慧家庭

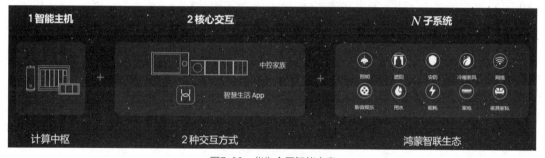

图7-13 华为全屋智能方案

完全开放系统允许任何实体参与到系统中或与系统进行交互。飞利浦照明推出的智能彩色灯包含了基本的智能手机App，允许用户控制灯的颜色和照明强度。公司还发布了应用开发界面，独立软件开发者迅速发布了几十款相关应用，增强了智能灯的功能和应用生态。

（3）超越空间

工业4.0的核心思想是数字世界与物理世界的融合，其中一个重要表现是虚拟空间与现实空间的融合。虚拟现实（VR）、增强现实（AR）、混合现实（MR），统称为XR，近些年发展迅速，尤其AR、MR将深刻影响众多行业的企业包括家居行业。未来几年，AR、MR将改变我们学习、决策和与物理世界进行互动的方式，智能家居产品同样需要抓住这一趋势。

AR产品正进入我们的生活，如汽车搭载的AR设备。以前在使用GPS导航时，驾驶者必须查看屏幕上的地图，才能思考如何在现实世界中"按图索骥"。而AR显示器直接将导航画面叠加到驾驶者看到的实际路面。这大大减少了大脑处理信息的负担，避免注意力分散，将驾驶错误降到最低。

VR、AR技术已经进入工业场景。如波音公司在复杂的飞机制造流程中引入AR培训，极大提升了生产效率。在该公司进行的一项研究中，AR用来引导学员组装机翼部分的30个零部件，共50道工序。在AR帮助下，学员花费的时间比使用普通2D图纸文件缩短了35%。经验较浅或零经验学员初次完成装配任务的正确率提升了90%。AR让用户交互上升到全新境界。AR头戴装置可以直接将虚拟控制面板投射到产品上，用户可以只用手势和声音指令进行控制。一位佩戴智能眼镜的工人可以观察多台设备的表现并进行操作调整，而不必触摸任何一台设备。如前面所提及，在家居行业中虚拟展示技术主要应用在家装摆放展示方面，在家具制造中的应用还较少，如宜家在产品目录 App 里面，利用AR 增强现实技术，模拟将家具摆放在家中的效果，其应用IKEA Place直观地查看选中的家具在公寓、办公室或者家中实际的摆放效果，省去了丈量尺寸、室内颜色搭配等烦琐的步骤。

人们不仅可以开发出用于各种工业场景的AR产品，而且让AR技术成为产品进化的工具。使用计算机辅助设计（CAD）进行3D建模已经有30多年的历史，但通过2D屏幕与这些模型进行交互仍有诸多限制，因此，工程师常常难以将设计全部化为现实。AR能将3D模型的全息影像投射到现实世界中，这大大提升了工程师对模型进行评估和改进的能力。例如，AR可以创造一个等比例的建筑机械模型，工程师可以进行360°的观察，甚至走进机械内部，在不同的条件下实际观察操作者的视线角度，体验设备的人体工程学设计。

（4）可智能化

智能家居产品的开发者一定要有"可智能化"的意识。一方面，需要通过数字化、智能技术使产品进化；另一方面，需要审视某一功能是否一定要智能化？是否值得智能化？如果为智能化而智能化，效果会适得其反。

智能互联技术大大扩展了产品的潜在功能和特色。由于传感器和软件数量的边际成本较低（添加新功能的关键部件），产品云和其他基础设施的固定成本相对固定，公司容易陷入"功能越全越好"的陷阱。但是，提供大量的新功能不代表这些功能的客户价值能超过它们的成本。如果竞争对手之间展开"看谁功能全"的竞赛，它们之间的战略差异就会逐渐消失，陷入零和竞争的窘境。因此，产品开发者必须深入了解到底哪些功能含有客户真正欢迎的价值？例如，A. O. Smith虽然已经为家用热水器开发出故障监测和预警功能，但由于传统家用热水器的质量已经非常可靠且寿命长，用户觉得监测预警功能华而不实，不能创造真正的价值，反而增加成本。

如今市面上有些号称为智能家居产品，其实有点华而不实。如所谓智能电风扇，引入手机App控制功能，通过与手机联网或者通过蓝牙与手机连接。在使用这类电风扇时要安装App、联网，如果网络延迟则会影响使用电风扇的体验。这种新功能带来的体验甚至不如传统遥控方式带来的感觉好。因而如何将智能化贴合家居产品的功能与使用仍然是一个继续值得探讨的问题。

7.4 家居企业的进化

7.4.1 家居企业生态系统

一个企业生态系统一定基于特定的目标，通常是生态主导企业的产品及服务所针对的目标。企业生态系统中一定存在不同的企业，还包括相应的社会环境，如消费者以及学校、政府、法律、新闻等各种单位和部门。当然，生态系统还需要一系列的技术支撑。一般而言，一个企业生态系统中的不同企业相互之间可能存在强联系，如供应商或客户。强联系表现之一是这些不同的企业从功能上形成一个整体，即它们能够生产原材料或零部件，抑或装配，从而集成为某一特定产品，如汽车零部件厂商和总装厂。强联系表现之二在于它们之间存在资金、信息、物资的交换。相对而言，企业与社会环境其他部分的联系为弱联系（特定时期或事件除外）。

（1）家居企业生态竞争与合作

技术和工业的发展使企业分工越来越细，现代制造业中鲜有一个企业能够包揽其产品中所有部分的设计和制造。单纯就关联企业而言，一个大企业的生态系统可能是一个庞大的商业帝国。如在定制家居行业中，家居企业在大规模定制生产的基础上，为消费者提供一站式家装解决方案，包括软装、硬装、定制家具、电器等。在整个定制家居产业链中，还包含物流服务、设计服务以及安装和维修维护的售后服务，而定制家居企业在大家居产业链中处于中间环节，如图7-14所示。针对定制家居企业，生态发展将逐渐转变为上游延伸产业至下游、上游产业向下游专供、下游向上游定制、上游与下游并购重组。

（2）家居供应链生态化

家居供应链是一个大的概念，涉及企业生产和流通过程中所关联的原材料供应商、生产商、分销商、零售商以及最终消费者等，也即是由物料获取、加工并将产品送到用户手中这一过程所涉及的企业和企业部门组成的一个网络。通常，供应链中存在信息流、物流和资金流，其控制颇为复杂。如在定制家居供应链中定制家居原辅料产业即在定制家居生产过程中为定制

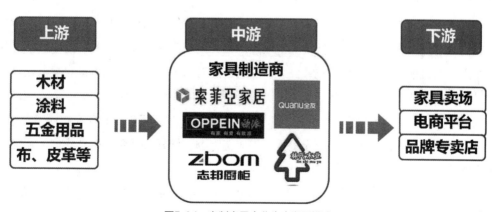

图7-14 定制家居企业生态发展模式

家居产品提供基材、装饰材料、结构功能材料和配件等的产业，为定制家居产业的上游产业。针对以上家居产业链的发展主要体现在以下几个方面：

❶ 基材行业发展趋势分析。随着全行业进入洗牌期，基材种类基本稳定，新型材料的研发期待突破。除环保之外智能保健概念受到消费者追捧，基材产业应将重点放在研发新品、改良工艺、瞄准新市场方面以拓展应用领域。家居基材企业应该做到：调整规格，满足市场需求；技术创新，升级产品功能；重视标准，健全标准体系；精控质量，提升产品品质。

❷ 面材行业发展趋势分析。家居饰面材料个性化与差异化势在必行，针对高端家居产品采用可定制方案。此外，表面触感和用户体验将是研发重点。

❸ 五金行业发展趋势分析。五金品牌需要面向消费者提高认知度。此外，基于制造业的发展理念，五金行业应该提升是创新发展的基础。在产品方面，以未来智能家具系统需求为导向和研发方向。同时，智能生态方面，与科技企业合作实现智能五金与家具、家居系统融合。在营销方面，销售模式向线上变革。

❹ 胶黏剂行业发展趋势分析。胶黏剂的生产与装备向智能化发展。同时，应注重环保技术创新，从溶剂型向水基型、无溶剂型转变，甲醛释放量进一步减小到无醛。

❺ 智能照明行业发展趋势分析。在家居供应链生态上，智能照明企业向互联网巨头靠拢，以实现智能照明产品和用户体验向系统化发展。同时，智慧照明与人居健康理念结合，做到节能减排、低碳环保。

（3）家居供应链可持续发展

在对于家居供应链整体发展方面，要实现家居供应链可持续发展进化需要注重以下四个方面，即家居供应链简化、家居供应链专业化、家居供应链数字化，以及家居供应链服务化。

❶ 家居供应链简化。真正的智慧供应链企业需要做到全链条覆盖，从生产制造端、物流流通端、仓储输送端，再进行分类，从而变成真正的产品配送到消费者家里。而大部分家居供应链企业只满足了产品整合这个单一诉求，还要做好从一端到另一端的连接，投入非常多的人力和物力。后端供应链条的完善与管理是当前家居供应链最薄弱的环节。

在家居行业中，采用供应链SCM协同管理平台能够全程管控家居采购，对家居供应链系统进行简化。网站通过对供应商进行分类管理，通过供应链平台直观且易于使用的供应商操作台，对供应商信息、绩效和关系的全面管控，家居SCM供应链系统可以360°全面了解供应商绩效表现，增强业务掌控力，降低供应链风险。以"集中采购、降低成本、提高效率"为理念，专注于家居材料的采购与供应，公开、透明、高效的服务，通过询比价、规范化合同管理，提升信息化高度集成。加上订单状态实时更新，及时对账，家居SCM供应链管理系统简化了企业采购审批流程，可及时进行订单管控，降低材料成本，优化采购全流程，让成本与效率不再成为企业发展的阻碍。运用家居行业供应链SCM协同管理平台，构建集中采购体系，为客户提供一站式家居行业供应链平台服务。

❷ 家居供应链专业化。企业除了自身核心的过程和活动外，把供应链链条上的其他活动，如采购、生产、销售等工作，交付给专业供应链公司，也就是"非核心业务外包"。专业

公司有其长处，除了企业都能做的一般性工作外，还可能做一些更深入的分析和某些特定的工作。如通过大数据，在供应链前端进行精准分析预测，给予企业市场趋势、采购生产以及销售计划方面的数据支持。因为在供应链运营的数字化、智能化和集成化方面的专业水平，更有可能提高物流、资金流和信息流的效率，且降低成本；通过整合市场上有开发优势和能力的团队，为企业提供产品定制研发服务；强大的供应链管理还能通过产业集采和供应商整合，帮助企业解决采购额分散、议价能力不强等问题。总之，专业公司的能力有可能为企业带来供应链服务的增值效益。

❸家居供应链数字化。在信息化、数字化时代，人们不会满足于传统低效高成本的供应链，都希望通过数字化技术改造供应链。目前，多数制造企业都有其供应链管理软件。把数字化技术应用于供应链管理已经成为企业的基本需求，数字化供应链也成为很多企业数字化和智能化转型的基础。家居供应链管理系统全链路数字化覆盖能够打破信息孤岛，通过家居供应链SCM协同管理平台，聚焦采购协同管理；通过询比价、合同管理的规范化，提升家居供应链系统信息化高度集成。家居企业供应链管理平台有高效安全的供应链风险监控，基于大数据进行前瞻性预测分析，实时洞察潜在的风险等优势，家居智慧供应链平台帮助企业链接所有上游供应商和下游经销商，使得整条产业链信息互通，数据可信。同时，借助家居行业供应链系统网站，经销商反映的市场需求、供应商的库存情况、企业的生产计划等信息都会通过家居供应链平台可视化且数据实时共享，使得家居产业链各个环节及时获得准确的信息，全链路数字化覆盖，通过家居供应链管理系统实现企业供应链管理效能的成倍提升。

此外，通过新一代人工智能技术能够提升家居行业供应链的可视化和透明度，AI技术可以将供应链中的各个环节进行实时监控和数据分析，即需求量、材料属性、材料价格以及企业资金周转情况，使得供应链的运作过程更加可视化和透明化，有助于家居企业管理者更好地了解供应链的运作情况和问题。在采购环节中，一些看起来很简单的工作，如目录管理、发票管理、付款管理等，真正要自动执行，则需要数字化、人工智能等技术支撑，如图7-15所示。应用认知计算和人工智能技术，可迅速处理和分类目录外临时采购数据，充分挖掘所有品类的

图7-15　自动化采购执行

支出数据价值；在合同条款执行、安全付款等方面，可能需要区块链技术；应用机器人流程自动化技术，通过模式识别和学习逐步消除重复性手动操作，如发票匹配、预算审核等，从而降低采购资源负担，使员工专注于高附加值工作，为企业创造更大价值。可见，在家居采购中平凡而简单的工作（如目录管理、发票管理、付款管理），其数字化系统甚至需要区块链、人工智能等技术支撑。数字化供应链还处于发展中，物联网、大数据、人工智能、区块链等技术正在不断推动数字化供应链技术的发展。

❹ 家居供应链服务化。美乐乐家具是重视客户生态的典型。它专注于电商平台，通过建立自有仓储物流体系，为家居品牌和消费者提供一站式的供应链服务，包括仓储、配送、安装、售后等。美乐乐还通过大数据分析，实现供应链的智能化和精细化管理，提高供应链的效率和质量。使用数字技术捕捉客户的真实需求，并直接与个人客户沟通，将这些信息与门店和门店经理收集的意见相结合，能够帮助美乐乐更好地理解和服务消费者。

7.4.2 家居企业生态系统下的商业模式

数字—智能技术的发展导致制造理念的变化，一定的理念下又存在不同的企业运营模式，或者说商业模式，这里的"商业模式"包括也制造业模式。技术的发展促使产业生态环境的变化，一部分企业为了适应产业生态的变化，进行运营模式的调整或创新。另外，技术的进步使某些企业创造全新的运营模式，模式的创新又导致生态的进化。对现代家居企业而言，固守在陈旧的运营模式里是危险的，即使不能模式创新，也应该思考如何调整和改变。

进入数字时代，人们已经感受到新的商业模式如风云变幻。对于能够洞察前沿技术前景的企业而言，其思维模式一定有别于传统的思维方式。表7-2为传统产品的思维模式与物联网思维模式在价值创造（客户需求、产品或服务、数据作用）、价值获取（盈利途径、控制点、能力开发）方面的比较。物联网技术不仅可以给我们带来一些新奇的产品，而且能够使家居企业有可能以新的方式（运营模式）服务于大众。

表7-2   传统产品的思维模式与物联网思维模式比较

要素类别		传统产品思维模式	物联网思维模式
价值创造	客户需求	以被动方式满足现有需求及生活方式	以预测的方式解决实时的与紧急的需求
	产品/服务	单一产品，随着时间推移逐渐过时	通过线上升级的方式更新产品，并具有协同价值
	数据的作用	利用单点数据满足未来产品需求	通过信息聚合提升当前产品与支持服务体验
价值获取	盈利途径	销售更多的产品与硬件	促进重复性收益
	控制点	有可能包括产品、知识产权及品牌优势	强化个性化与情景化特征；产品之间的网络效应
	能力开发	利用核心能力、现有资源与流程	理解处于同一生态系统中的合作伙伴如何盈利

数字—智能时代特征如下：

（1）互联

互联是数字—智能时代最基本的特征。家居企业如果能够将自己的产品或平台与外部尽可能多的资源互联，且分享数据，则能产生更大的价值。

（2）服务化

在家居产品进化的角度中提到过服务化，即用户体验。这里从家居企业进化的角度介绍注重用户体验的服务化商业模式。

近几年来，移动互联网的不断发展以及体验经济的兴起，为更深入全面的用户体验创造了环境，用户体验也因此得到了更多重视。长期以来，人们对体验的认识停留在UI（用户界面）层面，设计一直处于产品开发的下端；而体验思维关注用户的全局体验，有效帮助企业挖掘出更多用户价值。用户体验设计的核心和本质，就是研究目标用户在特定场景下的思维方式和行为模式，通过设计提供产品或服务的完整流程，去影响用户的主观体验，并让用户花最少的时间与投入来满足自己的需求。所以，用户体验的问题不只是一个产品设计的问题，而是与产业和社会生态联系在一起的。对于家居企业而言，其产品的最终用户体验还会涉及一些运营商或服务商。在这样的情况下，欲做好用户体验，需要生态地主导公司去推动。

（3）生态中的企业边界求变

在企业生态系统中，企业边界不是一成不变的。在不同的时期可能需要调整企业边界，简称设界。设界的视角是动态地处理企业与生态系统之间的关系，这需要企业的格局和智慧。随着生态系统经济总量规模的不断增长，身处其中、扮演不同角色的企业也会有不同节奏的增长，这就需要家居企业不断调整自己的业务活动边界，在生态系统中扮演哪些角色、能够带来企业与生态系统价值的最大化就成了企业设计的关键。

（4）通过跨生态实现原业务价值增长

一个企业如果发现在自己现有的生态空间里其业务难以有进一步的价值增长，不妨审视一下，外部生态中还有没有可利用的资源。家居企业作为传统制造业中的企业，转型发展也需要跨生态，即使在业务不变的情况下，还是可以思考是否存在可利用的外部资源的情况。

如宜家与老牌北欧家具品牌hay合作，联名推出一系列家具产品。产品由hay主导设计，宜家工厂定制生产，产品系列命名为YPPERLIG。这一词在北欧代表极致、美好与卓越。此后，它陆续与潮牌Off-White、香水品牌Byredo、买手店Colette等进行合作。此外，宜家与任天堂的游戏《集合啦！动物森友会》跨界合作，发布了动森版宜家家居指南。热度居高不下的游戏和宜家进行组合，又引发一波传播热潮。与文娱IP合作的不光是宜家。美国家居品牌pottery barn，就曾与电影《哈利·波特》《神奇动物在哪里》进行合作，推出相关家具产品。对电影爱好者来说，这样的家具放在家中，仿佛身临其境。

目前，已有家具企业与故宫IP携手。如尚品宅配与故宫宫廷文化合作打造的新中式空间"锦绣东方"，将传统文化与家居空间设计完美融合，吸睛无数。同时，左右沙发也与故宫宫廷文化合作，以北宋画师创作的《千里江山图》为蓝本，推出《千里江山图》联名沙发。锦鲤懒人沙发则以锦鲤为造型，满足年轻人"拜锦鲤"的小爱好。这种跨生态的合作，创造了一个全新的价值空间，企业与新的利益相关方的优势资源融合之后，被注入新基因的优势产品也得到了市场的热情回应。当然，跨生态之后，家居企业的主要产品依然保持为家居品类，但其生态已不是原来的企业生态了，而是新的经过拓展的生态空间。

（5）去中心化

在制造业和商业领域，人们开始意识到在很多场景可能需要去中心化。一个大的系统如果完全通过中心控制，可能引起不稳定或者效率低下。一般而言，中心化的系统中，是中心决定节点，节点必须依赖中心。去中心化是指在一个分布的、存在众多节点的系统中，每个节点都能高度自治。节点之间可以自由连接，任何一个节点都可能成为阶段性的中心，但不具备强制性的中心控制功能。去中心化，并非不要中心，而是由节点来自由选择中心、自由决定中心。

区块链技术的快速发展，为打造一系列互相连通的企业创造了新可能。这些生态系统中的成员不是通过某个枢纽企业联系起来，而是通过分布式计算机系统，也许由一家公司设计，但很多公司一起使用。与家居企业制造方面的区块链技术将首先应用在物流方向。物流行业汇集了多个利益相关者——发货人、物流服务提供商、物流设备提供商和中介机构等，每个参与者对端到端价值链只有割裂的部分看法。对于所有相关者来说，缺乏对事实认知的单一来源会导致多方业务流程效率低下、引起争议和潜在的运输延迟，导致整个物流价值链中的高成本。在这种情况下，通过区块链将物流和运输过程中涉及的所有参与者相互连接起来，可以使交易更快、更安全、更容易审计，也有利于可追踪。

去中心化还应该表现在家居企业内部的组织管理上，管理上的去中心化的前提也需要数字化和网络化技术的支撑，而世界上连锁超市品牌沃尔玛的例子也可以值得家居企业学习。沃尔玛长期注重以科技创新引领零售变革，早在20世纪80年代，沃尔玛就斥巨资购买了自己的商业卫星，实现了全球联网。为解决核心职能部门如采购部、财务部、业务发展部等不知道业务中蕴含着哪些科技资源及IT团队不了解手中数字化项目的价值所在的问题，沃尔玛的技术部门实行了去中心化组织架构，让数字化团队深入各个职能部门，清楚了解研发资源和资金，使科技能更好地支持业务，为公司提供更多的服务和价值。

（6）平台与生态

很多企业已经认识到云平台的意义，至少平台对于形成一个良好的供应链生态是不可或缺的，家居企业可以自己开发云平台或利用某些大公司的平台，以维系自身的生态。随着云平台的利用，发现伙伴多了，生态越来越繁茂；数据多了，养分也多了，生态的承载力也越来越高。平台与生态，的确是企业生态进化必须权衡的，也是家居企业商业模式进化所需考量的。

互联网生态系统的价值网络一般以平台为基础，各个参与主体的互动与交易在这里完成。

其嵌入资源则指生态系统基于价值网络产生的其他附加资源，主要包括：用户数据即用户保留和产生的如个人信息、用户偏好、消费行为等数据信息；商业信用即用户通过价值网络中的交易行为建立的信用关系，如芝麻信用体系就是一种衡量商业信用的指标；社交信任即用户在互动中通过建立或强化社交关系而产生的信任心理。

生态系统的价值网络和嵌入资源保持着动态的更新与互动，互相促进，协同成长。平台由于受到其用户结构的局限，只能掌握双边用户的相关数据，也只匹配一种固定的交易关系。而生态系统的参与主体更为多样、用户结构更为复杂，因此，企业能够获得更多种类和更大量级的用户数据，从而大大提升企业进行需求分析的覆盖面和精准度，也使得企业能够高效匹配多种多样的交易关系。

例如海尔，其主业是家电，前些年它们打造了一个云平台，初期主要为自己的互联工厂和大规模可定制化生产考虑。但近几年海尔开始考虑更大的生态，推出一个"星际生态伙伴计划"，如图7-16所示，已经扩展到衣、食、住、行等。如今，COSMOPlat将交互、设计、采购等7大模块进行社会化推广，可进行跨领域、跨行业的复制，目前已复制15个行业、12个区域。COSMOPlat为企业提供服务的方式有互联工厂建设、大规模定制、大数据增值、供应链金融、协同制造、知识共享、检测与认证、设备智能维保8大生态服务板块，这些板块可提供各种各样的服务。总之，生态系统拥有更丰富和更精准的数据，使其在需求分析和交易匹配能力上更具优势，从而能降低市场上交易双方的信息不对称问题，提升交易效率，这就是导致其赋能范围超出平台的边界的重要原因。

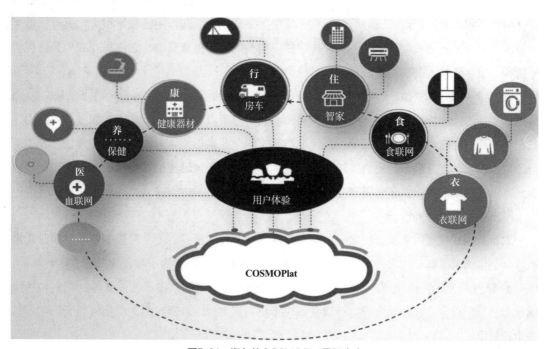

图7-16　海尔的COSMOPlat星际生态

7.4.3 家居企业生态系统发展趋势

如今是一个充满不确定性的时代。如果说以前时代里的家居企业竞争，只是平面二维的、同行业之间的竞争，这个时代的家居企业竞争，则是三维、四维乃至更高维度的跨界竞争。在这样的机遇与挑战中，家居企业有可能升维，能超越其初始行业的边界而竞争；同时，家居企业的创新也应需要跨行业的协同。未来，家居企业生态的发展主要体现在以下三个方面，即超越行业生态、生态系统协同创新、家居企业数字生态系统。

（1）超越行业生态

超越行业，意味着超越自身行业生态或者构建新的行业生态。超越行业的方式主要有以下两种，创新的"元技术"或"通用技术"，以及顾客资源。

❶ 创新的"元技术"或"通用技术"。在商业进化的历史上，驱动增长的根本动力是技术创新，其中最重要的创新是所谓的"通用技术"或"元技术"，它们可以开启一个全新的时代。在这些技术之后，大量的"补充性创新"才会不断涌现，进一步丰富和迭代那个商业时代的内涵。方兴未艾的数字化技术是下一个"通用技术"。数字化的大潮冲破了行业与行业之间的藩篱，以一种前所未有的方式连接起不同的要素，打开更高阶的生态空间。如果说蒸汽机、电力和内燃机主要是通过"规模效应"定义之前的商业时代，那么数字化技术（包括网络、人工智能等）则是在硬件、数据、算法等基础上实现了一系列"联动效应"，使得生态空间的升维成为可能。

在今天的数字—智能时代，物联网、云服务、大数据、移动设备等打破了许多行业的藩篱，创造了很多新兴产业或新的行业模式，其中数字化技术所起作用的权重很大。另外，数字化技术能够帮助行业的"新来者"迅速构建供应链系统。这也就是为什么一批互联网公司或者掌握网络数字化技术的公司能轻易切入其他行业的原因。

❷ 顾客资源。在现如今的时代，行业和一般资源都变得越来越"抓"不住了，顾客反而成为人们有可能"抓得住"的一个群体。美团和滴滴之所以相互进入了对方的领域，就是因为它们各自都有自己庞大的顾客资源。某房地产起家的企业家正开始进军电动汽车领域，其中部分原因也在于其顾客资源。他们可以在自己庞大的房地产楼盘迅速配置充电桩等资源，以吸引客户。不能忽略的是，顾客资源本身需要数字化和网络化技术的支撑。

（2）生态系统协同创新

家具是构成家居的重要板块之一。就家具而言，其种类繁多，通常可根据制作材质分为木质家具、金属家具和软体家具3种类型，但各种类型家具的产业链构成相差无几，主要包括：

❶ 原材料及辅料供应商。其中，主体材料包括木材、钢铁、皮革、油漆等，辅料包括海绵、布料、配件等。此外，家具生产设备如烘干机、锯木机以及新技术的应用同样会影响家具的生产效率。

❷ 家具制造商。我国的家具制造企业数量众多，但是大型企业占比不到10%，且缺乏有绝对影响力的企业。

❸ 家具经销商。包括线下实体经销商和线上经销商，负责家具的经营和销售。

互联网的普及促进了家具模式向离线商务模式（O2O）发展，重塑了家具产业链，使得家具制造商和销售商的部分业务交集在一起，推动了家具产业的变革。中国家具产业已经具备了较高的集聚度。但总体来看，中国家具业仍以劳动力密集、耗能耗材、附加值低的传统产业为主，存在创新能力弱、产业配套不完善、同质化竞争、原创设计知识产权保护不够、知名品牌少等问题，导致行业陷入低水平竞争的恶性循环。因此，产业集群中各参与主体协同创新是实现家具行业创新发展和转型升级的重要手段。

通常来说，形成家具产业集群需要具备2类条件：必要条件和充分条件。

必要条件包括：

❶ 家具产品具有可分解性。

❷ 产品运输成本较低。

❸ 家具产品具有较长的价值链条。

❹ 在集群内部，产品具备较大的差异性，以形成各自的竞争优势。

❺ 家具生产企业根据消费者的实际需求制定家具生产策略和计划。

❻ 家具制造商和家具经销商切实关注行业动态和经济形势的变化，不断创新，增强竞争力。

充分条件包括：

❶ 地理环境和资源聚集度。家具企业在选择驻地时会优先考虑地理位置优越、资源禀赋好的地区，以节约成本。

❷ 社会关系网络。在家具产业集群发展过程中，社会关系起着重要作用，是企业相互沟通的纽带。

❸ 企业家精神。与家具生产相关的企业需发扬艰苦创业、勇于创新的精神，不断尝试，汲取经验，以吸引更多的企业参与合作。

❹ 政策环境。政府应出台相应的政策以优化资源配置、调节市场需求，为家具产业集群的形成提供有利条件。

❺ 公共服务机构。充分发挥家具研发测试中心、质检中心、交易平台、家具协会等公共服务机构的作用，加强技术交流，促进科技成果转化，提高集群的创新能力。

在建设家具产业集群协同创新系统过程中，需要明确系统中各参与主体的主要功能，处理好家具生产企业、高校及科研院所、政府部门、金融机构、中介机构和最终客户等主体的关系。其中，家具生产企业起着主导作用，是创新的发起者和成果转化的实践者，只有尽力满足消费者的需求，才能不断推动家具产业经济发展。高校和科研院所从理论和技术上进行创新，是创新的原始主体，为家具生产系统提供原始力量。政府部门是制度创新的主体，可以为家具行业的发展提供产业政策、资金政策、环境政策等支撑，保证企业正常创新活动的开展。金融机构能够为企业创新提供资金支持，并对企业进行资金风险管控，以促进企业创新和产业集群的发展。中介机构是创新系统中的服务提供者，具有合理调配创新资源、提供技术服务咨询、促进成果转化等作用。家具流通市场是客户的主要聚集地，客户可以在此提出自身需求，经销商与客户进行需求确认后，反馈至生产企业，能有力引导生产企业进行创新。

（3）家居企业数字生态系统

数字生态系统指企业的数字及其相关资源形成的系统，它是企业生态系统的一部分。之所以专门阐述数字生态系统，是因为它是企业智能制造中最关键的生态。实施智能制造的企业都会应用很多软件，如CAD、CAPP、CAM、MES、SCM、ERP等，做好如数据、5G、硬件加速器等基础技术的工作，但这只是构建数字生态的部分要素。此处主要阐述家居企业构建自己的数字生态系统的要点和需要注意的某些问题。

❶ 与供应商和客户的数字联系。在数字化时代，如果一个企业缺乏与伙伴企业进行数字联系的手段，势必会被抛弃。前面介绍的供应链系统中，企业与供应商和客户之间不仅存在物流和资金流的联系，还存在信息流的联系。而且正是好的信息流才能保证物流和资金流的顺畅。随着家居企业的数字化转型，今后在供应链系统中物（产品、零部件等）的交付需要伴随数字孪生模型。未来在接收一台装备时，可能同时要验收另外一套详细的数字模型。所以，家居企业构建数字生态系统需要建立这种意识：企业跟供应商和客户之间的信息联系不仅是合同商务方面的信息联系，更重要的是产品或部件的数字孪生模型。

❷ 利用外部云服务。现在越来越多的企业通过云更快地面向市场获得机遇与发展。然而，对于众多中小企业而言，要搭建一个云平台或者建立一个类似于前述的供应链数字生态系统都是一件很不容易的事。但在今天，通过服务集成商小公司可以购买含有整个服务包的集成服务，集成商则通过按业务收费的模式来实现对客户的支持。在这种集成数字服务模式中，小型公司还可以使用之前大公司才有能力使用的高级应用程序和IT支持能力。

❸ 构建规模化数字生态系统。从社会大的数字生态而言，肯定需要一批规模化的数字生态系统。这样的数字生态系统是超越行业边界的，通常由有实力的大企业主导。大企业的兴趣不仅在于拓宽其业务范围，延伸其价值链，而且能够在云端获得源源不断的生命力，大大提高了自身生态系统的承载力。

❹ 利用自媒体构建自身的数字生态系统。自媒体本身就是社会中存在的数字网络，它与社会各方面的人联系在一起。对于以客户为中心的企业而言，既然自媒体联系了绝大多数人，就一定能够在自媒体中发掘出价值。因此，家居企业应该思考如何利用自媒体构建自身的数字生态系统。目前，已有诸多家居企业选择自媒体平台提升品牌的知名度，如抖音、小红书、视频号、公众号、知乎、微博等，不同平台有不同的特点和受众，需要根据自身定位和目标选择合适的平台进行内容输出，制作高质量的自媒体内容，从而搭建完善的自媒体营销体系。

❺ 企业间相互融合。一个企业的数字生态边界在哪里？恐怕多数企业都难以回答此问题，因为没有一个清晰的边界。其实，很多企业之间，其数字生态是交织在一起的。前面介绍的很多中小企业利用云服务，还有大企业之间在数字化网络化技术方面的合作，实际上说明了

不同企业之间的数字生态有重叠交叉的部分。在家居企业数字生态系统中，只有你中有我，我中有你，才是制胜之道。

思考题

1. 制造进化的目的是什么？家居企业主要的进化过程与方式有哪些？
2. 家居智能制造的基本原则有哪些？
3. 什么是智能家具？什么是智能家居？构成智能家居的基本要素有哪些？
4. 智能家居的发展趋势有哪些方面？
5. 什么是企业生态？为什么需要企业生态这一模式？
6. 如何在家居企业生态系统中实现商业模式的创新？

参考文献

[1] 吴智慧. 木家具制造工艺学[M]. 4版. 北京：中国林业出版社，2023.

[2] 张小红，秦威. 智能制造导论[M]. 上海：上海交通大学出版社，2019.

[3] 王传洋，芮延年. 智能制造导论：技术及应用[M]. 北京：科学出版社，2022.

[4] 郑力，莫莉. 智能制造：技术前沿与探索应用[M]. 北京：清华大学出版社，2021.

[5] 李培根，高亮. 智能制造概论[M]. 北京：清华大学出版社，2021.

[6] 黄培，许之颖，张荷芳. 智能制造实践[M]. 北京：清华大学出版社，2021.

[7] 刘强. 智能制造概论[M]. 北京：机械工业出版社，2021.

[8] 熊先青，吴智慧. 家居产业智能制造的现状与发展趋势[J]. 林业工程学报，2018，3（06）：11-18.

[9] 熊先青，岳心怡. 中国家居智能制造技术研究与应用进展[J]. 林业工程学报，2022，7（02）：26-34.

[10] 熊先青，张美，岳心怡，等. 大数据技术在家居智能制造中的应用研究进展[J]. 世界林业研究，2023，36（02）：74-81.

[11] 王威，王丹丹. 国外主要国家制造业智能化政策动向及启示[J]. 智能制造，2022，（02）：44-49.

[12] Zhang Y, Zhang C, Yan J, et al. Rapid construction method of equipment model for discrete manufacturing digital twin workshop system[J]. Robotics and Computer-Integrated Manufacturing, 2022, 75: 102309.

[13] 王丽，祝苗，骆琦，等. 基于全生命周期的木质家具碳减排设计研究[J]. 家具与室内装饰，2023，30（06）：80-84.

[14] 熊先青，马清如，袁莹莹，等. 面向智能制造的家具企业数字化设计与制造[J]. 林业工程学报，2020，5（04）：174-180.

[15] Xiong X, Yue X, Wu Z. Current Status and Development Trends of Chinese Intelligent Furniture Industry[J]. Journal of Renewable Materials，2023，11（3）.

[16] Xiong X, Ma Q, Wu Z, et al. Current situation and key manufacturing considerations of green furniture in China: A review[J]. Journal of Cleaner Production，2020，267: 121957.

[17] 熊先青，吴智慧. 大规模定制家具的发展现状及应用技术[J]. 南京林业大学学报（自然科学版），2013，37（04）：156-162.

[18] 方巍，伏宇翔. 元宇宙：概念、技术及应用研究综述[J]. 南京信息工程大学学报，2024，16（01）：30-45.

[19] 欧阳周洲，吴义强，陶涛，等. 面向"中国制造2025"的家具数字孪生车间构建与关键技术展望[J]. 家具与室内装饰，2022，29（08）：1-7.

[20] 李荣荣，徐伟，熊先青，等. 工业机器人在家具行业的应用现状研究[J]. 林业机械与木工设备，2018，46（12）：32-34+55.

[21] 王其朝，金光淑，李庆，等. 工业边缘计算研究现状与展望[J]. 信息与控制，2021，50（03）：257-274.

[22] 朱剑刚，王旭. 木质家具智能制造赋能技术及发展路径分析[J]. 林业工程学报，2021，6（06）：177-183.

[23] 熊先青，杨路洁，马清如，等. 实木家具异形零部件生产线平衡优化研究[J]. 木材科学与技术，2023，37（06）：20-27.

[24] Xiong X, Guo W, Fang L, et al. Current state and development trend of Chinese furniture industry[J]. Journal of Wood Science, 2017, 63: 433-444.

[25] Zhang M, Xiong X, Yue X, et al. Status of China's wooden-door industry and challenges lying ahead[J]. Wood Material Science & Engineering, 2023: 1-14.

[26] 熊先青，任杰. 面向智能制造的家居产品数字化设计技术[J]. 木材科学与技术，2021，35（01）：14-19.

[27] 符思捷，宛瑞莹，岳心怡，等. 新一代人工智能技术赋能家居智能制造研究与应用[J/OL]. 世界林业研究，2024，1: 1-8.

[28] Luo W, Hu T, Zhang C, et al. Digital twin for CNC machine tool: modeling and using strategy[J]. Journal of Ambient Intelligence and Humanized Computing, 2019, 10: 1129-1140.

[29] Guo J, Zhao N, Sun L, et al. Modular based flexible digital twin for factory design[J]. Journal of Ambient Intelligence and Humanized Computing, 2019, 10: 1189-1200.

[30] 王国坤，熊先青，杨路洁，等. 面向板式家具数字化制造的拆单软件现状与发展分析[J/OL]. 林业工程学报，2024，3: 1-9.

[31] 杨凡，杨博凯，李荣荣. 基于图像分割和深度学习的人造板表面缺陷检测[J]. 浙江农林大学学报，2024，41（01）：176-182.

[32] Zhong R Y, Xu X, Klotz E, et al. Intelligent manufacturing in the context of industry 4.0: A review[J]. Engineering, 2017, 3（5）: 616-630.

[33] Kamble S S, Gunasekaran A, Gawankar S A. Sustainable Industry 4.0 framework: A systematic literature review identifying the current trends and future perspectives[J]. Process safety and environmental protection, 2018, 117: 408-425.

[34] 倪海勇，熊先青. 大规模定制家具企业包装工段数字化技术架构[J]. 木材科学与技术，2022，36（05）：31-36.

[35] Rodriguez-Garcia P，Li Y，Lopez-Lopez D，et al. Strategic decision making in smart home ecosystems: A review on the use of artificial intelligence and internet of things[J]. Internet of Things，2023: 100772.